DURCH STARTEN

MATHEMATIK

COACHINGBUCH

Verfasser: Markus Olf

Diesem Buch ist ein Lösungsheft zu den Übungen beigelegt.

Entspricht der Rechtschreibreform 2006

Bibliografische Information der Deutschen Bibliothek:
Die Deutsche Bibliothek verzeichnet diese Publikation in der Deutschen Nationalbibliografie; detaillierte bibliografische Daten sind im Internet über http://dnb.ddb.de abrufbar.

VERITAS-VERLAG, Linz
www.durchstarten.at

Lektorat: Klaus Kopinitsch
Bildredaktion: Alexandra Rittberger
Grafische Gestaltung: Gottfried Moritz
Illustrationen: Stefan Stratil, Peter Friedrich
Satz: Dieter Vormayr
Herstellung: Julia Bamberger
Gedruckt in Österreich auf umweltfreundlich hergestelltem Papier

1. Auflage 2014
ISBN 978-3-7058-9271-2

VERITAS
Gemeinsam besser lernen

INHALTSVERZEICHNIS

Vorwort ... **6**

1. KAPITEL: Ganze und rationale Zahlen ... **8**
Diagnosetest ... 8
A Ganze Zahlen / Ordnung / grafische Darstellung / Betrag ... 10
B Addition und Subtraktion ganzer Zahlen ... 12
C Multiplikation und Division ganzer Zahlen ... 14
D Das rechtwinklige Koordinatensystem ... 16
E Rationale Zahlen / Ordnung / grafische Darstellung / Betrag ... 18
F Addition und Subtraktion rationaler Zahlen ... 22
G Multiplikation und Division rationaler Zahlen ... 24
H Verbindung der Grundrechnungsarten ... 26
Test ... 27
Kompetenzen checken ... 28

2. KAPITEL: Ganze und rationale Zahlen ... **29**
Diagnosetest ... 29
A Potenzschreibweise / Zehnerpotenzen ... 30
B Terme ... 32
C Vereinfachung von Termen / Klammern auflösen ... 34
D Multiplikation von Variablen ... 36
E Rechnen mit Potenzen ... 40
F Binomische Formeln ... 42
G Faktorisieren (Herausheben) ... 44
Test ... 47
Kompetenzen checken ... 48

3. KAPITEL: Gleichungen ... **49**
Diagnosetest ... 49
A Gleichungen lösen ... 50
B Gleichungen mit Klammern und Brüchen lösen ... 52
C Besondere Lösungsfälle bei Gleichungen ... 54
D In Texten verpackte Gleichungen ... 56
E Formeln umstellen ... 58
Test ... 60
Kompetenzen checken ... 62

4. KAPITEL: Ebene Figuren ... **63**
Diagnosetest ... 63
A Umfang und Flächeninhalt von Rechteck und Quadrat ... 64
B Die Quadratwurzel ... 66
C Der Satz von Pythagoras ... 68
D Umfang und Flächeninhalt des rechtwinkligen Dreiecks ... 70
E Der Satz von Pythagoras im Rechteck und Quadrat ... 72
F Flächeninhalt des Dreiecks ... 74
G Besondere Dreiecke und der Satz von Pythagoras ... 76
H Flächeninhalt des Parallelogramms ... 78
I Flächeninhalt des Deltoids (Drachenfigur) ... 80
J Flächeninhalt des Trapezes ... 82
Test ... 84
Kompetenzen checken ... 86

5. KAPITEL: Verhältnisse und Proportionen **87**
Diagnosetest 87
A Verhältnis 88
B Verhältnisgleichung 90
C Schlussrechnungen 92
D Zusammengesetzte Schlussrechnungen 94
Test 96
Kompetenzen checken 98

6. KAPITEL: Ähnlichkeit **99**
Diagnosetest 99
A Ähnliche und kongruente Figuren 100
B Umfänge und Flächen ähnlicher Figuren 102
C Der Strahlensatz 104
D Teilen von Strecken 106
E Vergrößern und Verkleinern von Strecken und Figuren 108
Test 110
Kompetenzen checken 112

7. KAPITEL: Zinsrechnung **113**
Diagnosetest 113
A Prozentrechnung 114
B Jahres- / Monats- / Tageszinsen 116
C Zinseszinsen 118
D Kapitalertragssteuer 120
E Kredite 122
Test 124
Kompetenzen checken 126

8. KAPITEL: Statistik und Arbeiten mit Modellen **127**
Diagnosetest 127
A Mittelwert / Spannweite / Modalwert / Median 128
B Daten übersichtlich darstellen / Klasseneinteilung / grafische Darstellung 130
C Liniendiagramme 132
D Lineare Wachstums- und Abnahmeprozesse 134
Test 136
Kompetenzen checken 138

9. KAPITEL: Körper **139**
Diagnosetest 139
A Prismen / Schrägriss eines Prismas 140
B Quader und Würfel 142
C Oberfläche und Volumen von Prismen 144
D Masse von Körpern 146
E Pyramiden / Schrägriss einer Pyramide 148
F Netz einer Pyramide / Oberflächeninhalt 150
Test 154
Kompetenzen checken 156

Formelsammlung **157**

Schularbeiten online zum Gratisdownload **160**

Stichwortverzeichnis **161**

VORWORT

Hallo und herzlich willkommen im Mathe-Trainingscamp. Hier spricht dein Coach – oder sag einfach Trainer zu mir. Ich habe es mir zur Aufgabe gemacht, dich in Mathematik auf Vorderfrau/Vordermann zu bringen, damit du bei Wiederholungen und Schularbeiten immer unter den Besten bist und du – so oft es geht – die volle mathematische Punkteanzahl erreichst.

Wie in anderen Hochleistungssportarten gehören auch in der Mathematik jede Menge Training und Aufbauarbeit dazu, damit die Leistungen stimmen. Dabei werde ich dich unterstützen. Wenn du dir die einzelnen Kapitelüberschriften anschaust, wirst du schnell erkennen, dass der ganze Jahresstoff der dritten Klasse abgedeckt ist. Wenn also in der Schule ein Kapitel daraus auf dem Plan steht und du noch die eine oder andere Frage dazu haben solltest, trete ich – dein persönlicher Trainer – auf den Plan. Arbeite zuerst den **Diagnosetest** zu Beginn des jeweiligen Kapitels durch, damit du schneller erkennst, wo es noch die eine oder andere Unklarheit gibt. Der **Diagnosetest** sagt dir sofort, auf welchen Seiten du mit deinen Trainingseinheiten beginnen solltest.

Meist findest du auf den linken Buchseiten einen Überblick über den Lehrstoff, einfach und klar erklärt, mit vielen **Beispielen**, die ich gemeinsam mit dir durcharbeiten werde. Dann kannst du das **Wissen** sofort in den anschließenden **Übungen** auf der rechten Buchseite überprüfen und vertiefen. **Schwierigere Übungen** sind gekennzeichnet:

! bedeutet „mittel",

!! bedeutet „schwierig".

Zur Kontrolle der Ergebnisse stelle ich dir meinen Co-Trainer – das **Lösungsheft** – zur Seite. Du kannst deine Resultate sofort auf Richtigkeit überprüfen, und falls ein Beispiel es erfordert, ist sogar der Rechengang erklärt. So kannst du eigenständig und in der Geschwindigkeit, die für dich passend ist, den Stoff wiederholen und üben.

Den Abschluss eines jeden Kapitels bildet ein **Test**, in dem alle Lerninhalte eines Kapitels gemeinsam vorkommen. Kannst du die Aufgabenstellungen zum größten Teil richtig lösen, hast du großartig gearbeitet und deine Trainingseinheiten erfolgreich absolviert. Fällt der Test nicht so gut für dich aus, ist das auch nicht so schlimm – es ist schließlich noch kein Meister vom Himmel gefallen. Gehe einfach zurück an den Start und trainiere die Abschnitte, die Probleme bereitet haben, noch einmal.

In den **Kompetenzchecks**, die gegen Ende der großen Kapitel auftauchen, brauchst du nichts rechnen. Du musst nur für dich – und das ganz ehrlich bitte – beantworten, ob du bestimmte Fähigkeiten, die wesentlich für das entsprechende Kapitel sind, beherrschst und mit bestimmten Fachausdrücken auch etwas verbinden kannst. Falls nicht, blättere einfach die Seiten zurück und versuche die richtigen Antworten zu finden.

Zu einigen Kapiteln gibt es ein **Online-Zusatzangebot**, das wir ebenfalls zur Vertiefung und Festigung deiner Kompetenzen empfehlen. Über die im Buch abgedruckten **QR Codes®** bzw. **Keys** kannst du dir diese Zusatzangebote **gratis auf** dein **Handy** oder deinen **Computer** laden. Nähere Informationen dazu findest du auf der letzten Seite unter „QR Codes® und Content Keys – Wie nutzen?“.

In diesem Sinne wünsche ich uns VIEL SPASS mit Mathe!

Schau dir die Beispiele an und schätze deine Kenntnisse ein.
Kreuze an:
☺ ... kann ich ziemlich gut
☹ ... kann ich weniger gut
Die Seitenzahl hinter dem ☹ sagt dir, wo im Buch du mit dem Wiederholen und Üben starten solltest.

1 Ich weiß, wie ganze und rationale Zahlen definiert sind und wie die Zahlenmengen bezeichnet werden.

☺ ☹ *(Seite 10, 18)*

2 Ich kann ganze und rationale Zahlen der Größe nach ordnen.

Ordne 3, –3, –5, 0, 1, –1, 2. Beginne mit der kleinsten Zahl: ....

Ordne $-\frac{1}{2}$; 0,3; –1; $\frac{3}{2}$. Beginne mit der größten Zahl: ....

☺ ☹ *(Seite 10, 19)*

3 Ich weiß, was der Betrag einer ganzen bzw. rationalen Zahl ist.

|–5| = ... |+6,7| = ... |0| = ...

Erklärung: ....

☺ ☹ *(Seite 10, 20)*

4 Ich kann ganze und rationale Zahlen auf der Zahlengeraden darstellen.

Stelle die Zahlen –3; 0; +5; $\frac{6}{5}$; –2,5 auf der Zahlengeraden dar.

☺ ☹ *(Seite 10, 19)*

5 Ich kann mit ganzen bzw. rationalen Zahlen Zustandsveränderungen beschreiben.

Beispiel: Mit –6 kann durch einen nach .... gerichteten

Pf............................ mit der Länge .... eine Verkleinerung

um 6 beschrieben werden.

☺ ☹ *(Seite 12)*

6 Ich kann mit ganzen Zahlen die Grundrechnungsarten durchführen.

$(+5) - (-3) + (-8) =$ .... $(-4) \cdot (+3) + (+12) : (-6) =$ ....

☺ ☹ *(Seite 12, 14, 26)*

7 Ich kann die Punkte A(–3|2), B(4|–1) und C(–2|–5) in ein rechtwinkliges Koordinatensystem einzeichnen.

☺ ☹ *(Seite 16)*

8 Ich kann das Ergebnis für $-4\frac{1}{2} : \frac{3}{4} + 1{,}5$ berechnen.

☺ ☹ *(Seite 26)*

GANZE UND RATIONALE ZAHLEN

A Ganze Zahlen / Ordnung / grafische Darstellung / Betrag

Zahlen, vor denen ein Minus (–) steht, werden als **negative Zahlen** bezeichnet, zB:

$$-1, -2, -3, -4$$

Erweitert man die natürlichen Zahlen um die negativen Zahlen, entstehen die ganzen Zahlen. Die **Menge der ganzen Zahlen** wird mit $\mathbb{Z}$ bezeichnet:

$$\mathbb{Z} = \{\ldots -5, -4, -3, -2, -1, 0, 1, 2, 3, 4, 5, \ldots\}$$

Zahlen, vor denen kein Minus steht, bezeichnet man als **positive Zahlen**. Um dies zu verdeutlichen, schreibt man oft ein Plus (+) vor diese Zahlen, zB:

$$1 = +1, \;\; 2 = +2, \;\; 3 = +3$$

Minus (–) und Plus (+) werden als **Vorzeichen** bezeichnet.

Die Zahl Null ist weder positiv noch negativ:

$$-0 = +0 = 0$$

Der schon bekannte Zahlenstrahl wird links von Null zur **Zahlengeraden** erweitert. Jede ganze Zahl kann dann als Punkt auf der Zahlengeraden eindeutig dargestellt werden.

BEISPIEL

Welche Zahlen sind auf der Zahlengeraden dargestellt?

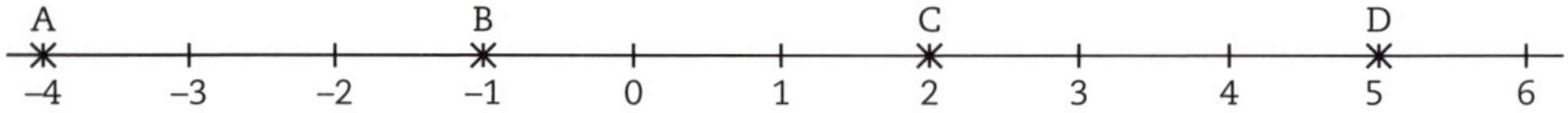

A = ______ B = ______ C = ______ D = ______

Alle ganzen Zahlen, die weiter links auf der Zahlengeraden liegen, sind kleiner als die Zahlen weiter rechts. $\mathbb{Z}$ ist eine **geordnete** Menge.

Es gilt: $A < B < C < D$

Der **Abstand** einer ganzen Zahl vom Nullpunkt wird als **Betrag** der ganzen Zahl bezeichnet. Der Betrag ist immer eine positive Zahl.

Man schreibt: $|-4| = 4, \; |+2| = 2, \; |0| = 0$

1 Welche Zahlen sind auf der Zahlengeraden dargestellt?

a)
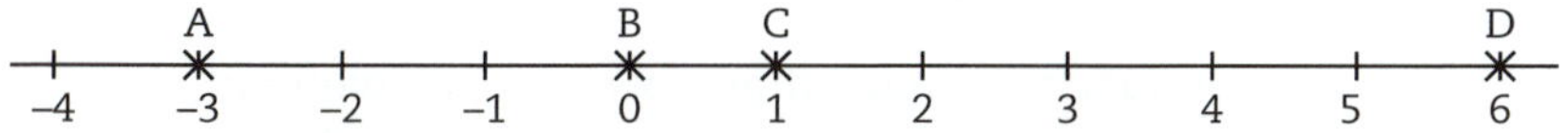

b)
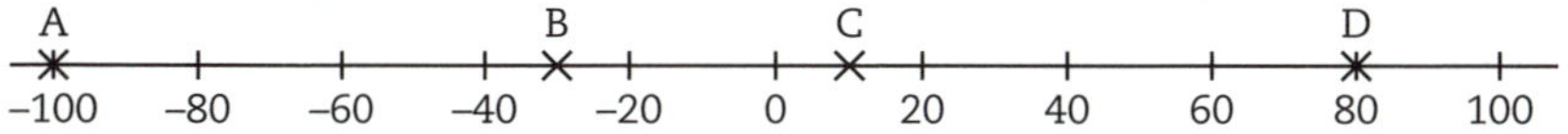

2 Ordne die Zahlen aus Aufgabe 1 der Größe nach.

a) Verwende für die Zahlen aus **1 a)** das Zeichen <.
b) Verwende für die Zahlen aus **1 b)** das Zeichen >.

3 Stelle die Zahlen auf der Zahlengeraden dar.

a) A = 4, B = –2, C = 0, D = +5 **b)** A = –70, B = +20, C = 30, D = –50

4 Ergänze den Text.

a) Die ganze Zahl –11 hat vom Nullpunkt den Abstand ______.

b) Die ganze Zahl 0 hat vom Nullpunkt den Abstand ______.

c) Die ganze Zahl +15 hat vom Nullpunkt den Abstand ______.

d) Die ganzen Zahlen ______ und ______ haben vom Nullpunkt den Abstand 7.

e) Die ganzen Zahlen ______ und ______ haben vom Nullpunkt den Abstand 13.

Ganze Zahlen, die denselben Abstand zum Nullpunkt haben, heißen **Gegenzahlen**. Siehe Aufgabe **4 d)** und **e)**!

5 Schreibe die Aussagen in Aufgabe 4 mit Beträgen an.

|–11| = 11, ______________________________

6 Gib jeweils die Gegenzahlen an.

a) 6 **b)** +5 **c)** 0 **d)** –11 **e)** –20

Setzt man ein „–" **vor eine ganze Zahl**, bildet man dadurch ihre **Gegenzahl**!

7 Schreibe wie im Beispiel.

BEISPIEL
Die Gegenzahl zu +5 = –(+5) = –5; die Gegenzahl zu –2 = –(–2) = +2 = 2

a) Die Gegenzahl zu +23 **b)** Die Gegenzahl zu –17 **c)** Die Gegenzahl zu 29

B Addition und Subtraktion ganzer Zahlen

Mit ganzen Zahlen können **Zustandsänderungen** beschrieben werden. **Positive** Zahlen bedeuten ein **Ansteigen**. **Negative** Zahlen ein **Fallen**.

Grafisch werden Zustandsänderungen durch einen **Pfeil** veranschaulicht.

Ein nach **links gerichteter Pfeil** bezeichnet ein **Fallen**, ein nach **rechts gerichteter Pfeil** ein **Anstiegen**.

Zustandsänderung +5
5 Einheiten nach rechts gehen
$-3 + 5 = 2$

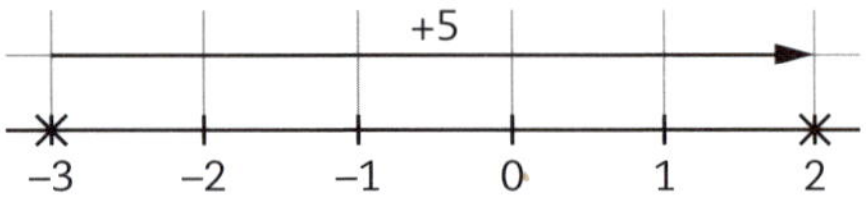

Zustandsänderung –5
5 Einheiten nach links gehen
$4 - 5 = -1$

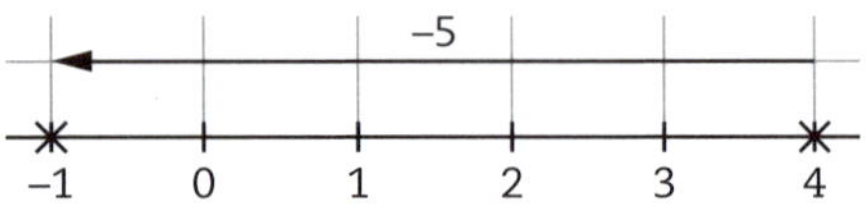

Jede **Addition** zweier ganzer Zahlen kann als Änderung eines Zustands angesehen werden:

$-2 +(+3) = -2 + 3 = +1 = 1$

+(+) = +

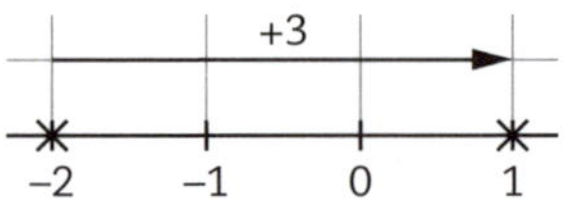

$(+4) +(-6) = 4 - 6 = -2$

+(–) = –

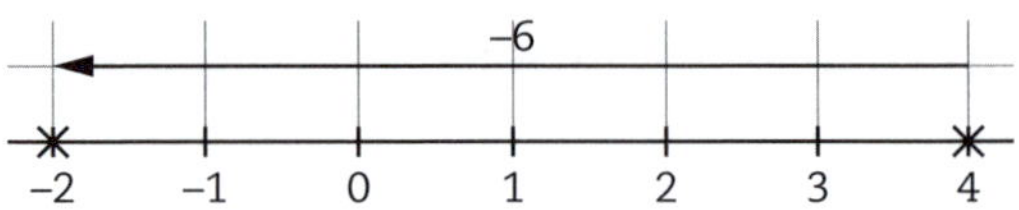

Die **Subtraktion** einer ganzen Zahl kann als **Addition der Gegenzahl** angesehen werden:

$(-3) -(+2) = (-3) +(-2) = -3 - 2 = -5$

–(+) = –

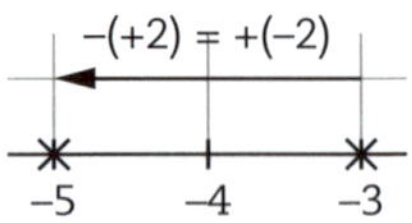

$(-1) -(-4) = -1+(+4) = -1 + 4 = 3$

–(–) = +

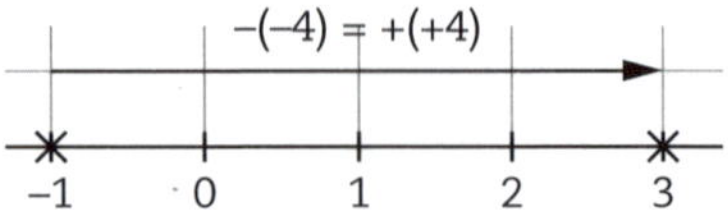

8 Schreibe die grafisch dargestellten Additionen als Rechnung an und bestimme das Ergebnis.

a)

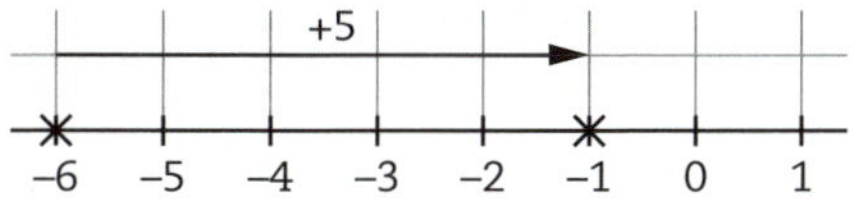

b)

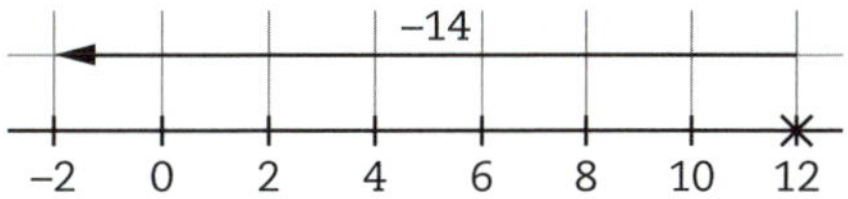

9 Stelle die Additionen mit Pfeilen dar und berechne das Ergebnis.

a) (−4) + (+5) = **b)** (+7) + (−3) = **c)** (−1) + (−5) = **d)** 6 + (−4) =

10 Ergänze die Tabelle.

Temperatur in °C	−10	0	23	−1
Änderung in °C	+9	−4	−13	+1
Temperatur in °C nach der Änderung				

11 Stelle die Subtraktionen als Additionen der Gegenzahl dar und berechne das Ergebnis.

a) (+5) − (+10) = **b)** (−3) − (−8) = **c)** (−11) − (+10) = **d)** (+8) − (−9) =

12 ! Berechne die Summen.

a) (+2) + (+7) + (−11) = **b)** (−3) + (+10) + (−14) = **c)** (−10) + (−10) + (−5) =

13 !! Stelle mit Pfeilen dar und bestimme das Ergebnis.

a) 3 − (+2) − 5 = **b)** (−4) − (−5) − (+2) = **c)** 5 − 7 − (−2) =

14 !! Kreuze die Rechnungen an, die dem Term 3 − (−5) + (+2) entsprechen.

☐ (+3) + 5 − 2
☐ (+3) + (+5) +2
☐ 3 − (+3) + 2
☐ 3 + 5 + 2
☐ 3 − 5 + 2

C Multiplikation und Division ganzer Zahlen

Die Multiplikation entspricht einer Addition mit gleichen Summanden.

$(+3) \cdot (+4) = 3 \cdot 4 = 3 + 3 + 3 + 3 = 12$ **Plus mal Plus = Plus**

$(-3) \cdot (+4) = (-3) \cdot 4 = (-3) + (-3) + (-3) + (-3) = -12$ **Minus mal Plus = Minus**

Es gilt das Vertauschungsgesetz der Multiplikation:

$(+3) \cdot (-4) = (-4) \cdot (+3) = -12$ **Plus mal Minus = Minus**

Um die **Multiplikation zweier negativer ganzer Zahlen** zu erklären, wendet man einen kleinen „Trick" und das Verteilungsgesetz für die Multiplikation an:

$(-5) \cdot (-4) =$
$= (-5) \cdot (1 - 5) =$ → Der zweite Faktor wird als Differenz geschrieben.
$= (-5) \cdot 1 - (-5) \cdot 5 =$ → Verteilungsgesetz anwenden
$= -5 - (-25) =$
$= -5 + (+25) =$ → Gegenzahl addieren
$= -5 + 25 =$
$= +20$

Das Produkt von zwei negativen ganzen Zahlen ist positiv. **Minus mal Minus = Plus**

Die **Division** ist die Umkehrung der Multiplikation. Daher gilt:

$(+5) \cdot (+7) = +35$ d.h. $(+35) : (+7) = +5$ **Plus durch Plus = Plus**

$(-5) \cdot (+7) = -35$ d.h. $(-35) : (+7) = -5$ **Minus durch Plus = Minus**

$(-5) \cdot (-7) = +35$ d.h. $(+35) : (-7) = -5$ **Plus durch Minus = Minus**

$(+5) \cdot (-7) = -35$ d.h. $(-35) : (-7) = +5$ **Minus durch Minus = Plus**

15 Berechne die Produkte.

a) (–12) · (+5) = **b)** 6 · (+11) = **c)** (+13) · (–11) = **d)** (–20) · (–9) =

16 Berechne die Quotienten.

a) (+112) : (–2) = **b)** 270 : (+6) = **c)** (–198) : (–18) = **d)** (–1 056) : (+22) =

17 Multipliziere jede Zahl der linken Spalte mit jeder Zahl der obersten Zeile.

·	+10	–5	0	–1
–9				
+12				
+3				

18 Dividiere jede Zahl der obersten Zeile durch jede Zahl der linken Spalte.

:	+105	–210	0	+315
–35				
+5				
–3				

Bei mehr als zwei Faktoren bzw. mehreren Divisoren bestimme zuerst das Vorzeichen des Ergebnisses.

- Bei einer **geraden** Anzahl von „–" hat das Ergebnis das Vorzeichen „+".
- Bei einer **ungeraden** Anzahl von „–" hat das Ergebnis das Vorzeichen „–".

Ist bei einer Multiplikation ein Faktor Null, ist das Produkt Null.
Ist bei einer Division der Dividend Null, ist der Quotient Null.

19 Berechne die Ergebnisse.

a) (–3) · (–10) · (–1) · (+12) = **b)** (–12) · 10 · (–3) = **c)** 5 · 0 · (–4) · (–10) · 2 =
d) 100 : (–2) : (–10) = **e)** 0 : (–6) : 2 : (+3) = **f)** (–270) : 5 : (–2) : (–3) =

D Das rechtwinklige Koordinatensystem

Im Alltag spielen Koordinaten und Koordinatensysteme zur genauen Lagebeschreibung von Gegenständen oder Punkten eine wichtige Rolle.

Denke beispielsweise an das **Gradnetz der Erde** zur exakten Bestimmung der Position eines Geländepunktes oder an ein Schachbrett, auf dem die Position einer Spielfigur durch die Angabe eines Buchstaben und einer Zahl eindeutig festgelegt ist.

In der Mathematik beschreibt man die Lage von Punkten häufig nicht nur mit positiven, sondern auch mit negativen Zahlen.

Dazu erweitert man die schon aus der 2. Klasse bekannten Zahlenstrahlen des Koordinatensystems nach links und nach unten auf **Zahlengeraden** und erhält so ein **vollständiges Koordinatensystem**.

Die beiden Zahlengeraden schneiden einander im **Nullpunkt** (Ursprung) und stehen im rechten Winkel (normal) aufeinander.

Die **waagrechte** Gerade heißt **x-Achse** (1. Achse).

Die **senkrechte** Gerade heißt **y-Achse** (2. Achse).

Jeder Punkt der Ebene ist durch die Angabe seiner zwei **Koordinaten (x|y)** eindeutig festgelegt. Die Koordinaten beschreiben den „Weg“ zum Punkt, beginnend beim Nullpunkt.

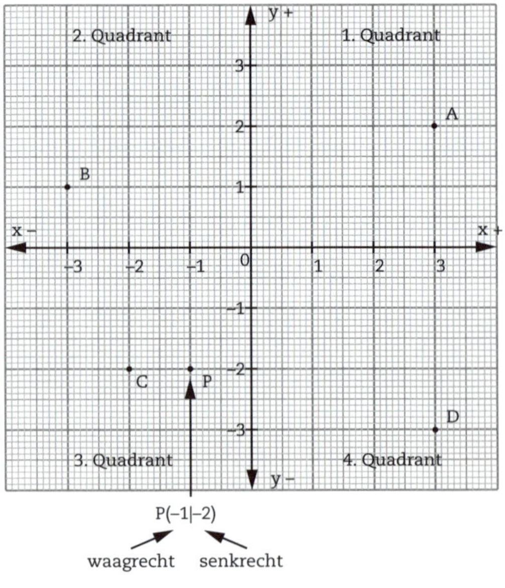

20 Wie lauten die Koordinaten der übrigen im Koordinatensystem auf Seite 16 eingezeichneten Punkte?

a) A(________|________) **b)** B(________|________)
c) C(________|________) **d)** D(________|________)

21 Zeichne ein Koordinatensystem und trage die Punkte darin ein.

A(6|1) B(0|4) C(–4|5) D(–6|0) E(–7|–4) F(0|–8) G(5|–5)

22 Gib die Koordinaten der Punkte an. In welchem Quadranten bzw. auf welcher Achse liegen die Punkte?

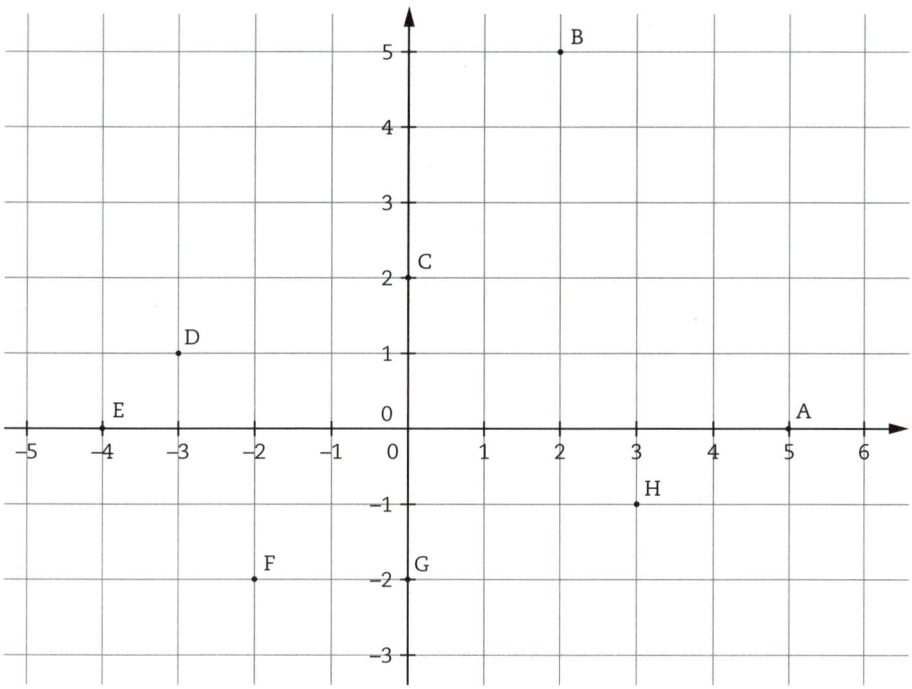

23 Zeichne die Punkte in ein Koordinatensystem und verbinde sie zu einem geschlossenen Streckenzug. Welche Figur entsteht?

a) A(–4|4), B(–4|1), C(–3|2), D(2|–3), E(3|–2), F(–2|3), G(–1|4), H = A
b) A(–3|1), B(–2|–1), C(5|–1), D(6|1), E(1|1), F(1|2), G(–1|1), H = A

E Rationale Zahlen / Ordnung / grafische Darstellung / Betrag

Sind in einem **Bruch** Zähler und Nenner ganze Zahlen, entsteht dadurch die Menge der **rationalen Zahlen**. Der Nenner darf dabei nicht Null sein!

Diese Zahlenmenge wird mit $\mathbb{Q}$ bezeichnet.

Jede natürliche Zahl ist eine rationale Zahl, da zB $5 = \frac{5}{1} = \frac{10}{2}$

Jede ganze Zahl ist eine rationale Zahl, da zB $-7 = \frac{-14}{2} = \frac{14}{-2}$

0 ist eine rationale Zahl, da $0 = \frac{0}{1}$

Alle dir bis jetzt bekannten Zahlenmengen sind also in der Menge der rationalen Zahlen enthalten!

Die natürlichen Zahlen $\mathbb{N}$ wurden um die negativen Zahlen erweitert, was zur Menge der ganzen Zahlen $\mathbb{Z}$ führte. Die ganzen Zahlen wurden um die Menge der Bruchzahlen mit ganzzahligem Zähler und Nenner erweitert, was zur Menge der rationalen Zahlen $\mathbb{Q}$ führte.

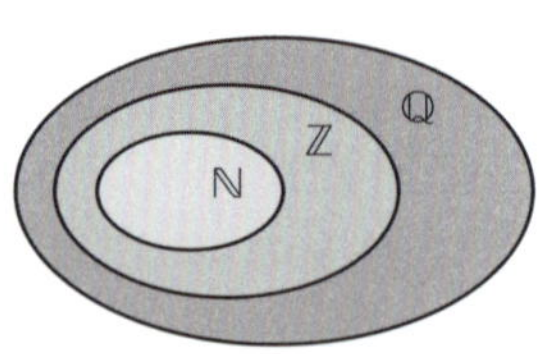

Jede Bruchzahl kann als nicht ausgeführte Division angesehen werden. Bei der Berechnung des Quotienten können (endliche oder periodische) **Dezimalzahlen** entstehen, die ebenfalls **rationale Zahlen** sind.

$$-\frac{2}{5} = \frac{-2}{5} = \frac{2}{-5} = (-2) : 5 = -0{,}4$$
$$-\frac{2}{9} = (-2) : 9 = -0{,}222... = -0{,}\dot{2}$$

24 ! Zu welchen Zahlenmengen gehören die Zahlen? Kreuze an.

	ℕ	ℤ	ℚ
0			
−4			
$\frac{3}{8}$			
−3,25			
17			
$\frac{30}{6}$			

Rationale Zahlen lassen sich als **Punkte auf der Zahlengeraden** eindeutig darstellen. Weiter links liegende Punkte stellen kleinere Zahlen dar als weiter rechts liegende. ℚ ist eine geordnete Menge.

25 Welche rationalen Zahlen sind auf der Zahlengeraden dargestellt? Schreibe eine Ordnungskette an. Verwende das Zeichen „< ".

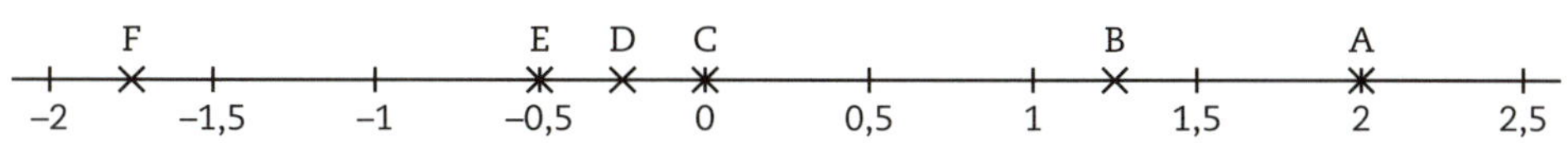

A = ________, B = ________, C = ________, D = ________, E = ________, F = ________

____

26 Stelle die rationalen Zahlen auf der Zahlengeraden dar. (1 cm ≙ 0,5)

−2,5 $\frac{1}{2}$ $-\frac{3}{4}$ 1,75 $\frac{3}{2}$ +2

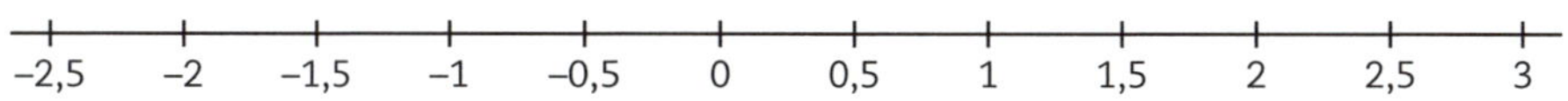

Der Abstand einer rationalen Zahl vom Nullpunkt wird als Betrag der rationalen Zahl bezeichnet. Der Betrag ist immer eine positive Zahl.

Man schreibt wie bei den ganzen Zahlen: $\left|+\frac{2}{3}\right| = \left|-\frac{2}{3}\right| = \frac{2}{3}$

$\frac{2}{3}$ ist die **Gegenzahl** zu $-\frac{2}{3}$ und umgekehrt.

BEISPIELE

Gib die Beträge der rationalen Zahlen an:

$|-2{,}\dot{5}| =$ ______ $\left|+1\frac{7}{11}\right| =$ ______ $|0| =$ ______

BEISPIELE

Die Gegenzahl zu –15,4 ist ______.

Die Gegenzahl zu $7\frac{1}{3}$ ist ______.

Die Gegenzahl zu 0 ist ______.

Die **Koordinaten von Punkten** können auch rationale Zahlen sein.

BEISPIELE

Gib die Koordinaten der Punkte an.

A(______ | ______)

B(______ | ______)

C(______ | ______)

D(______ | ______)

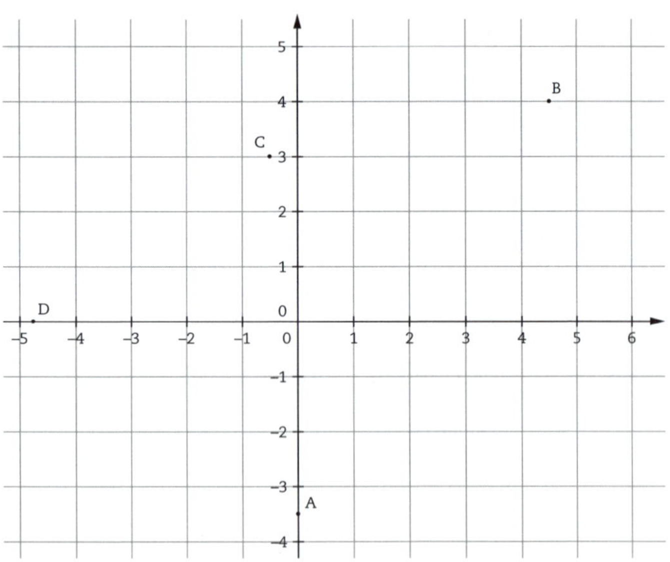

27 Setze <, > oder = so ein, dass die Aussage richtig ist.

a) –4 ______ 5 **b)** |–1,5| ______ 0,5 **c)** 16,4 ______ 1,64

d) |+0,5| ______ |–0,5| **e)** 18 ______ –19 **f)** –4,5 ______ –5,4

28 Ergänze so, dass die Aussage richtig ist.

a) $-\frac{3}{2}$ ______ –0,5 **b)** |–13,2| = ______ **c)** |–1,2| ______ 0,12

d) $\left|-\frac{3}{4}\right|$ ______ $\left|-\frac{3}{5}\right|$ **e)** $\left|+\frac{5}{6}\right|$ ______ $-\frac{5}{6}$ **f)** 213 ______ |–231|

29 ! Ordne die Zahlen der Größe nach. Verwende das Zeichen „<".

a) –3,4 34 –0,34 –340 –34

b) |–0,456| –0,456 |+4,56| |– 45,6|

30 Ergänze zu einer symmetrischen Figur und gib die Koordinaten aller Eckpunkte an.

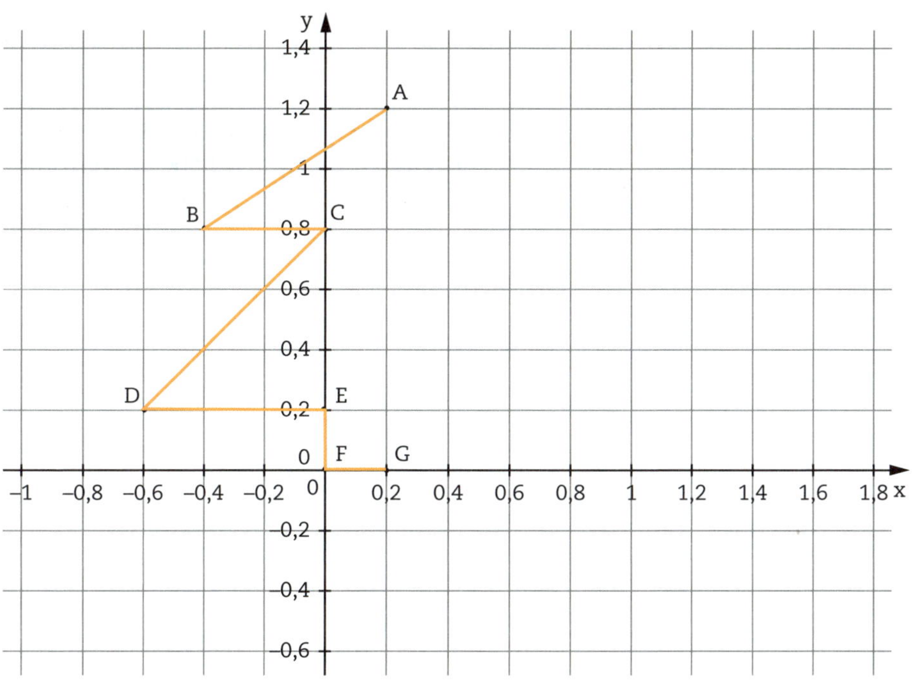

F Addition und Subtraktion rationaler Zahlen

Für die Addition und Subtraktion rationaler Zahlen gelten dieselben Regeln wie bei den ganzen Zahlen.

Daneben musst du aber noch die Regeln für das Rechnen mit Brüchen bzw. Dezimalzahlen beachten.

Da nur gleichnamige Brüche addiert bzw. subtrahiert werden können, machst du ungleichnamige Brüche durch Erweitern auf das **kleinste gemeinsame Vielfache (kgV)** aller Nenner gleichnamig.

Aus gemischten Zahlen machst du vor dem Rechnen **unechte Brüche**.

Treten in einer Rechnung Brüche und Dezimalzahlen auf, wandelst du die **Dezimalzahlen** vor dem Rechnen in **Brüche** um.

BEISPIEL

$\left(-1\frac{2}{3}\right) + \left(-\frac{5}{6}\right) = -\frac{5}{3} - \frac{5}{6} =$ → Vor- und Rechenzeichen vereinfachen! Gemischte Zahl als unechten Bruch darstellen

$= -\frac{10}{6} - \frac{5}{6} = \frac{-10-5}{6} =$ → kgV(3, 6) = 6 → Brüche auf den gemeinsamen Nenner erweitern

$= \frac{-15}{6} = -2\frac{3}{6} = -2\frac{1}{2}$ → Vorzeichen vor den Bruch schreiben. Eventuell unechte Brüche als gemischte Zahlen darstellen. Kürzen!

BEISPIEL

$(+1{,}5) + \left(-\frac{3}{4}\right) = 1{,}5 \;\_\_\; \frac{3}{4} =$ → Vor- und ___ zeichen vereinfachen.

$= \frac{\_\_}{\_\_} \;\_\_\; \frac{3}{4} =$ → Dezimalzahl als B___ darstellen.

$= \frac{\_\_}{4} \;\_\_\; \frac{3}{4} = \frac{\_\_}{4}$ → ___ namige Brüche subtrahieren.

31 Berechne.

a) $\left(+\frac{3}{4}\right) - \left(+\frac{1}{4}\right) =$
b) $\frac{5}{11} - \left(-\frac{4}{11}\right) =$
c) $\left(-\frac{9}{10}\right) - \left(-\frac{7}{10}\right) =$
d) $3\frac{4}{7} + \left(-\frac{5}{7}\right) =$
e) $\left(-2\frac{2}{5}\right) - 1\frac{1}{5} =$
f) $\left(3\frac{4}{9}\right) + \left(-1\frac{7}{9}\right) =$

32 ! Berechne.

a) $\left(+\frac{3}{8}\right) + \left(+\frac{1}{2}\right) =$
b) $\left(-3\frac{3}{8}\right) - \left(+3\frac{1}{4}\right) =$
c) $-\frac{7}{8} - \left(-1\frac{3}{4}\right) =$
d) $\frac{11}{4} - (+2{,}5) =$
e) $-1{,}02 + \left(-\frac{7}{100}\right) =$
f) $(-16{,}4) - (-12{,}8) =$

33 !! Berechne die fehlende Größe.

Hinweis: Minuend minus Subtrahend = Differenz
Summand plus Summand = Summe

a) Der Minuend ist 14,3 und die Differenz ist 4,5. Wie lautet der Subtrahend?

b) Der Subtrahend ist 5,4 und die Differenz ist –2,8. Wie lautet der Minuend?

c) Der Subtrahend ist $\frac{5}{12}$. Der Minuend ist die Gegenzahl des Subtrahenden. Welchen Wert hat die Differenz?

d) Die Summe ist –4,25 und der erste Summand ist $\frac{3}{4}$. Wie lautet der zweite Summand?

e) Der erste Summand ist $-1\frac{3}{5}$ und der zweite Summand ist die Gegenzahl des ersten Summanden. Wie lautet die Summe?

34 Welchen Abstand haben die gegebenen Zahlen auf der Zahlengeraden?

a) –4 und 4,5
b) –1,4 und $\frac{2}{5}$
c) 3,25 und 11,3

Ein zusätzliches Beispiel ist über den QR Code® oder Key abrufbar.
http://durchstarten-mathematik7.veritas.at/qr/162

Key: 162

G Multiplikation und Division rationaler Zahlen

Für die Multiplikation und Division rationaler Zahlen gelten dieselben Regeln wie bei den ganzen Zahlen.

Daneben musst du aber noch die Regeln für das Rechnen mit Brüchen bzw. Dezimalzahlen beachten.

Bestimme zuerst das **Vorzeichen** des Produkts bzw. des Quotienten.

Brüche werden **multipliziert**, indem man **Zähler mit Zähler** und **Nenner mit Nenner multipliziert**.
Brüche werden **dividiert**, indem der erste Bruch mit dem **Kehrwert** des zweiten Bruches **multipliziert** wird.

Konrolliere vor dem Multiplizieren, ob du kürzen kannst!

Aus **gemischten Zahlen** machst du vor dem Rechnen **unechte Brüche**.

Treten in einer Rechnung Brüche und Dezimalzahlen auf, wandelst du die **Dezimalzahlen** vor dem Rechnen in **Brüche** um.

BEISPIEL

$\left(+1\frac{2}{3}\right) \cdot \left(-\frac{4}{5}\right) =$ → $(+) \cdot (-) = (-)$ → Vorzeichen des Produkts

$= -\frac{5 \cdot 4}{3 \cdot 5} =$ → Die gemischte Zahl in einen unechten Bruch umwandeln. Kürzen!

$= -\frac{4}{3} = -1\frac{1}{3}$ → Ergebnis wieder als gemischte Zahl schreiben.

BEISPIEL

$1\frac{2}{9} : \left(-3\frac{1}{3}\right) =$ → $(+) : (-) =$ ____ → Vorzeichen des ____

$= -\frac{11 \cdot 3}{9 \cdot 10} =$ → Mit dem ____ multiplizieren.

$=$ ____ $= -\frac{11}{\_\_\_\_}$ Kürzen!

35 Berechne die Produkte.

a) $\left(+\frac{3}{8}\right) \cdot \left(-\frac{3}{5}\right) =$ **b)** $\left(-\frac{7}{8}\right) \cdot \left(-\frac{2}{7}\right) =$ **c)** $\frac{4}{5} \cdot \left(+\frac{10}{3}\right) =$

d) $\left(+3\frac{1}{2}\right) \cdot \left(-\frac{5}{7}\right) =$ **e)** $\left(-2\frac{3}{5}\right) \cdot \frac{1}{13} =$ **f)** $\left(-2\frac{1}{7}\right) \cdot \left(+1\frac{1}{15}\right) =$

36 Berechne die Quotienten.

a) $\frac{4}{5} : \left(-\frac{2}{3}\right) =$ **b)** $\left(-\frac{7}{8}\right) : \left(-\frac{5}{4}\right) =$ **c)** $\left(-\frac{2}{3}\right) : \left(+\frac{4}{9}\right) =$

d) $\left(-1\frac{2}{3}\right) : \left(-\frac{5}{6}\right) =$ **e)** $4\frac{2}{3} : \left(-1\frac{5}{9}\right) =$ **f)** $\left(-\frac{4}{9}\right) : \left(+\frac{5}{6}\right) =$

37 ! Berechne die Produkte und Quotienten.

a) $1{,}75 \cdot \left(-\frac{16}{21}\right) =$ **b)** $1\frac{1}{3} \cdot 0{,}75 =$ **c)** $(-0{,}5) \cdot \left(-2\frac{2}{5}\right) =$

d) $\left(-\frac{7}{8}\right) : (-0{,}25) =$ **e)** $0{,}6 : \left(-2\frac{1}{10}\right) =$ **f)** $\left(-1\frac{1}{7}\right) : (-1{,}4) =$

38 !! Sind die Aussagen richtig oder falsch? Begründe deine Antwort!

a) Wird eine rationale Zahl durch ihre Gegenzahl dividiert, ist das Ergebnis immer –1.

b) Wird eine rationale Zahl mit ihrer Gegenzahl multipliziert, ist das Ergebnis immer –1.

c) Das Produkt einer rationalen Zahl (ungleich 0) und ihrer Gegenzahl ist immer negativ.

d) Der Quotient einer rationalen Zahl und dem Kehrwert ihrer Gegenzahl ist immer positiv.

39 Schreibe den Doppelbruch als Division an und berechne den Quotienten.

a) $\dfrac{\frac{3}{4}}{-\frac{1}{2}} =$ **b)** $\dfrac{-\frac{2}{3}}{-\frac{4}{9}} =$

c) $\dfrac{1\frac{4}{5}}{2\frac{1}{4}} =$ **d)** $\dfrac{-2\frac{4}{9}}{\frac{11}{3}} =$

H Verbindung der Grundrechnungsarten

Kommen beim Rechnen mit ganzen und rationalen Zahlen alle vier Grundrechnungsarten vor, gelten wie beim Rechnen mit natürlichen Zahlen die Vorrangregeln:

BEISPIELE

$\left(2\frac{4}{7} - \frac{1}{14}\right) : \left(-\frac{5}{6}\right) =$ → Gemischte Zahlen in ______ Brüche umwandeln und die Klammern berechnen.

$= \left(\frac{18}{7} - \frac{1}{14}\right) \cdot \left(-\frac{6}{5}\right) =$ → Mit dem ______ des Divisors ______.

$= \left(\frac{36}{14} - \frac{1}{14}\right) \cdot \left(-\frac{6}{5}\right) =$ → Vorzeichen des P______ bestimmen!

$= -\frac{\overset{7}{\cancel{35}}}{\underset{7}{\cancel{14}}} \cdot \frac{\overset{3}{\cancel{6}}}{\underset{1}{\cancel{5}}} = -3$ → Vor dem Multiplizieren k______.

40 ! Berechne unter Berücksichtigung der Vorrangregeln.

a) $\left(2\frac{7}{8} + 1\frac{1}{16}\right) \cdot \frac{2}{63} =$

b) $3\frac{1}{6} + \left(-\frac{5}{8}\right) \cdot \left(-\frac{2}{3}\right) =$

c) $\frac{15}{9} : \left(-\frac{5}{3}\right) + \frac{4}{9} : -\frac{2}{3} =$

d) $\left[4 \cdot \left(-\frac{3}{4}\right) + 5\right] : \left[4 \cdot \left(-\frac{3}{4} - 5\right)\right] =$

41 !! Schreibe den Text als Rechnung an und bestimme das Ergebnis.

a) Die Zahl –5,2 ist um den Quotienten der Zahlen 1,2 und –0,75 zu verkleinern.

b) Die Differenz der Zahlen $\frac{7}{12}$ und $\frac{5}{9}$ ist durch $\frac{5}{21}$ zu dividieren.

c) Die Summe der Zahlen $\frac{2}{9}$ und $\frac{8}{21}$ ist mit $\frac{63}{19}$ zu multiplizieren.

X TEST GANZE UND RATIONALE ZAHLEN **Testdauer: 30 min**

Welche Zahlen sind auf der Zahlengeraden dargestellt?
Wie lauten ihre Beträge?

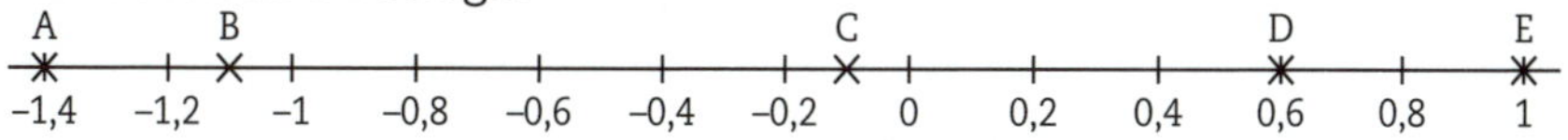

A = ____________, B = ____________, C = ____________, D = ____________, E = ____________

Ergänze die Sätze.

a) Setzt man ein Minus vor eine ganze Zahl, entsteht die ____________.

b) Der Betrag einer rationalen Zahl ist ihr Abstand vom ____________.

c) Die Beträge einer ganzen Zahl und ihrer ____________ sind gleich.

d) Auf der Zahlengeraden weiter rechts liegende rationale Zahlen sind ____________ als weiter links liegende.

Berechne.

a) $|-14| + (-10) - (-21) =$ **b)** $\left(-1\frac{2}{9}\right) \cdot \left|-2\frac{1}{11}\right| =$ **c)** $\left(-\frac{9}{5}\right) : (+0{,}48) =$

Berechne unter Berücksichtigung der Vorrangregeln.

$\left(-2\frac{1}{4}\right) \cdot \left[1\frac{1}{3} - \frac{3}{4} : \left(-1\frac{1}{2}\right)\right] =$

Zeichne den offenen Streckenzug in ein rechtwinkliges Koordinatensystem. Welche Figur entsteht?
A(–1,5|1); B(0,5|5); C(0,5|3); D(1,5|3); E(–0,5|–1)

Ordne die Zahlen den Zahlenmengen zu. Kreuze an.

	ℕ	ℤ	ℚ
–34	☐	☐	☐
1,3	☐	☐	☐
0	☐	☐	☐
10	☐	☐	☐
$\frac{4}{9}$	☐	☐	☐

Gesamt: 19 Punkte

Hast du mindestens 17 richtige Ergebnisse erzielt? SUPERLEISTUNG!
Aber – bei weniger als 13 gehe die Seiten 10 bis 26 noch einmal durch!

X KREUZE AN!

- [ ] Ich weiß, was ganze bzw. rationale Zahlen sind, und kenne die dazugehörigen Mengenbezeichnungen.
- [ ] Ich weiß, was ein Term ist.
- [ ] Ich weiß, was der Betrag einer ganzen bzw. rationalen Zahl ist.
- [ ] Ich kann ganze und rationale Zahlen auf der Zahlengeraden darstellen.
- [ ] Ich weiß, was man unter der Gegenzahl versteht.
- [ ] Ich kenne den Zusammenhang zwischen den natürlichen, ganzen und rationalen Zahlen.
- [ ] Ich kann Zahlen den entsprechenden Zahlenmengen zuordnen.
- [ ] Ich kann Punkte mit ganzzahligen und rationalen Koordinaten in ein rechtwinkliges Koordinatensystem einzeichnen bzw. die Koordinaten von Punkten daraus ablesen.
- [ ] Ich kann mit ganzen und rationalen Zahlen die Grundrechnungsarten durchführen.
- [ ] Ich kenne die Vorrangregeln und kann sie anwenden.
- [ ] Ich kann mit Doppelbrüchen umgehen.

Schau dir die Beispiele an und schätze deine Kenntnisse ein.
Kreuze an:
☺ ... kann ich ziemlich gut ☹ ... kann ich weniger gut
Die Seitenzahl hinter dem ☹ sagt dir, wo im Buch du mit dem Wiederholen und Üben starten solltest.

1 Ich kenne den Unterschied zwischen 4a und a^4.

4a = ... a^4 = ...

☺ ☹ *(Seite 30)*

2 Ich kenne die Bezeichnungen für a^n, a und n.

a^n ...., a ...., n ....

☺ ☹ *(Seite 30)*

3 Ich kenne den Unterschied zwischen $(-3)^2$ und -3^2.

$(-3)^2$ = ... -3^2 = ...

☺ ☹ *(Seite 30)*

4 Ich weiß, wie man $3^3 : 9 - (2 - 3 \cdot 2)^2$ berechnet.

$3^3 : 9 - (2 - 3 \cdot 2)^2$ = ...

☺ ☹ *(Seite 40)*

5 Ich weiß, was Zehnerpotenzen sind und was man unter der Gleitkommadarstellung einer Zahl versteht.

Schreibe kürzer an: 100 000 = ...

Schreibe ohne 10^6 an: $4{,}5 \cdot 10^6$ = ...

☺ ☹ *(Seite 31)*

6 Ich weiß, was ein Term ist und wie Terme vereinfacht werden.

Ein Term ist ein .... mathematischer Ausdruck.

$a \cdot (a^2 - 2a + 3) - (a^3 + 4a^2)$ = ...

$(x - 3) \cdot (x + 5)$ = ...

☺ ☹ *(Seite 32, 38)*

7 Ich kenne die binomischen Formeln und kann faktorisieren.

$(2a - 5b)^2$ = ... $4a^2 - 6a = 2a \cdot ($....................................$)$

☺ ☹ *(Seite 42, 44)*

POTENZEN UND TERME

A Potenzschreibweise / Zehnerpotenzen

Eine **Potenz** ist die Kurzschreibweise für ein Produkt mit gleichen Faktoren.

$a \cdot a \cdot a \cdot a = a^4$ „a hoch 4“

a^4 heißt **Potenz**

a heißt **Basis** (Grundzahl)

4 heißt **Exponent** (Hochzahl)

$2 \cdot 2 \cdot 2 = 2^3$ „2 hoch 3“

$x \cdot x = x^2$ „x hoch 2“

BEISPIELE

2^3 heißt ____ mit der ____ 2 und dem ____ 3.

2 ist der ____ der ____ x^2 mit der ____ x.

BEISPIELE

Beachte: **$5a \neq a^5$**

$5a = a + a + a + a + a$ Multiplizieren = Addieren gleicher Summanden
$a^5 = a \cdot a \cdot a \cdot a \cdot a$ Potenzieren = Multiplizieren gleicher Faktoren

Beachte: **$(-2)^4 \neq -2^4$**

$(-2)^4 = (-2) \cdot (-2) \cdot (-2) \cdot (-2) = 2^4 = 16$ (= Wert der Potenz)
$-2^4 = -(2 \cdot 2 \cdot 2 \cdot 2) = -2^4 = -16$

Potenzen mit der Basis 10 werden als **Zehnerpotenzen** bezeichnet:

$10 = 10^1$, $100 = 10^2$, $1\,000 = 10^3$, $10\,000 = 10^4$, $100\,000 = 10^5$ usw.

42 Schreibe als Potenz.

a) $0{,}2 \cdot 0{,}2 \cdot 0{,}2 =$ **b)** $\frac{2}{7} \cdot \frac{2}{7} \cdot \frac{2}{7} \cdot \frac{2}{7} \cdot \frac{2}{7} =$ **c)** $(-3) \cdot (-3) \cdot (-3) \cdot (-3) =$

43 Schreibe die Potenz als Produkt und berechne den Wert.

a) $3^3 =$ **b)** $2^5 =$ **c)** $4^2 =$ **d)** $15^3 =$ **e)** $1^5 =$

44 Schreibe die Potenz als Produkt und berechne den Wert. Betrachte die Ergebnisse und streiche im Text die unpassenden Wörter durch.

a) $(-3)^4 =$ **b)** $(-3)^3 =$ **c)** $(-5)^2 =$ **d)** $(-5)^5 =$

Wird eine negative Zahl mit einer geraden/ungeraden Hochzahl potenziert, hat das Ergebnis ein **positives** Vorzeichen.

Wird eine negative Zahl mit einer geraden/ungeraden Hochzahl potenziert, hat das Ergebnis ein **negatives** Vorzeichen.

45 Fasse gleiche Faktoren zu Potenzen zusammen.

a) $2 \cdot 3 \cdot 2 \cdot 3 \cdot 3 =$ **b)** $a \cdot b \cdot b \cdot a \cdot a \cdot a \cdot b =$ **c)** $\frac{2}{3} \cdot \frac{2}{3} \cdot x \cdot \frac{2}{3} \cdot x \cdot x \cdot x =$

46 Berechne **(1)** $4x$ und **(2)** x^4 für

a) $x = 1$ **b)** $x = 2$ **c)** $x = 3$ **d)** $x = 4$

Große Zahlen lassen sich mit **Zehnerpotenzen** übersichtlich anschreiben:

BEISPIELE

$7\,000 = 7 \cdot 10^3$

$67\,000\,000 = 67 \cdot 10^6 = 6{,}7 \cdot 10^7$

$15\,100\,000\,000 = 151 \cdot 10^8 = 1{,}51 \cdot 10^{10}$

Die jeweils letzte Zahldarstellung ist die sogenannte **Gleitkommadarstellung**.

47 ! Schreibe die Zahlen in Gleitkommadarstellung.

a) 8 000 **b)** 720 000 **c)** 89 000 000 **d)** 198 000 000 000

B Terme

Du weißt schon:

Ein **Term** ist ein **sinnvoller** mathematischer Ausdruck, in dem Zahlen, Variable und Rechenzeichen auftreten.

Setzt man für die Variable(n) in einem Term konkrete Zahlen ein, kann der **Wert** des Terms berechnet werden.

Es gibt:

eingliedrige Terme (Monome):	-3, x, a^4, $-4ab$, …
zweigliedrige Terme (Binome):	$1 + b$, $2a - 3b$, $x^2 + 7yz$, …
Mehrgliedrige Terme (Polynome):	$x^2 - 4x + 5$, $a + ab - 3c + d$, …

Mit Termen können Sachverhalte einfach angeschrieben werden:

BEISPIELE

Die Summe von x und y → $x + y$

Das Doppelte von a → ______

Das Produkt von e und f → ______

Der Vorgänger von a → ______

Die Differenz von 5 und dem Quotienten von a und b → ______

Zwei Terme, die durch ein Gleichheitszeichen verbunden sind, bilden eine **Formel** bzw. **Gleichung**.

BEISPIELE

In einer Klasse sind m Mädchen und b Buben. Was bedeuten die Ausdrücke?

$m = b$	Es gibt genauso viele ______.
$m = 8$	Es gibt ______.
$m + 1 = b$	Es gibt um 1 ______ weniger, als es ______ gibt.
$2m = b$	Es gibt halb so viele ______ wie ______.

48 Schreibe den Text als Term.

a) Der Quotient von a und b wird um 3 verkleinert.
b) Das Produkt von x, y und z.
c) Die Summe von 2a und 3b wird mit c multipliziert.
d) x wird durch die Differenz von y und z dividiert.
e) Das Dreifache von a wird um die Hälfte von b vergrößert.

49 **!** Ein Bauer hat h Hühner und k Kühe. Was bedeuten die Ausdrücke?

a) $h = k$ **b)** $k - 10 = h$ **c)** $h + 5 = k$ **d)** $2h = k$ **e)** $3k = h$

50 **!** In einem Regal liegen m Magazine und b Bücher. Schreibe eine Formel an.

a) Es gibt doppelt so viele Magazine wie Bücher.
b) Es gibt halb sie viele Bücher wie Magazine.
c) Es gibt genauso viele Magazine wie Bücher.
d) Es gibt um drei Magazine mehr, als es Bücher gibt.
e) Es gibt um fünf Bücher weniger, als es Magazine gibt.

51 Gib eine Formel an.

a) Für den Umfang u eines Rechtecks mit den Seitenlängen x und y.
b) Für den Flächeninhalt A eines Rechtecks mit den Seitenlängen e und f.
c) Für den Umfang u eine Quadrats mit der Seitenlänge a.
d) Für den Flächeninhalt A eines Quadrats mit der Seitenlänge h.
e) Für die Kosten K beim Kauf von x kg Äpfel zum Kilopreis von p €.
f) Für die Besucherzahl B einer Ausstellung, die e Erwachsene und k Kinder besuchen.

52 Berechne die Werte der Terme für $a = 1$, $b = 2$ und $c = -3$.

a) $a + b + c =$ ______________________________

b) $2a - 3c =$ ______________________________

c) $(a + b) \cdot c =$ ______________________________

d) $(a + \frac{b}{2}) + c =$ ______________________________

C Vereinfachung von Termen / Klammern auflösen

Gleichnamige Terme können **zusammengefasst** werden. So werden längere Ausdrücke vereinfacht und übersichtlicher.

BEISPIELE

$3a - 5a = -2a$

$-6x + (-2x) - (-6x) = -6x - 2x + 6x =$

$8a - 2b + b - 3a - 5b = 8a - 3a - 2b + b - 5b = \quad a - \quad b$

$4a + 6 - 7a + 10a - 4 =$

Treten in einem Ausdruck Klammern auf und stehen **vor den Klammern** „+", dann darf man die **Klammern** weglassen. Gleichnamige Terme werden wieder zusammengefasst.

BEISPIELE

$3a + 5b + (-7a + b) = 3a + 5b + (-7a) + b = 3a + 5b - 7a + b =$

$3x + (5 - 2x) + 6y - x + (7x - y) =$

$= 3x + 5 - 2x + 6y - x + 7x - y =$

Treten in einem Ausdruck Klammern auf und stehen **vor den Klammern** „–", dann werden nach dem **Weglassen** der **Klammern** alle **Vor- und Rechenzeichen geändert**. Gleichnamige Terme werden wieder zusammengefasst.

BEISPIELE

$3x - (2x + 4) = 3x - 2x - 4 = x - 4$

$5x - (-2x + 8) = 5x - (-2x) - (+8) = 5x + 2x - 8 =$

$(a + 2b - c) - (5a - b + 4c) =$

$= a + 2b - c - 5a \qquad = -4a + 3b - 5c$

Mehrere ineinander **verschachtelte Klammern** werden nach denselben Methoden **von innen nach außen** aufgelöst.

BEISPIEL

$7a + b - [a + 2b - (a + b) + (6a - 2b)] =$

$= 7a + b - [a + 2b - a - b + 6a - 2b] =$

$= 7a + b - a - 2b + a + b - 6a + 2b =$

53 Vereinfache die Terme.

a) $4a + (6 - 5a) + (1 + a) =$

b) $(7a + 2b) + (-4a - b) =$

c) $(a + 2b) + (-3a + 5b) + 3a =$

d) $(a + 2b + c) + (7a - 6b + 2c) =$

54 ! Vereinfache die Terme. Berechne als Probe die Werte für den Ausgangsterm und den Ergebnisterm, indem du für $x = 1$ und für $y = 3$ einsetzt.

a) $3x - (4x + 1) =$

b) $(x + 4) - (7 + 3x) =$

c) $-x + 2y - (-x - 4y) =$

d) $4 - (3x + y - 3) + x - (-2x + y + 5) =$

55 !! Vereinfache die Terme.

a) $10a + 8b - [5a - 5b + (6a + 6b)] =$

b) $a - 6b - [a + 2b - (a + b)] =$

c) $(-7a + 2b) + [-a + (4a + 2b) - (-a - 3b)] =$

d) $6a - [a + 4b - (2a + b)] - (-a + b) =$

56 Erkläre, wo ein Fehler gemacht wurde. Stelle richtig!

a) $6a - 4a = 2$

b) $(a + 2b - 5) - (6a - 2b + 3) = a + 2b - 5 - 6a - 2b + 3 = -5a - 2$

D Multiplikation von Variablen

Bei der Multiplikation von Monomen wird das Produkt der Zahlen und das der Variablen getrennt voneinander berechnet.

Der Malpunkt zwischen Zahlen und Variablen bzw. zwischen Variablen darf zur Vereinfachung weggelassen werden.

$4 \cdot x = 4x$ $a \cdot b = ab$

BEISPIELE

$4x \cdot 5y = (4 \cdot 5) \cdot (x \cdot y) = 20 \cdot xy = 20xy$

$(-2x) \cdot (+7y) = (-2 \cdot 7) \cdot (x \cdot y) =$

$(-3x) \cdot (-5y) =$

$7x \cdot 8x = 56 \cdot x \cdot x = 56$ (**Potenzschreibweise** verwenden!)

Punktrechnung vor Strichrechnung!

Nur gleichnamige Terme addieren und subtrahieren, d.h. auch nur Potenzen mit gleicher Basis und gleichem Exponenten addieren und subtrahieren!

BEISPIELE

$5a \cdot 6b - 2a \cdot 7b = 30ab - 14ab =$

$x \cdot 2x + 4y \cdot 2z - 3x \cdot 6x = 2x^2 + 8yz - 18x^2 =$ $x^2 + 8yz$

$(-3x) \cdot 5y + 8x \cdot (-3y) - (-5x) \cdot (-4y) =$

$= -15xy + (-24xy) - 20xy =$

57 Berechne die Produkte.

a) $3e \cdot 12f =$ **b)** $6a \cdot 8b =$ **c)** $10x \cdot 10y =$ **d)** $14a \cdot 2b =$

58 Berechne die Produkte und mache die Probe für $x = 2$ und $y = 3$.

a) $(-3x) \cdot y =$ **b)** $6x \cdot (-2y) =$ **c)** $(-7x) \cdot (-7y) =$ **d)** $-5x \cdot 6y =$

59 Vereinfache die Terme.

a) $6a \cdot 7b - a \cdot 8b =$
b) $11a \cdot 6b + 8a \cdot 8b - 10a \cdot 2b =$
c) $-9a \cdot b + 11a \cdot b - a \cdot b =$
d) $2a \cdot b \cdot 5c - a \cdot 2b \cdot 3c + 7a \cdot 8b \cdot c =$

60 ! Vereinfache die Terme.

a) $(-2x) \cdot (-5y) + (-x) \cdot (+11y) - (+12x) \cdot (-y) =$
b) $11x \cdot (-7y) - (+12x) \cdot (-2y) + (-x) \cdot (+10y) =$
c) $x \cdot (-2y) \cdot z + (-2x) \cdot (-y) \cdot (-4z) =$
d) $(-2x) \cdot (-3y) \cdot 4z + x \cdot (-y) \cdot (-z) - (-4x) \cdot y \cdot 8z =$

61 Vereinfache die Terme.

a) $4a^2 + 7a - 7 + 9a - 11 + 6a^2 =$
b) $10 - 6a^2 + 1 - 8a + 5a^2 - 11a + 7 - a =$
c) $3a^3 - 2a^2 + 7a - 9a + a^3 - 11a^2 + a =$

62 ! Berechne und vereinfache.

a) $7x \cdot 2x - 5y \cdot y + x \cdot 4x - 7y \cdot 2y =$
b) $(-3x) \cdot 2x + 6x \cdot (-2x) - (-9x) \cdot (-3x) =$
c) $x^2 + 7x \cdot (-3x) + 6x \cdot x - 3x^2 + (-x) \cdot (-12x) =$

63 !! Welche zwei Terme haben dasselbe Ergebnis? Kreuze an.

☐ $3x \cdot 2y - 6x \cdot (-2y)$

☐ $6x \cdot x + 12y \cdot y$

☐ $6xy + 12xy$

☐ $6x^2 - 12y^2$

☐ $-3x \cdot (-2y) - (-6x) \cdot (-2y)$

Wird ein **Monom** mit einem **Polynom** multipliziert, wird jeder Teil des Polynoms mit dem Monom multipliziert. Vorzeichenregeln beachten!

BEISPIELE

$6x \cdot (2x + 3y - 4) = 6x \cdot 2x + 6x \cdot 3y - 6x \cdot 4 = 12x^2 + 18xy - 24x$

$(-3x) \cdot (-5x + 3) = (-3x) \cdot (-5x) + (-3x) \cdot 3 =$ ______ $-$ ______

$(a + 2b) \cdot ab = a \cdot ab + 2b \cdot ab = a^2b +$ ______

$4 \cdot (a + 5b) + 3 \cdot (2a - b) =$

$= 4a + 20b + 6a - 3b =$ ______

$6 \cdot (3a - 2b) - 7 \cdot (-2a + 5b) =$ Achte auf des Minus vor der Klammer!

$= 18a - 12b + 14a - 35b =$ ______

Wird ein **Polynom** mit einem anderen **Polynom** multipliziert, wird jeder Teil des ersten Polynoms mit jedem Teil des zweiten Polynoms multipliziert. Vorzeichenregeln beachten!

BEISPIELE

$(4a - 2) \cdot (5a + 4) = 4a \cdot 5a - 2 \cdot 5a + 4a \cdot 4 - 2 \cdot 4 =$

$= 20a^2 -$ ______ $a +$ ______ $a -$ ______ $=$ ______

$(-3a + 4) \cdot (6a - 2) =$

$= -3a \cdot$ ______ $+ 4 \cdot$ ______ $+ 3a \cdot 2 -$ ______ $\cdot 2 =$

$=$ ______ $+$ ______ $+$ ______ $-$ ______ $=$

$=$ ______

64 Multipliziere aus und mache die Probe, indem du für die Variablen selbstgewählte Zahlen einsetzt.

a) $4r \cdot (5s - t) =$ **b)** $(3a + 6b) \cdot 7c =$ **c)** $(-3e) \cdot (-6f - 8g) =$ **d)** $(u - v) \cdot (-w) =$

65 Berechne die Produkte.

a) $a \cdot (2a - b) =$ **b)** $(-3x) \cdot (5x - 11) =$ **c)** $(-8 + 7c) \cdot (+10c) =$ **d)** $(-x) \cdot (x - 2y) =$

66 Multipliziere aus.

a) $(a - 3) \cdot (b + 5) =$ **b)** $(2s + 3) \cdot (5t - 4) =$ **c)** $(2a - b) \cdot (3c + 6d) =$

67 Multipliziere die Terme.

a) $(6x - 7) \cdot (-4x + 1) =$ **b)** $(7x - 3) \cdot (7x + 3) =$ **c)** $(-9x + 8) \cdot (-7x - 6) =$

68 Berechne die Produkte.

a) $5x \cdot (-6x + 7y - 6) =$ **b)** $(a + 2b - 3c) \cdot (-2c) =$ **c)** $(+8x) \cdot (-x - 2y - 3z) =$

Grafische Veranschaulichung der Multiplikation:

BEISPIEL

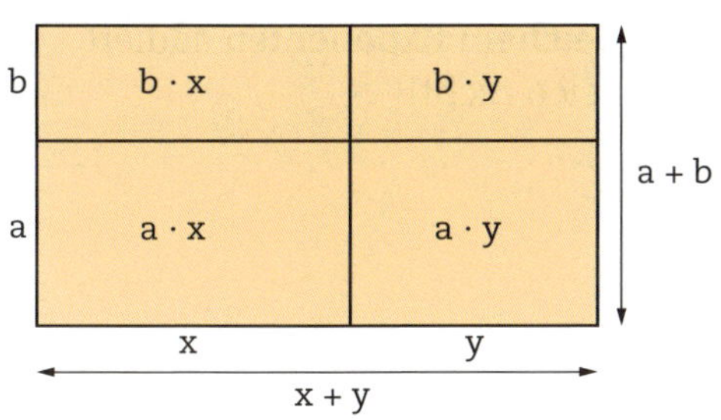

Die Fläche des großen Rechtecks setzt sich aus vier kleinen Rechteckflächen zusammen:

$(a + b) \cdot (x + y) = ax + by + ay + by$

69 !! Welche Multiplikationen sind grafisch dargestellt?

a)

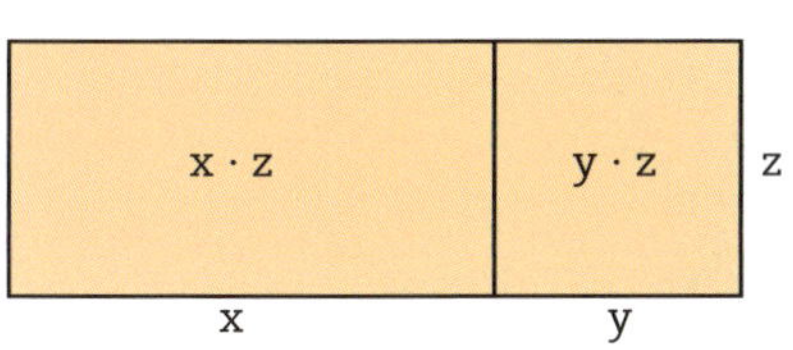

b)

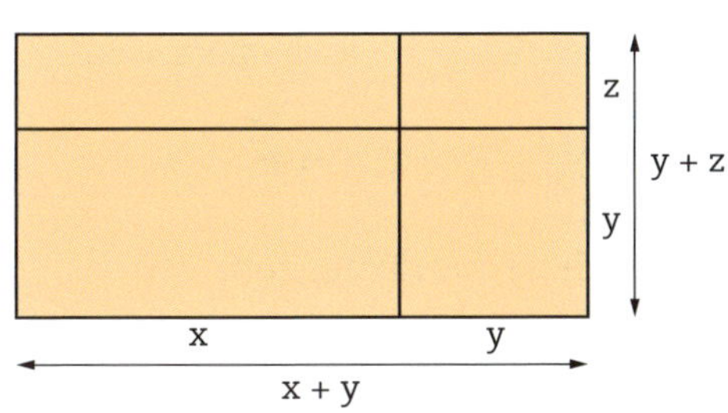

E Rechnen mit Potenzen

Durch die Einführung von Potenzen erweitern sich auch die Vorrangregeln: Es gilt weiter **Punktrechnung vor Strichrechnung**. Treten jedoch in einer Rechnung auch Potenzen auf, werden die Werte der **Potenzen zuerst** berechnet. Rechnungen in **Klammern** werden nach diesen Vorrangregeln zu Beginn ausgewertet.

BEISPIELE

$3 \cdot 4^2 - 10 : 2 = 3 \cdot 16 - 5 = 48 - 5 = 43$

$6 \cdot (3 + 4)^2 = 6 \cdot 7^2 = 6 \cdot \underline{\qquad} = \underline{\qquad}$

$(12 - 2 \cdot 5)^3 = \left(12 - \underline{\qquad}\right)^3 = \underline{\qquad}^3 = \underline{\qquad}$

Addition und Subtraktion von Potenzen:
Es können nur Potenzen mit **gleicher Basis** und **gleichem Exponenten** addiert bzw. subtrahiert werden. Die Exponenten ändern sich nicht!

BEISPIEL

$4x^3 - 2x^2 + x^3 + x^2 = 5x^3 - x^2$

Multiplikation und Division von Potenzen:
Es können nur Potenzen mit **gleicher Basis** multipliziert bzw. dividiert werden.

BEISPIEL

$2a^3 \cdot 3a^2 = 2 \cdot 3 \cdot a \cdot a \cdot a \cdot a \cdot a = 6a^{3+2} = 6a^5$

$\frac{a^5}{a^3} = \frac{\cancel{a} \cdot \cancel{a} \cdot \cancel{a} \cdot a \cdot a}{\cancel{a} \cdot \cancel{a} \cdot \cancel{a}} = a^{5-3} = a^2$

Potenzieren von Potenzen:

BEISPIEL

$(a^3)^2 = a^3 \cdot a^3 = a^{3+3} = a^{3 \cdot 2} = a^6$

Potenzen mit gleicher Basis werden **multipliziert**, indem man die **Exponenten addiert**.

Potenzen mit gleicher Basis werden **dividiert**, indem man die **Exponenten subtrahiert**.

Potenzen werden **potenziert**, indem man die **Exponenten multipliziert**.

70 Berechne.

a) $3^2 : 9 + 11 \cdot 2 =$ **b)** $11 - 2^2 \cdot 3 + 25 : 5 =$ **c)** $40 : 2^3 - 7^2 =$

71 Welcher Term hat den größten Wert? Kreuze an.

☐ $(2^2 + 2 \cdot 4)^3$ ☐ $2^2 + 2 \cdot 4^3$ ☐ $(2^2 + 2) \cdot 4^3$ ☐ $2^2 + (2 \cdot 4)^3$

72 Vereinfache und mache die Probe für a = 2.

a) $4a^2 - 6a + (6a^2 - 7a) =$ **b)** $6a^2 - (7 - 4a^2 + 5a) =$
c) $3 \cdot (4a^2 - 3) - 4 \cdot (2 + 6a^2) =$ **d)** $(-3) \cdot (a^3 - 2a^2) + 3a^3 =$

73 Berechne.

a) $a^4 \cdot a^2 =$ **b)** $b^2 \cdot b^4 =$ **c)** $c^5 \cdot c^3 =$ **d)** $d \cdot d^6 = d^1 \cdot d^6 =$

74 **!** Berechne. Bestimme zuerst das Vorzeichen des Produkts!

a) $3a^2 \cdot 4a^3 =$ **b)** $(-6b) \cdot 7b^6 =$ **c)** $c \cdot (-8c^5)=$ **d)** $(-6d^3) \cdot (-6d^4)=$

75 Vereinfache.

a) $a^7 : a^4 =$ **b)** $b^8 : b^4 =$ **c)** $8c^5 : 2c^3 =$ **d)** $15d^6 : 5d =$

76 **!** Bilde den Quotienten.

a) $36a^4b^3 : 9a^2b^2 =$ **b)** $20a^5b^4 : 4a^3b =$ **c)** $27a^5b^5 : 3a^2b^4 =$

Jeder Teil eines Monoms wird potenziert: $(a \cdot b)^r = a^r \cdot b^r$ $\left(\frac{a}{b}\right)^r = \frac{a^r}{b^r}$

77 Berechne:

a) $(a^4)^3 =$ **b)** $(2a^3)^2 =$ **c)** $(3a^2b^3)^3 =$ **d)** $\left(\frac{a^2}{b^3}\right)^4 =$ **e)** $\left(\frac{3a}{b^4}\right)^3 =$

E Binomische Formeln

Für alle rationalen Zahlen gelten die binomischen Formeln. Du wirst bei Berechnungen immer wieder auf sie stoßen, sodass du sie unbedingt auswendig können solltest.

$(a + b)^2 = ?$ Die geometrische Veranschaulichung liefert die Lösung.

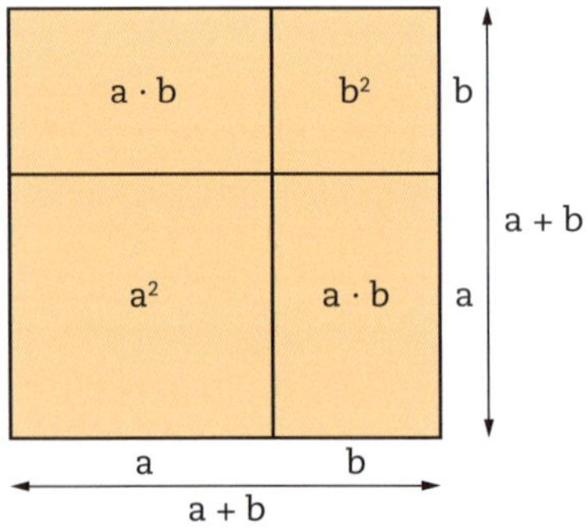

$(a + b)^2 = a^2 + ab + ab + b^2 = \mathbf{a^2 + 2ab + b^2}$

$(a - b)^2 = ?$ Dabei hilft dir wieder die grafische Veranschaulichung.

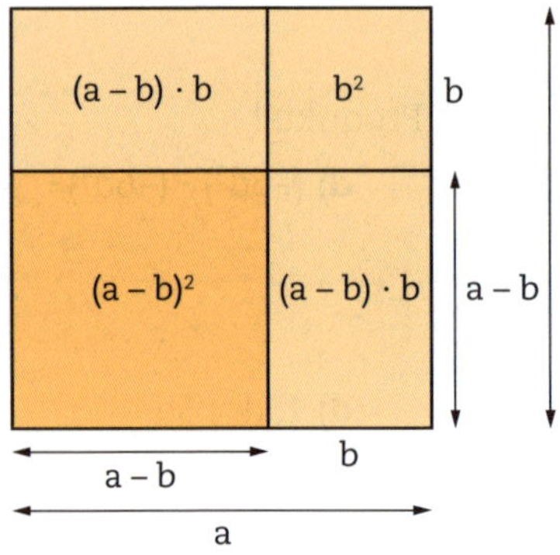

$(a - b)^2 = a^2 - (a - b) \cdot b - (a - b) \cdot b - b^2 =$

$= a^2 - ab + b^2 - ab + b^2 - b^2 =$

$= \mathbf{a^2 - 2ab + b^2}$

Die Berechnung des Produkts zweier Binome liefert die dritte Formel:

$(a - b) \cdot (a + b) = a^2 - ba + ab - b^2 = a^2 - ab + ab - b^2 = \mathbf{a^2 - b^2}$

Binomische Formeln

$(a + b)^2 = a^2 + 2ab + b^2$
$(a - b)^2 = a^2 - 2ab + b^2$
$(a - b) \cdot (a + b) = (a + b) \cdot (a - b) = a^2 - b^2$

BEISPIELE

$(2x + 3y^3)^2 = (2x)^2 + 2 \cdot 2x \cdot 3y^3 + (3y^3)^2 = \quad + \quad +$

$(x^2 + 5y)^2 = (x^2)^2 + 2 \cdot x^2 \cdot 5y + (5y)^2 = \quad + \quad +$

78 Berechne mit den binomischen Formeln.

a) $(x + 3)^2 =$ **b)** $(2 + a)^2 =$ **c)** $(z - 1)^2 =$ **d)** $(b - 8)^2 =$

79 ! Berechne.

a) $(x + 4y)^2 =$ **b)** $(7a + b)^2 =$ **c)** $(2x - 3y)^2 =$ **d)** $(4a - 2b)^2 =$

80 !! Berechne.

a) $(x^2 + y)^2 =$ **b)** $(a + 3b^3)^2 =$ **c)** $(x^3 - 2y^2)^2 =$ **d)** $(2a^3 - y^4)^2 =$

81 Berechne mit der dritten binomischen Formel.

a) $(a - 3) \cdot (a + 3) =$ **b)** $(4 + b) \cdot (4 - b) =$ **c)** $(3c - 1) \cdot (3c + 1) =$

82 ! Berechne.

a) $(3a - 6b) \cdot (3a + 6b) =$ **b)** $(x + 4y) \cdot (x - 4y) =$ **c)** $(0{,}5a - 2b) \cdot (0{,}5a + 2b) =$

83 !! Berechne.

a) $(3a^2 + b) \cdot (3a^2 - b) =$ **b)** $(5x^3 - 2y^2) \cdot (5x^3 + 2y^2) =$ **c)** $(a^4 - b) \cdot (a^4 + b) =$

84 !! Vervollständige die Ausdrücke.

a) $(\_\_\_\_ + 7b)^2 = \_\_\_\_ + 28ab + \_\_\_\_$

b) $(3a - \_\_\_\_)^2 = \_\_\_\_ - \_\_\_\_ + 16b^2$

c) $(3x - \_\_\_\_) \cdot (\_\_\_\_ + \_\_\_\_) = \_\_\_\_ - 9y^2$

G Faktorisieren (Herausheben)

Beim **Faktorisieren** oder Herausheben gemeinsamer Faktoren wird ein **mehrgliedriger Term** (Polynom) – wo dies möglich ist – in ein **Produkt** verwandelt.

BEISPIEL

15x – 20xy soll faktorisiert werden.

1. Schritt: Bestimme den ggT von 15 und 20 → 5

$$15x - 20xy = 5 \cdot 3x - 5 \cdot 4xy$$

2. Schritt: Die Ausdrücke, die in jedem Teilterm vorkommen, kann man herausheben. Die gemeinsamen Ausdrücke werden vor einer Klammer angeschrieben. In der Klammer werden die Teilterme durch den herausgehobenen Term **dividiert**.

$$15x - 20xy = 5x \cdot \left(\frac{\cancel{5} \cdot 3\cancel{x}}{\cancel{5x}} - \frac{\cancel{5} \cdot 4\cancel{x}y}{\cancel{5x}}\right) = 5x \cdot (3 - 4y)$$

BEISPIEL

$$36x^2 + 9x = 9 \cdot 4 \cdot x \cdot x + 9 \cdot x = \square \cdot \left(\frac{\cancel{9} \cdot 4 \cdot \cancel{x} \cdot x}{\cancel{9x}} + \frac{\cancel{9x}}{\cancel{9x}}\right) =$$

$$= \square \cdot \left(\square + 1\right)$$

Hinweis: Treten in **jedem** Teilterm Potenzen mit **der gleichen Basis** auf, kann die Potenz mit dem **kleinsten Exponenten** herausgehoben werden!

BEISPIEL

$$3x^2y^4 - 9xy^3 = 3xy^3 \cdot \left(\frac{\cancel{3}x^{\cancel{2}}y^{\cancel{4}}}{\cancel{3}\cancel{x}\cancel{y^3}} - \frac{3 \cdot \cancel{3xy^3}}{\cancel{3xy^3}}\right) = 3xy^3 \cdot \left(\square - \square\right)$$

85 Faktorisiere.

a) $9a - 9b =$ **b)** $30a + 10b =$ **c)** $12a - 18b =$ **d)** $28a + 20b =$

86 Schreibe als Produkt.

a) $a^2 + a =$ **b)** $a^3 - 2a^2 =$ **c)** $5a^5 + a^3 =$ **d)** $1{,}2a^4 - a^5 =$

87 Hebe heraus.

a) $10x^3 - 15x^2 =$ **b)** $20x + 30x^2 =$ **c)** $15x^3 - 30x^4 =$ **d)** $2x^5 + 8x^3 =$

88 Wo ist der Fehler passiert? Stelle richtig!

$14x^3 + 7x = 7x \cdot (2x^2 + 0) = 14x^3$

89 Welche zwei Terme sind gleichwertig (äquivalent)?

- ☐ $3x \cdot (4x^2 + 2x - 1)$
- ☐ $12x^3 - 6x^2 + 9x$
- ☐ $12x^3 + 6x^2 - 3x$
- ☐ $3x \cdot (4x^2 + 2x - 3)$
- ☐ $7x^2 + 5x - 4x$

90 Hebe heraus.

a) $a^4b^5 + a^2b^2 =$ **b)** $a^3b^2 - ab =$ **c)** $a^6b^3 + a^4b^5 =$ **d)** $ab^7 - a^7b =$

91 ! Schreibe als Produkt.

a) $10a^3b^2 + 2a^4b^5 =$ **b)** $6ab^3 - 18ab =$ **c)** $21a^2b^3 + 18a^3b^2 =$ **d)** $24ab^3 - 16a^3b =$

92 !! Hebe heraus.

a) $24a^4b^3 - 12a^3b^3 + 8a^5b^2 =$ **b)** $9a^5b^3 + 12a^3b^3 - 27a^4b^2 =$
c) $-36a^3b^3c^3 + 27a^2b^4c^4 - 45a^3b^4c^3 =$ **d)** $18a^4b^5c^2 - 42a^3b^3c^3 - 54a^4b^5c^4 =$

Neben dem Herausheben können in manchen Fällen auch die binomischen Formeln zum Faktorisieren angewendet werden.

BEISPIEL

Faktorisiere $4x^2 - 20x + 25$.

Aus dem Term $4x^2 - 20x + 25$ können **keine gemeinsamen Faktoren** herausgehoben werden.

Er ist jedoch das ausgerechnete Quadrat des Binoms $(a - b)^2 = a^2 - 2ab + b^2$:

$4x^2 = (2x)^2$	$20x = 2 \cdot 2x \cdot 5$	$25 = 5^2$
a^2	$2 \cdot a \cdot b$	b^2

Es gilt: $4x^2 - 20x + 25 = \mathbf{(2x - 5)^2}$

BEISPIEL

Faktorisiere $16x^2 + 24xy + 9y^2$.

Der Term ist das ausgerechnete Quadrat des Binoms $(a + b)^2 =$ ______

$16x^2 = (\_\_\_\,x)^2$ (a) $\qquad 24xy = 2 \cdot \_\_\_ \cdot \_\_\_$ (a, b) $\qquad 9y^2 = (\_\_\_\,y)^2$ (b)

$16x^2 + 24xy + 9y^2 = (\_\_\_ + \_\_\_)^2$

BEISPIEL

Faktorisiere $36x^2 - 100y^2$.

Verwende die dritte binomische Formel: $a^2 - b^2 = (a + b) \cdot (a - b)$

$36x^2 = (\_\_\_\,x)^2$ (a) $\qquad 100y^2 = (\_\_\_\,y)^2$ (b)

$36x^2 - 100y^2 = (\_\_\_\,x + \_\_\_\,y) \cdot (\_\_\_ - \_\_\_)$

93 **!** Verwandle in ein Produkt.

a) $4x^2 + 28xy + 49y^2 =$ **b)** $9x^2 - 30xy + 25y^2 =$ **c)** $64x^2 + 160xy + 100y^2 =$

d) $64x^2 - 49y^2 =$ **e)** $100x^2 - 121y^2 =$ **f)** $81x^2 - 144y^2 =$

g) $\frac{1}{4}x^2 + xy + y^2 =$ **h)** $\frac{4}{25}x^2 - 16y^2 =$ **i)** $x^2 + \frac{3}{2}xy + \frac{9}{16}y^2 =$

X TEST POTENZEN UND TERME

Testdauer: 30 min

Schreibe die Zahlen in Gleitkommadarstellung an.

a) 40 000 = ______ **b)** 3 500 000 = ______

Berechne die Werte der Potenzen.

a) $(-2)^5 =$ ______ **b)** $(-3)^4 =$ ______ **c)** $-5^2 =$ ______

Schreibe den Text als Term und berechne den Wert des Terms für $x = 20$, $y = 5$ und $z = 25$.

a) Das Produkt von x und y wird durch z dividiert.
b) Der Kehrwert von y wird mit x multipliziert.
c) Die Summe von x und y wird um z vermindert.

Vereinfache den Term und mache die Probe für $a = 2$ und $b = 3$.

$(4a - 3b) - [4b - (-a + b) + 2(5a - b)] =$

Vereinfache den Term.

$x^2 - 4x \cdot (-6x) - 5x \cdot x + 3x^2 + (-x) \cdot (-11x) =$

Berechne die Produkte.

a) $(-5x) \cdot (-3x + 4y - 7z) =$ **b)** $(-6x + 8y) \cdot (7x - y) =$

Berechne.

a) $12 - 2 \cdot 3^2 - (5^2 - 15 : 5) =$ **b)** $\left(\frac{9a^4}{b^2}\right)^3 =$

c) $7a^2b^4 \cdot 2a^3b =$ **d)** $15a^4b^5 : 3ab^2 =$

Berechne mit den binomischen Formeln.

a) $\left(\frac{2}{3}x - 3y\right)^2 =$ **b)** $(x^3 + 4y)^2 =$ **c)** $(5x^3 + y^4) \cdot (5x^3 - y^4) =$

Faktorisiere.

a) $4a^2b^3 - 4ab =$ **b)** $x^2 - 14xy + 49y^2 =$ **c)** $0{,}25a^2 - 16b^2 =$

Gesamt: 22 Punkte

Hast du mindestens 20 richtige Ergebnisse erzielt? SUPERLEISTUNG!
Aber – bei weniger als 15 gehe die Seiten 30 bis 46 noch einmal durch!

X KREUZE AN!

- [ ] Ich weiß, was man unter einer Potenz versteht, und kann ihre einzelnen Teile benennen.
- [ ] Ich weiß, was Zehnerpotenzen sind und wofür sie verwendet werden.
- [ ] Ich weiß, was die Gleitkommadarstellung ist.
- [ ] Ich weiß, was Terme sind und wie man damit rechnet.
- [ ] Ich kann Terme mit ineinander verschachtelten Klammern vereinfachen.
- [ ] Ich kann ein- und mehrgliedrige Terme miteinander multiplizieren.
- [ ] Ich kenne die Regeln für das Rechnen mit Potenzen.
- [ ] Ich kenne die binomischen Formeln und kann sie anwenden.
- [ ] Ich kann Terme faktorisieren.

DIAGNOSETEST GLEICHUNGEN

Schau dir die Beispiele an und schätze deine Kenntnisse ein.
Kreuze an:
☺ ... kann ich ziemlich gut
☹ ... kann ich weniger gut
Die Seitenzahl hinter dem ☹ sagt dir, wo im Buch du mit dem Wiederholen und Üben starten solltest.

1 Ich weiß, warum 4 keine Lösung der Gleichung $-2x + 4 \cdot (x + 3) = 3x + 5$ ist.

☺ ☹ *(Seite 50)*

2 Ich kann die Lösung der Gleichung $2 \cdot (2x + 5) = (x - 2) - (-x - 16)$ bestimmen.

☺ ☹ *(Seite 50)*

3 Ich weiß, wie man die Probe für die Lösung einer Gleichung bestimmt.

☺ ☹ *(Seite 50)*

4 Ich kann die Gleichung $(2x + 3)^2 - (2x + 5) \cdot (2x - 5) = 11 \cdot (x - 3)$ lösen.

☺ ☹ *(Seite 52)*

5 Ich weiß, wie man die Gleichung $10 + \frac{3x}{4} = \frac{5x}{2} - 20$ löst.

☺ ☹ *(Seite 53)*

6 Ich kenne die besonderen Lösungsfälle, die beim Lösen von Gleichungen auftreten können.

☺ ☹ *(Seite 54)*

7 Ich kann Gleichungen, die in Texten verpackt sind, erkennen, aufstellen und lösen.
Beispiel: Die Summe von drei aufeinanderfolgenden ungeraden Zahlen ist 237. Wie lautet die kleinste dieser Zahlen?

☺ ☹ *(Seite 56)*

8 Ich kann aus der Formel $a \cdot b - c = \frac{1}{d}$ jede Variable durch die anderen ausdrücken.

☺ ☹ *(Seite 58)*

GLEICHUNGEN

A Gleichungen lösen

Werden zwei Terme durch ein Gleichheitszeichen verbunden, entsteht eine **Gleichung**.

Eine Zahl heißt **Lösung** der Gleichung, wenn nach dem Einsetzen der Zahl für die in der Gleichung auftretende Variable eine wahre Aussage entsteht (Probe).

BEISPIEL

2 ist eine **Lösung** von $5x + 6 = 2x + 12$, da $5 \cdot 2 + 6 = 2 \cdot 2 + 12$

$16 = 16$

Das ist eine wahre Aussage.

3 ist **keine Lösung** von $2 \cdot (x + 3) = 3x - 11$, da $2 \cdot (\_\_\_ + 3) = 3 \cdot \_\_\_ - 11$

$12 = \_\_\_$

Das ist eine ______ Aussage.

Durch **Äquivalenzumformungen** kann die Lösung einer Gleichung rechnerisch ermittelt werden.
Auf beiden Seiten der Gleichung werden **dieselben Ausdrücke addiert** bzw. **subtrahiert** oder mit **denselben Ausdrücken (*ungleich Null!*) multipliziert** bzw. **dividiert**.
Ziel ist es, die **Variable** auf einer Seite der Gleichung zu **isolieren**.

BEISPIEL

$5x - 24 + 3x + 10 = 2 + 4x$ → Wenn möglich, die Terme links und rechts des Gleichheitszeichens vereinfachen!

$8x - 14 = 2 + 4x \quad | -4x$

$8x - 4x - 14 = 2 + 4x - 4x$

$4x - 14 = 2 \quad | +14$

$4x - 14 + 14 = 2 + 14$

$4x = 16 \quad | :4$

$4x : 4 = 16 : 4$

$x = 4$ Die Lösung der Gleichung ist 4.

94 Erkläre, warum 3 die Lösung der Gleichung $4 \cdot (3x - 1) + 5 = 9x + 10$ ist.

95 Welche Gleichung hat nicht die Lösung 5? Kreuze an.

☐ $4x + 11 = 31$
☐ $x + 3 = (2x + 6) : 2$
☐ $(x - 3) \cdot 2 = 20 : x$
☐ $5x - 3 = x + 15$
☐ $3x - 4 = 2x + 1$

96 Welche der Gleichungen hat die Lösung 2? Kreuze an.

☐ $4x - 7 = 2x + 5$
☐ $4x + 2 = 8x - 14$
☐ $6x + 7 = 25$
☐ $2x = 0$
☐ $2 \cdot (x - 4) + 5 = 1$

97 Löse die Gleichungen mittels Äquivalenzumformungen.

a) $5x - 36 = 10$
b) $3x + 4 = 2x - 15$
c) $5x - 4 + 2x = x + 10 + 2x - 2$
d) $-5x + 10x + 35 = 0$
e) $20 = 9x - 4x + 10$
f) $x + 2x + 3x + 4x = 120$

98 **!** Löse die Gleichungen.

a) $x : 2 + 27 = 33$
b) $-x : 5 - 3 = 15$
c) $\frac{3}{7}x - 5 = \frac{1}{4}$

In einer Gleichung können auch mehrere unterschiedliche Variablen vorkommen:

99 **!!** Drücke x aus.

a) $x - a = b$
b) $a = x + b$
c) $x - 3a = 5b$
d) $6a = x - 7b$
e) $a = b - x$
f) $4b + 2x = 10b$

100 **!!** Kreuze die Lösung der Gleichung $15a = 24b - 3x$ an.

☐ $x = 5a + 8b$ ☐ $x = 5a - 8b$ ☐ $x = 8b - 5a$ ☐ $x = 5a - 8b$

B Gleichungen mit Klammern und Brüchen lösen

Treten in einer Gleichung Klammerausdrücke auf, werden die Klammern auf beiden Seiten des Gleichheitszeichens zuerst aufgelöst, gleichnamige Terme zusammengefasst und dann durch Äquivalenzumformungen die gesuchte Variable auf einer Seite isoliert (man sagt auch: explizit gemacht).

BEISPIEL

$5 \cdot (x + 5) - 2 \cdot (x - 3) = x + 7 - (-x + 4)$ Das Minus vor den Klammern beachten!

$5x + 25 - 2x + 6 = x + 7 + x - 4$

$\underline{\quad}\,x + \underline{\quad} = \underline{\quad}\,x + \underline{\quad} \qquad | - \underline{\quad}\,x$

$\underline{\quad} + \underline{\quad} = \underline{\quad} \qquad | - \underline{\quad}$

$x = -28$

In Gleichungen können auch wieder die binomischen Formeln auftauchen.

BEISPIEL

$(2x + 3)^2 + (2x - 5)^2 = (2x - 1) \cdot (4x + 1) - 1$

$4x^2 + \underline{\quad}\,x + \underline{\quad} + 4x^2 - \underline{\quad}\,x + 25 = 8x^2 - 4x + \underline{\quad}\,x - \underline{\quad} - 1$

$8x^2 - \underline{\quad}\,x + \underline{\quad} = 8x^2 - \underline{\quad}\,x - \underline{\quad} \qquad | -8x^2$

$- \underline{\quad}\,x + \underline{\quad} = - \underline{\quad}\,x - \underline{\quad} \qquad | +8x$

$\underline{\quad} = 6x - \underline{\quad} \qquad | + 2$

$\underline{\quad} = 6x \qquad | : \underline{\quad}$

$6 = x$

Treten in einer Gleichung Brüche auf, **multipliziere** die Gleichung mit dem **kgV aller Nenner** und mache die Terme links und rechts des Gleichheitszeichens bruchfrei. Wandle gemischte Zahlen vorher in unechte Brüche um.

BEISPIEL

$$\frac{3x+6}{18} = \frac{x}{9} + \frac{2}{3} \qquad | \cdot 18 = \text{kgV}(18, 9, 3)$$

$$\frac{\cancel{18} \cdot (3x+6)}{\cancel{18}} = \frac{\overset{2}{\cancel{18}} \cdot x}{\cancel{9}} + \frac{\overset{6}{\cancel{18}} \cdot 2}{\cancel{3}}$$

$$3x + 6 = 2x + 12 \qquad | -2x - 6$$

$$x = 6$$

101 Löse die Gleichungen und mache die Probe.

a) $6x - (-5x + 2) = 2 \cdot (5x + 3)$

b) $2 \cdot (x - 1) + 3 \cdot (x + 2) = 2 \cdot (2x - 5)$

c) $15 - 3 \cdot (2x - 1) = 5 \cdot (-x + 2) - 3$

d) $6x - 2 + 2 \cdot (x + 3) - 7x = 0$

102 Löse die Gleichungen und mache die Probe.

a) $(x - 2) \cdot (3x + 1) = 3 \cdot (-4 + x^2)$

b) $(2x + 1) \cdot (3x - 2) = 6x^2 + 5$

c) $(4 + 3x) \cdot (-3 + 4x) = (6x - 5) \cdot (2x + 3)$

d) $(x - 7) \cdot (x + 4) = (x + 4) \cdot (x - 8)$

103 ! Löse die Gleichungen und mache die Probe.

a) $(x - 3)^2 = (x + 5)^2$

b) $(2x - 1)^2 + (3x + 2)^2 = x \cdot (13x + 10) + 1$

c) $5x \cdot (x - 2) + 26 = (x - 5)^2 + (2x - 1) \cdot (2x + 1) - 2x$

d) $(3x - 2) \cdot (3x + 2) - 1 = (3x - 5)^2$

104 !! Löse die Gleichungen und mache die Probe.

a) $\frac{2}{3}x - \frac{7}{6} = \frac{2x - 1}{6}$

b) $\frac{x}{6} - \frac{5}{24} = \frac{x}{12} + \frac{7}{24}$

c) $\frac{2x - 3}{3} + \frac{5x - 3}{6} = \frac{9x - 3}{8}$

d) $\frac{28 - 3x}{4} - \frac{5x}{6} = -12$

C Besondere Lösungsfälle bei Gleichungen

Beim Lösen einer Gleichung können spezielle Lösungsfälle auftreten.

BEISPIEL

$$(3x + 2)^2 - (x + 1) \cdot (x + 2) = 8x^2 + 9x + 2$$

$$9x^2 + 12x + 4 - (x^2 + 3x + 2) = 8x^2 + 9x + 2$$

$$9x^2 + 12x + 4 - x^2 - 3x - 2 = 8x^2 + 9x + 2$$

$$8x^2 + 9x + 2 = 8x^2 + 9x + 2$$

Nach dem Ausrechnen und Vereinfachen der Klammern stehen **links und rechts** des Gleichheitszeichens **dieselben Terme**!

In diesem Fall hat die Gleichung **unendlich viele Lösungen**.
D.h., du kannst **jede beliebige Zahl** als Lösung einsetzen!

BEISPIEL

$$(2x + 1) \cdot (2x - 1) - 3x^2 + 7x + 2 = x \cdot (x + 7) - 3$$

$$4x^2 - 1 - 3x^2 + 7x + 2 = x^2 + 7x - 3$$

$$x^2 + 7x + 1 = x^2 + 7x - 3 \qquad | -x^2 - 7x$$

$$1 = -3$$

Die Klammern werden aufgelöst und die Terme vereinfacht. Möchte man aber jetzt die Variable isolieren, erkennt man, dass die Variable komplett verschwindet, was zu einer **falschen Aussage** führt.

In diesem Fall hat die Gleichung **überhaupt keine Lösung**!

105 Zeige, dass die Gleichungen unendliche viele Lösungen besitzen.

a) $(x + 2)^2 + 2x - 5 = x \cdot (x + 7) - (x + 1)$
b) $(3x - 1) \cdot (3x + 1) - 9 \cdot (x^2 + 1) + 8 = -2$
c) $(4x + 2)^2 - 4 \cdot (4x^2 + 4x + 1) = 0$
d) $(x - 2)^2 - x^2 = 4 \cdot (1 - x)$

106 Zeige, dass die Gleichungen keine Lösungen besitzen.

a) $(3x - 4)^2 - 9x^2 = 4 \cdot (5 - 6x)$
b) $4x + (x - 7) \cdot (x + 7) = (x + 2)^2$
c) $(2x + 1)^2 + (x - 4)^2 = x \cdot (5x - 4) + 10$
d) $5x \cdot (5x + 6) - 9 = (5x + 3)^2$

107 Welche der Gleichungen hat keine Lösung? Kreuze an.

☐ $6x = 12$
☐ $3x - 5 = 4 + 3x$
☐ $6x - 3 = 3$
☐ $4x - 12 = 3x + 12$

108 Finde die zwei Gleichungen, die unendlich viele Lösungen haben. Kreuze an.

☐ $4x - x + 5 = 2x + 6$
☐ $3 \cdot (x - 1) + 2 = 3x - 1$
☐ $-x + 3 = -(-x - 3)$
☐ $4x - 3 = 2x + 3$
☐ $2x - 10 = -2 \cdot (-x + 5)$

109 Ergänze den Text.

Eine Gleichung hat unendlich viele Lösungen, wenn auf beiden Seiten des Gleichheitszeichens ______________________________.

Erhält man nach der Vereinfachung der Terme einer Gleichung eine falsche Aussage, gibt es ____________________ Lösung.

Ein zusätzliches Beispiel mit Probe ist über den QR Code® oder Key abrufbar.
http://durchstarten-mathematik7.veritas.at/qr/551

Key: 551

D In Texte verpackte Gleichungen

Viele (auch alltägliche) Fragestellungen sind in Textform gegeben und lassen sich mittels einer Gleichung mathematisch beschreiben.

1. Lies dir den Text sorgfältig durch und finde heraus, was du genau berechnen sollt. Für die gesuchte (unbekannte) Größe schreibe eine Variable, zB x.

2. „Übersetze" den Text in die Sprache der Mathematik und stelle die Gleichung auf.

3. Löse die Gleichung.

4. Überprüfe, ob die Lösung sinnvoll ist, und mache die Probe mit Hilfe des Angabetextes.

5. Schreibe einen Antwortsatz.

BEISPIEL

Gerda und ihr Bruder Gerald sind zusammen 25 Jahre alt. Gerda ist um drei Jahre jünger als Gerald. Wie alt ist jeder von beiden?

x ... Alter von Gerald

x – 3 ... Alter von Gerda, da sie ja 3 Jahre jünger ist

$x + (x - 3) = 25$ → „zusammen" bedeutet eine Addition

$2x - 3 = 25 \quad | + \_\_\_$

$2x = \_\_\_ \quad | : \_\_\_$

$x = 14$

Gerald ist 14 Jahre alt und Gerda ist um drei Jahre jünger, also 11 Jahre.

Probe anhand des Angabetextes:

Zusammen sind Gerda und Gerald 25 Jahre. $11 + 14 = 25$ ✓

Gerda ist um drei Jahre jünger. ✓

110 Finde mittels einer Gleichung das richtige Ergebnis heraus.

a) Die Summe von fünf aufeinanderfolgenden natürlichen Zahlen ist 70. Wie lautet die kleinste dieser Zahlen?

☐ 10 ☐ 12 ☐ 14 ☐ 16 ☐ 18

b) Tom sagt: „Wenn ich dreimal so viel gespart hätte, dann hätte ich jetzt um 28 € mehr.“ Wie viel € hat Tom gespart?

☐ 10 € ☐ 12 € ☐ 14 € ☐ 16 € ☐ 18 €

c) Tom hat 20 Bonbons und Tina 14. Wie viele Bonbons muss Tom Tina geben, damit beide gleich viele haben?

☐ 2 ☐ 3 ☐ 4 ☐ 5 ☐ 6

111 Schreibe den Text als Gleichung an und löse sie.

a) Addiert man zu einer Zahl die um 7 kleinere Zahl, erhält man die Zahl 5. Wie lautet die Zahl?

b) Verkleinert man 30 um eine bestimmte Zahl und vergrößert 20 um dieselbe Zahl, sind die neuen Zahlen gleich. Um welchen Wert wurden 30 und 20 verändert?

c) Der Umfang eines Quadrats ist 216 cm. Wie lang ist eine Quadratseite?

d) Addiert man zum Achtfachen einer Zahl 5, erhält man dasselbe, wie wenn man zum Fünffachen der Zahl 2 addiert.

Spezielle Formulierungen und ihre mathematischen Ansätze:

„ist um fünf kleiner als“ → „+ 5 =“

„ist um sieben größer als“ → „– 7 =“

112 ! Löse die Textaufgaben durch Ansetzen einer Gleichung.

a) Das Fünffache einer Zahl ist um 8 kleiner als das Siebenfache derselben Zahl. Wie lautet die Zahl?

b) Das Doppelte einer Zahl ist um 3 größer als 41. Wie lautet die Zahl?

c) Eine Zahl ist um 10 kleiner als das um 17 verkleinerte Doppelte dieser Zahl. Wie lautet die Zahl?

d) Das Dreifache einer Zahl ist um 15 größer als 15. Welche Zahl ist gemeint?

E Formeln umstellen

Formeln sind **Gleichungen**, in denen **mehrere Variablen** auftreten können.

Jede der auftretenden Variablen kann auf einer Seite isoliert werden. Du gehst dabei genauso vor wie beim Lösen einer Gleichung.

BEISPIEL

Für den Umfang eines Rechtecks mit den Seitenlängen a und b gilt:

$$u = 2 \cdot (a + b)$$

Drücke b aus (mache b explizit)!

$u = 2 \cdot (a + b) \quad | :2$

$\frac{u}{2} = a + b \quad | -a$

$\frac{u}{2} - a = b$

Drücke a aus!

$u = 2 \cdot (a + b) \quad | :$ ___

$\frac{u}{\_\_\_} = a + b \quad | -$ ___

___ $-$ ___ $= a$

BEISPIEL

Drücke aus der Formel $a = b + \frac{c}{2}$ die Variable c aus!

$a = b + \frac{c}{2} \quad | -b$

$a -$ ___ $= \frac{c}{2} \quad | \cdot$ ___

$(a -$ ___ $) \cdot$ ___ $= c$

113 Drücke aus den Formeln die gesuchten Größen aus.

a) Umfang des Quadrats ... $u = 4a$ $\quad a = ?$

b) Geschwindigkeit = $\frac{\text{Weg}}{\text{Zeit}}$ ... $v = \frac{s}{t}$ $\quad s = ?, t = ?$

c) Arbeit = Kraft mal Weg ... $W = F_s \cdot s$ $\quad F_s = ?, s = ?$

d) Leistung = $\frac{\text{Arbeit}}{\text{Zeit}}$ ... $P = \frac{W}{t}$ $\quad W = ?, t = ?$

114 ! Drücke jede Variable durch die anderen aus.

a) $a \cdot b = c$ **b)** $a + b = c$ **c)** $\frac{a}{b} = c$ **d)** $a \cdot b + c = 2$

115 !! Stelle eine Formel auf und mache jede vorkommende Variable explizit.

a) Der Strompreis P setzt sich aus dem Grundpreis G, der verbrauchten Strommenge x (in Kilowattstunden) und dem Preis k für eine Kilowattstunde zusammen.
b) Das Einkommen E eines Vertreters setzt sich aus einem fixen Betrag F und der Provision P zusammen.

116 !! Stelle eine Formel für den Flächeninhalt A der Figur auf und drücke jede Variable aus.

a)

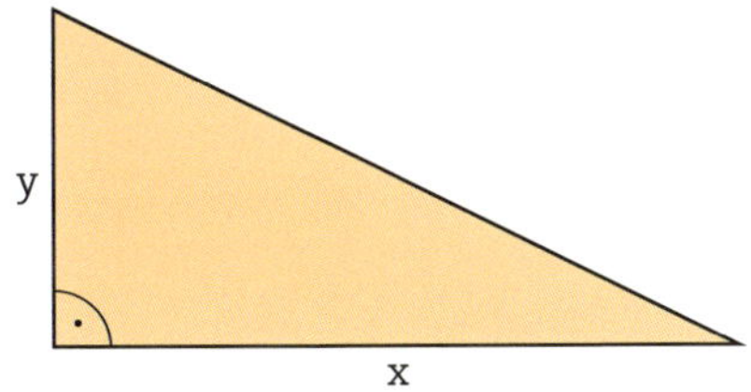

b)

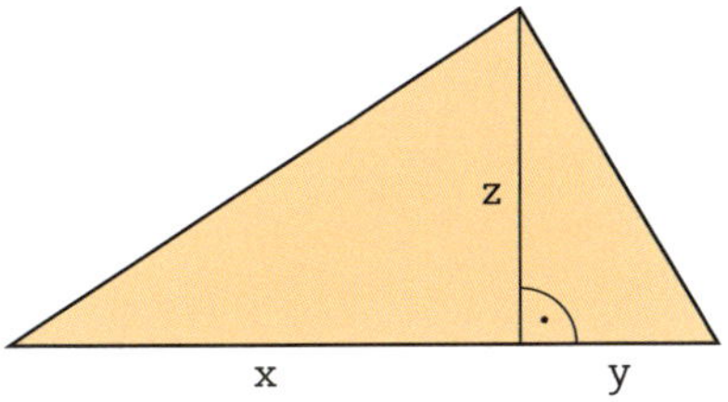

X TEST GLEICHUNGEN

Testdauer: 30 min

Welche Gleichung hat nicht die Lösung 3? Kreuze an.

- ☐ $4x + 10 = 22$
- ☐ $2 \cdot (x + 4) = 5x - 1$
- ☐ $2x - (x + 3) = 5$
- ☐ $(x + 1) \cdot (x - 2) = x + 1$
- ☐ $3x = x^2$

Löse die Gleichungen mittels Äquivalenzumformungen.

a) $4x + 6x + 8x - 5 = 4 \cdot (4x - 1) + 1$
b) $-x : 4 + 5 = 6$

Kreuze die Lösung der Gleichung $18a - 2x = 10b$ an.

☐ $x = 5b - 9a$ ☐ $x = 9a + 5b$ ☐ $x = -9a - 6b$ ☐ $x = 9a - 5b$

Löse die Gleichung und mache die Probe.

$(2x - 3) \cdot (2x + 3) - 3 = (2x - 6)^2$

Löse die Gleichung und mache die Probe.

$\frac{x}{12} + \frac{1}{6} = \frac{x + 6}{18}$

Kreuze das Kästchen mit der Gleichung ohne Lösung an.

- ☐ $x : 3 + 5 = 11$
- ☐ $2x - 7 = 3 - 4 \cdot (x + 1)$
- ☐ $-x + 3 = 6 - x$
- ☐ $5 - 6x = 4x + 5$

Finde die zwei Gleichungen, die unendlich viele Lösungen haben. Kreuze an.

- ☐ $3x - 5 = 7 - 3x$
- ☐ $2x + 16 = 2 \cdot (x + 8)$
- ☐ $x + 2x - 3 = 2x + 4$
- ☐ $18 = 6x$
- ☐ $3 \cdot (x + 4) - 1 = 3x + 11$

Löse die Textaufgaben durch Ansetzen einer Gleichung.

Das Zehnfache einer Zahl ist um 20 größer als das Fünffache derselben Zahl. Wie lautet die Zahl?

Stelle eine Formel für den Flächeninhalt A der Figur auf und mache x explizit.

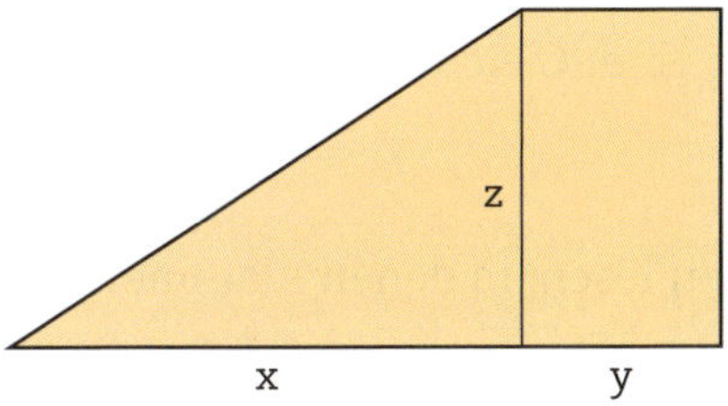

Finde mittels einer Gleichung das richtige Ergebnis heraus.

Tom sagt: „Wenn ich doppelt so viel gespart hätte, dann hätte ich jetzt um 20 € mehr." Wie viel € hat Tom gespart?

☐ 10 € ☐ 15 € ☐ 20 € ☐ 25 € ☐ 30 €

Gesamt: 12 Punkte

Hast du mindestens 11 richtige Ergebnisse erzielt? SUPERLEISTUNG!
Aber – bei weniger als 8 gehe die Seiten 50 bis 59 noch einmal durch!

X KREUZE AN!

- [ ] Ich weiß, was Gleichungen sind und was man unter der Lösung einer Gleichung versteht.
- [ ] Ich weiß, was eine Äquivalenzumformung ist.
- [ ] Ich kann die Lösung einer Gleichung durch Äquivalenzumformungen bestimmen.
- [ ] Ich kann Gleichungen lösen, in denen Klammern und binomische Formeln auftreten.
- [ ] Ich kann Gleichungen lösen, in denen Brüche auftreten.
- [ ] Ich erkenne die besonderen Fälle, die beim Lösen einer Gleichung auftreten können.
- [ ] Ich kann Textgleichungen lösen.
- [ ] Ich kann jede in einer Formel vorkommende Variable durch die anderen Variablen ausdrücken.

DIAGNOSETEST EBENE FIGUREN

Schau dir die Beispiele an und schätze deine Kenntnisse ein.
Kreuze an:
☺ ... kann ich ziemlich gut, ☹ ... kann ich weniger gut
Die Seitenzahl hinter dem ☹ sagt dir, wo im Buch du mit dem Wiederholen und Üben starten solltest.

1 Ich kenne die Formeln für die Berechnung des Flächeninhalts von Rechteck und Quadrat und kann diese Formeln auch umformen.
Beispiel: Flächeninhalt des Rechtecks mit den Seitenlängen a und b
A = ______________________, b = ______________________

☺ ☹ *(Seite 64)*

2 Ich kann die Quadratwurzel von 0,64 berechnen. ______________________

☺ ☹ *(Seite 66)*

3 Ich weiß, wie die Seiten eines rechtwinkligen Dreiecks bezeichnet werden und kann den Satz von Pythagoras formulieren.

☺ ☹ *(Seite 68)*

4 Ich kann den Umfang und den Flächeninhalt eines rechtwinkligen Dreiecks berechnen und fehlende Größen mit dem pythagoräischen Lehrsatz berechnen.
Beispiel: Hypotenuse = 17, Kathete = 15, u = __________, A = __________

☺ ☹ *(Seite 70)*

5 Ich kann den Lehrsatz von Pythagoras im Rechteck anwenden.
Beispiel: Wie lang ist die Länge der Diagonale des Rechtecks mit den Seitenlängen 45 cm und 28 cm? ______________________

☺ ☹ *(Seite 72)*

6 Ich kann den Flächeninhalt des Dreiecks mit der Seitenlänge a = 5 cm und der Höhe h_a = 3,5 cm berechnen. ______________________

☺ ☹ *(Seite 74)*

7 Ich kann den Flächeninhalt des Parallelogramms mit der Seitenlänge b = 6 cm und der Höhe h_b = 3,4 cm berechnen. ______________________

☺ ☹ *(Seite 78)*

8 Ich kann die Formel für den Flächeninhalt des Deltoids angeben und die Bedeutung der verwendeten Variablen erklären.

____

☺ ☹ *(Seite 80)*

9 Ich kenne die Flächenformel des Trapezes. ______________________

☺ ☹ *(Seite 82)*

EBENE FIGUREN

A Umfang und Flächeninhalt von Rechteck und Quadrat

Für den Umfang und den Flächeninhalt von Rechteck und Quadrat gelten die folgenden bekannten Formeln:

Rechteck	Quadrat
$u = 2 \cdot (a + b) = 2a + 2b$	$u = 4 \cdot a$
$A = a \cdot b$	$A = a \cdot a = a^2$

BEISPIEL

Gib eine Formel zur Berechnung von Umfang und Flächeninhalt der farbigen Flächenstücke an.

$u = 2 \cdot (b - d) + 2 \cdot (a - c)$

$A = (b - d) \cdot (a - c)$

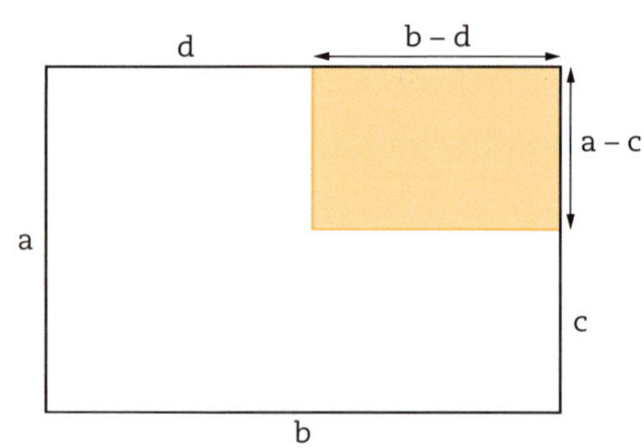

u =

A =

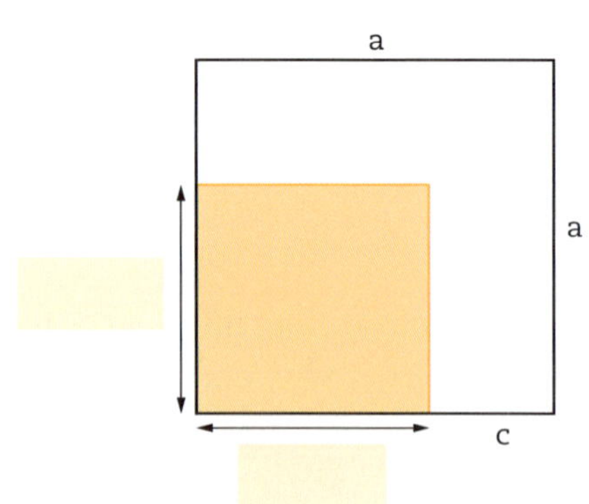

117 Welche beiden Formeln passen zur Berechnung des Umfangs eines Rechtecks mit den Seitenlängen x und y? Kreuze an.

- ☐ $x + 2y$
- ☐ $2x + 2y$
- ☐ $2x + y$
- ☐ $2 \cdot (x + y)$

118 Welche beiden Formeln passen zur Berechnung des Flächeninhalts eines Quadrats mit der Seitenlänge x? Kreuze an.

- ☐ $2x$
- ☐ $x + x$
- ☐ $x \cdot x$
- ☐ x^2

119 !! Gib eine Formel für die Berechnung des Umfangs und des Flächeninhalts der farbigen Fläche an.

a)

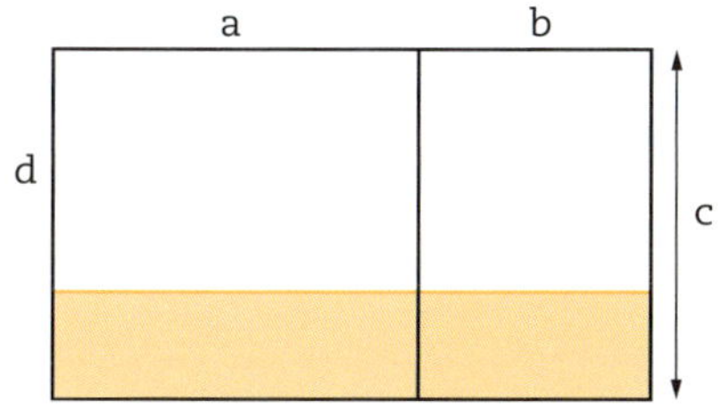

b)

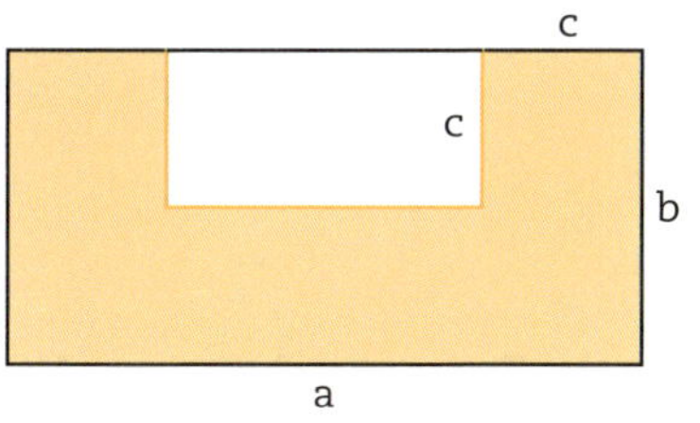

120 Zeichne das Rechteck im angegebenen Maßstab und berechne den Flächeninhalt.

a) 3,80 m x 4,50 m Maßstab 1 : 100
b) 30 m x 40 m Maßstab 1 : 500
c) 100 cm x 80 cm Maßstab 1 : 20
d) 200 m x 180 m Maßstab 1 : 5 000

121 ! Berechne die fehlenden Größen.

a) Rechteck mit den Seitenlängen a und b: $A = 17{,}92$; $a = 3{,}2$; $b = ?$
b) Quadrat mit der Seitenlänge x: $u = 31{,}2$; $x = ?$
c) Rechteck mit den Seitenlängen r und s: $u = 80$; $r = 14$; $s = ?$
d) Quadrat mit der Seitenlänge a: $A = 100$; $a = ?$

B Die Quadratwurzel

Die Umkehrung des Quadrierens ist das Ziehen der Quadratwurzel:

$9^2 = 81$	$9 = \sqrt{81}$
$10^2 = 100$	$10 = \sqrt{100}$
$x^2 = y$	$x = \sqrt{y}$

x heißt die **Quadratwurzel** aus y, wenn $x^2 = y$.
y wird als **Radikand** bezeichnet.
$x \geq 0, y \geq 0$

Die Quadratwurzel ist die Zahl, deren Quadrat die Zahl unter dem Wurzelzeichen ist.

BEISPIELE

$\sqrt{9} = 3$, weil $3^2 = 9$

$\sqrt{49} =$ ______, weil ______ $= 49$

$\sqrt{121} =$ ______, weil ______ $= 121$

$\sqrt{1{,}44} =$ ______, weil ______ $= 1{,}44$

Rechenregeln für das Rechnen mit Wurzeln:

$\sqrt{a \cdot b} = \sqrt{a} \cdot \sqrt{b}$ mit $a \geq 0, b \geq 0$

$\sqrt{\frac{a}{b}} = \frac{\sqrt{a}}{\sqrt{b}}$ mit $a \geq 0, b > 0$

BEISPIELE

$\sqrt{9 \cdot 25} = \sqrt{225} = 15$

$\sqrt{9} \cdot \sqrt{25} =$ ______ $\cdot$ ______ $= 15$

$\sqrt{\frac{81}{25}} = \sqrt{3{,}24} = 1{,}8 = \frac{9}{5}$

$\frac{\sqrt{81}}{\sqrt{25}} = \frac{\text{\_\_\_\_}}{\text{\_\_\_\_}}$

122 Ergänze die fehlenden Quadratzahlen.

$1^2 = 1$	$2^2 = 4$	$3^2 = 9$	16	25				81	
121			196	225			324		400

123 Berechne (gegebenenfalls mit einem Taschenrechner) die Quadratwurzeln der Zahlen.

a) 36 **b)** 144 **c)** 30,25 **d)** 46,24 **e)** 441

124 Begründe.

a) 4 ist die Quadratwurzel aus 16, weil ______.

b) 1,3 ist die Quadratwurzel aus 1,69, weil ______.

c) 0,8 ist die Quadratwurzel aus 0,64, weil ______.

d) $\frac{2}{3}$ ist die Quadratwurzel aus $\frac{4}{9}$, weil ______.

125 Berechne die Länge der Quadratseite.

a)

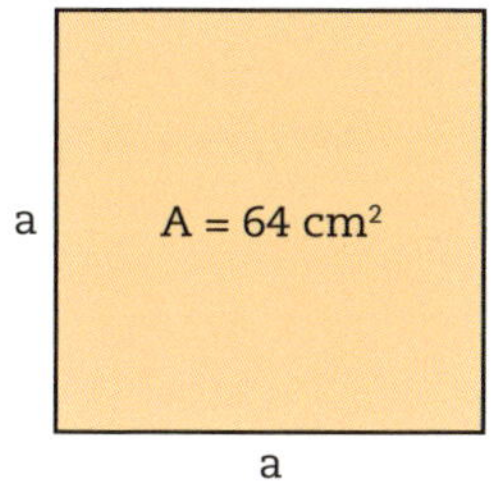

b)

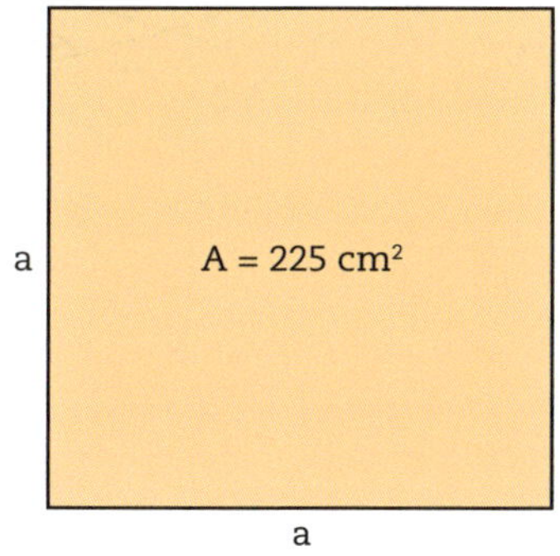

126 Wende die entsprechende Rechenregel an.

a) $\sqrt{16 \cdot 36} =$ **b)** $\sqrt{49 \cdot 25} =$

c) $\sqrt{\frac{64}{100}} =$ **d)** $\sqrt{\frac{4}{121}} =$

C Der Satz von Pythagoras

Teilt man ein Rechteck der Diagonale entlang in zwei gleich große Teile, entstehen zwei deckungsgleiche (kongruente) **rechtwinklige Dreiecke**.

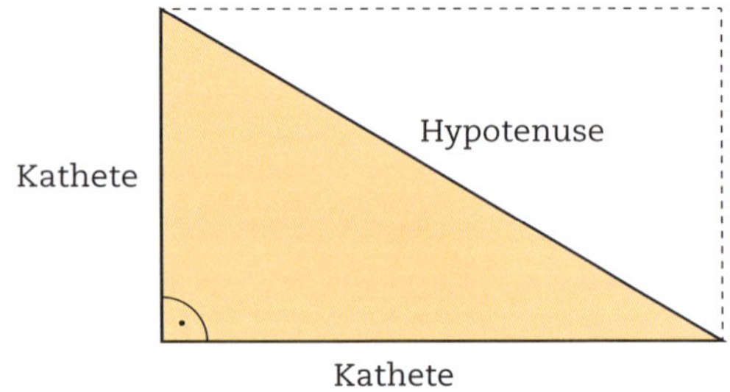

Die Seiten, die den rechten Winkel bilden, heißen **Katheten**, die längste Seite (gegenüber des rechten Winkels) heißt **Hypotenuse**.

Im rechtwinkligen Dreieck gilt der **Lehrsatz von Pythagoras**:

$(1.\ \text{Kathete})^2 + (2.\ \text{Kathete})^2 = \text{Hypotenuse}^2$

Das Quadrat der einen Kathetenlänge plus das Quadrat der anderen Kathetenlänge ergibt das Quadrat der Hypotenusenlänge.

Pythagoras von Samos war ein griechischer Philosoph und Mathematiker und lebte 570–510 vor Christus.

BEISPIELE

Formuliere den Satz von Pythagoras für die vier Dreiecke.

$y^2 + z^2 = x^2$

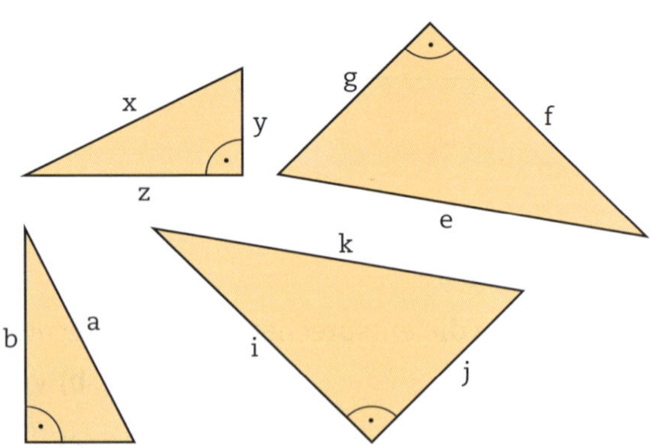

Jedes Dreieck, in dem der Lehrsatz von Pythagoras gilt, ist rechtwinklig!

127 Ergänze den Text.

Errichtet man über den K____________ und der H____________ eines rechtwinkligen Dreiecks Quadrate, gilt:

Die S____________ der Flächeninhalte der Quadrate über den beiden K____________ ist gleich dem Flächeninhalt des Q____________ über der H____________.

16 + ______ = ______

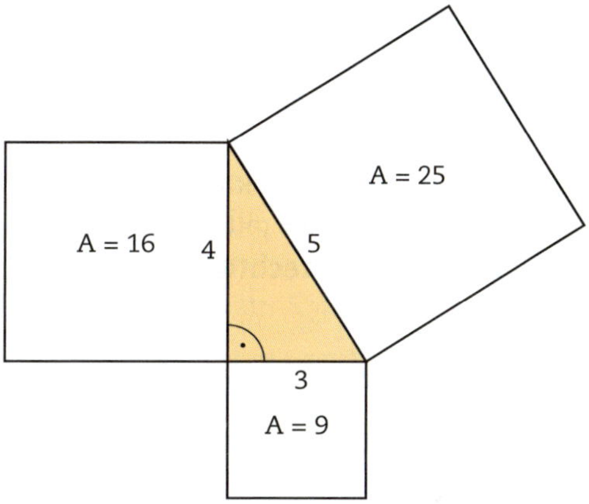

128 Handelt es sich um rechtwinklige Dreiecke? Überprüfe mit dem Satz von Pythagoras.

	1. Seite	2. Seite	3. Seite
a)	21 cm	20 cm	29 cm
b)	36 cm	12 cm	37 cm
c)	4,5 cm	2,8 cm	5,3 cm
d)	5,5 cm	4,8 cm	7,3 cm

129 !! Drücke jede Variable durch die anderen aus.

BEISPIEL

$x^2 + y^2 = z^2$ $\quad z = \sqrt{x^2 + y^2}$

$x^2 = z^2 - y^2$ $\quad x = \sqrt{z^2 - y^2}$

$y^2 = z^2 - x^2$ $\quad y = \sqrt{z^2 - x^2}$

a) $a^2 + b^2 = c^2$

b) $e^2 + f^2 = g^2$

c) $u^2 + v^2 = w^2$

d) $s^2 + t^2 = u^2$

D Umfang und Flächeninhalt des rechtwinkligen Dreiecks

Für den Flächeninhalt eines Rechtecks mit den Seitenlängen a und b gilt:

$A = a \cdot b$

Das rechtwinklige Dreieck ist die Hälfte eines Rechtecks. Daher gilt für den **Flächeninhalt eines rechtwinkligen Dreiecks**:

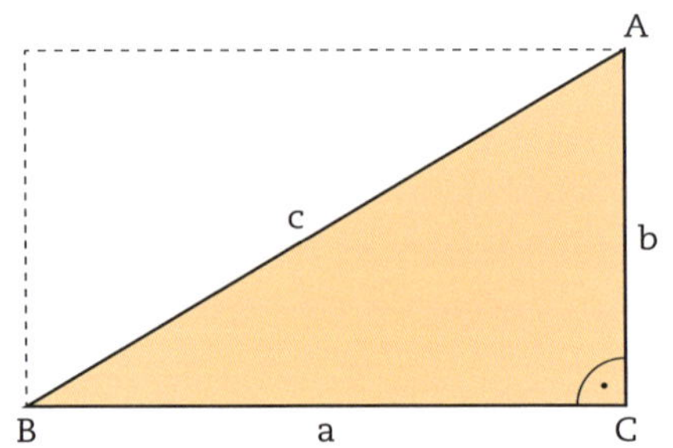

$$\mathbf{A = \frac{a \cdot b}{2}}$$

Für den **Umfang** gilt:

$$\mathbf{u = a + b + c}$$

BEISPIEL

Berechne den Flächeninhalt und den Umfang des rechtwinkligen Dreiecks mit der Kathete a = 33 mm und der Hypotenuse c = 65 mm.

$a^2 + b^2 = c^2 \quad \rightarrow \quad b = \sqrt{c^2 - a^2} = \sqrt{65^2 - 33^2} = \sqrt{3\,136} = \_\_\_\_$ mm

$A = \frac{a \cdot b}{2} = \frac{\_\_\_\_}{2} = \_\_\_\_$ mm²

$u = a + b + c = \_\_\_\_ + \_\_\_\_ + \_\_\_\_ = \_\_\_\_$ mm

Beachte:

fehlende Kathete

=

$\sqrt{\text{Hypotenuse}^2 - (\text{gegebene Kathete})^2}$

130 Berechne den Umfang eines rechtwinkligen Dreiecks, von dem die Längen der Katheten gegeben sind.

a) a = 99 mm, b = 20 mm **b)** a = 24 mm, b = 70 mm **c)** a = 104 mm, b = 78 mm

131 Berechne den Flächeninhalt eines rechtwinkligen Dreiecks, von dem die Länge einer Kathete und der Hypotenuse gegeben sind.

a) a = 8 cm, c = 8,9 cm **b)** b = 57 mm, c = 95 mm **c)** a = 6,6 cm, c = 11 cm

132 Berechne den Umfang.

a)

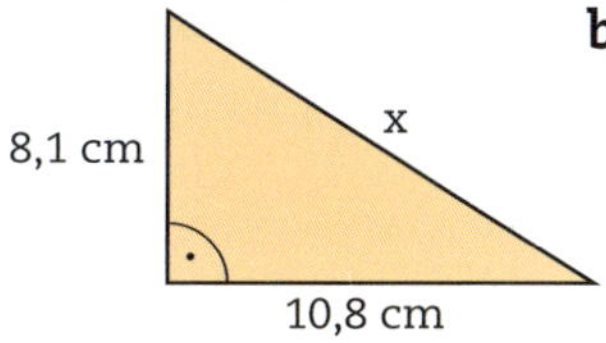

b)

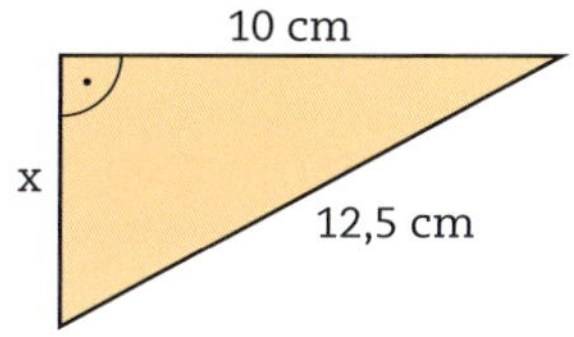

c)

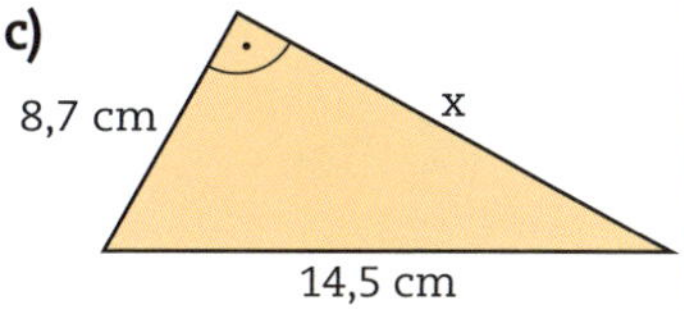

133 ! Berechne die Länge der fehlenden Kathete und die der Hypotenuse.

a) A = 540 mm^2, a = 24 mm **b)** A = 1 320 mm^2, b = 48 mm
c) A = 2 904 mm^2, a = 66 mm **d)** A = 1 386 mm^2, b = 77 mm

134 Zwei Orte A und B sind s Meter voneinander entfernt. Sie haben den Höhenunterschied h Meter. Berechne die waagrechte Entfernung w.

a) s = 1 300 m, h = 144 m
b) s = 2 500 m, h = 700 m
c) s = 1 540 m, h = 924 m
d) s = 3 000 m, h = 840 m

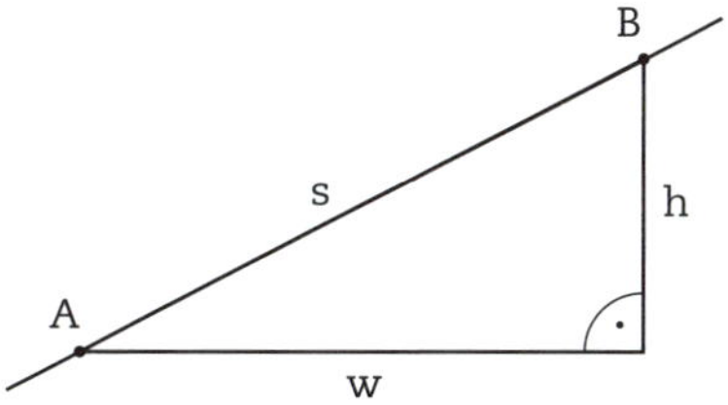

135 !! Wie ändert sich der Flächeninhalt eines rechtwinkligen Dreiecks, wenn

a) eine Kathete verdoppelt wird?
b) beide Katheten verdoppelt werden?
c) beide Katheten halbiert werden?

E Der Satz von Pythagoras im Rechteck und Quadrat

Die Diagonale eines Rechtecks ist die Hypotenuse eines rechtwinkligen Dreiecks mit den Katheten a und b:

$d^2 = a^2 + b^2$

$d = \sqrt{a^2 + b^2}$

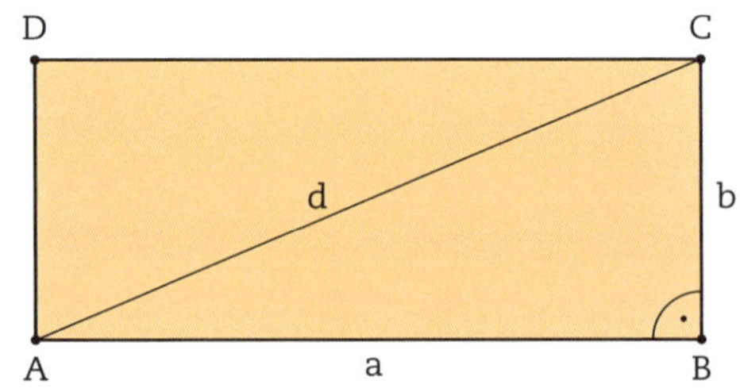

Das Quadrat ist ein Rechteck mit vier gleich langen Seiten.

$d^2 = a^2 + a^2 = 2a^2$

$d = \sqrt{2a^2} = \sqrt{2} \cdot \sqrt{a^2} = \sqrt{2} \cdot a = a \cdot \sqrt{2}$

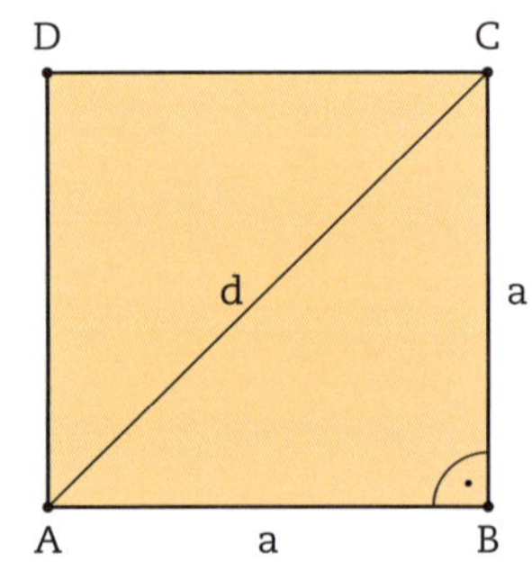

BEISPIEL

Der Umkreisradius r eines Rechtecks ist die halbe Länge der Diagonale d.

Berechne r eines Rechtecks mit a = 24 cm und b = 10 cm.

$d = \sqrt{a^2 + b^2} = \sqrt{\quad\quad + \quad\quad} = \sqrt{\quad\quad} = 26$ cm

$r = \frac{d}{2} = \quad\quad$ cm

BEISPIEL

Berechne die Länge der Diagonale d eines Quadrats mit dem Flächeninhalt A = 289 cm². Runde d auf 2 Nachkommastellen!

$A = a^2$ $\quad a^2 = 289$ $\quad \rightarrow \quad a = \sqrt{\quad\quad} = \quad\quad$

$d = a \cdot \sqrt{2} = \quad\quad \cdot \sqrt{2} \approx \quad\quad$

136 Welche Länge hat die Diagonale d der Rechtecke mit den Seitenlängen a und b?

a) a = 12 cm, b = 35 cm **b)** a = 7,2 cm, b = 5,4 cm **c)** a = 63 cm, b = 84 cm

137 Berechne die Länge des Umkreisradius.

a)

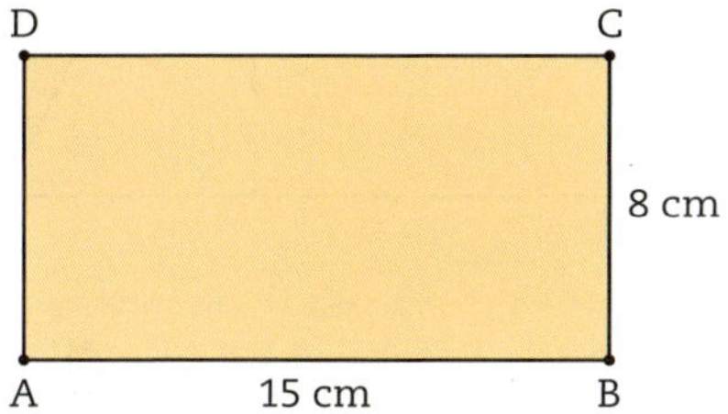

b)

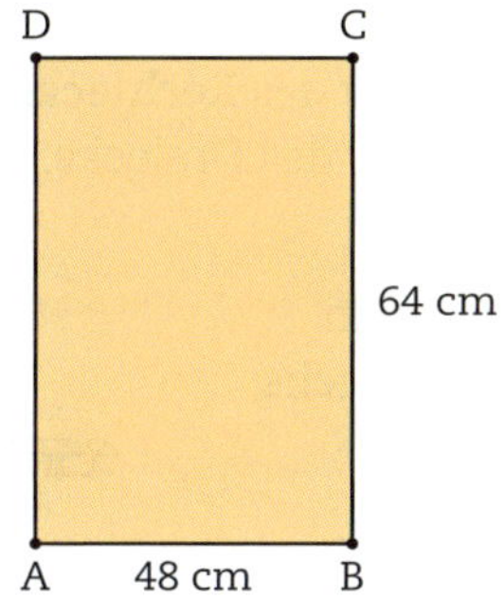

138 ! Die Seite a eines Rechtecks ist 42 cm. Berechne den Umfang und den Flächeninhalt, wenn die Diagonalen d die folgenden Längen haben.

a) d = 58 cm **b)** d = 70 cm **c)** d = 150 cm **d)** d = 442 cm

139 ! Berechne die Länge des Umkreisradius r der Rechtecke.

a) A = 76,8 cm^2, a = 12 cm **b)** A = 67,2 cm^2, a = 8 cm **c)** A = 50,4 cm^2, a = 9 cm

140 Welche Länge hat die Diagonale der Quadrate mit den gegebenen Flächeninhalten? Runde auf eine Nachkommastelle.

a) A = 125,44 cm^2 **b)** A = 98,01 cm^2 **c)** A = 207,36 cm^2 **d)** A = 484 cm^2

141 Berechne die Seitenlänge des Quadrats, wenn die Länge der Diagonale gegeben ist. Runde auf eine Nachkommastelle.

a) d = 10 cm **b)** d = 18 cm **c)** d = 23,5 cm **d)** d = 31,4 cm

142 !! Wie ändert sich die Länge der Diagonale d eines Quadrats mit der Seitenlänge a, wenn

a) a verdoppelt wird?
b) a halbiert wird?

F Flächeninhalt des Dreiecks

Der Flächeninhalt eines Dreiecks wird mit einer Seitenlänge und der dazugehörigen Höhe berechnet.

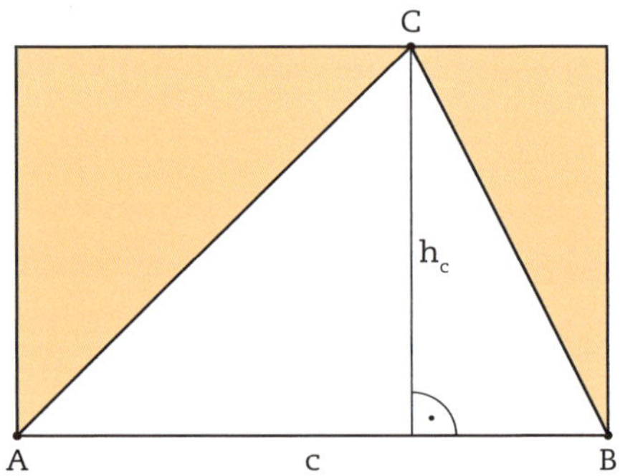

Ergänzt man das Dreieck auf ein Rechteck mit zB den Seitenlängen c und h_c, ist der **Flächeninhalt** des **Rechtecks doppelt** so groß wie der des Dreiecks.

Daher ergibt sich für den **Flächeninhalt des Dreiecks**:

$$A = \frac{c \cdot h_c}{2}$$

Gleiche Überlegung führt zu:

$$A = \frac{a \cdot h_a}{2} = \frac{b \cdot h_b}{2}$$

BEISPIEL

Drücke aus der Flächenformel c bzw. h_c aus.

$$A = \frac{c \cdot h_c}{2} \quad | \cdot 2$$

$$2A = c \cdot h_c \quad | : h_c$$

$$\frac{}{} = c$$

$$A = \frac{c \cdot h_c}{2} \quad | \cdot $$

$$ = c \cdot h_c \quad | : $$

$$\frac{}{} = h_c$$

BEISPIEL

Von einem Dreieck kennt man den Flächeninhalt A = 19,95 cm² und die Länge der Höhe h_a = 4,2 cm. Welche Seitenlänge a hat das Dreieck?

$$A = \frac{ \cdot h_a}{2}$$

$$a = \frac{}{}$$

a = 9,5 cm

143 Berechne den Flächeninhalt des Dreiecks.

a) $a = 12$ cm, $h_a = 9$ cm **b)** $b = 23{,}2$ cm, $h_b = 11$ cm **c)** $c = 40$ cm, $h_c = 22$ cm

144 Berechne den Flächeninhalt.

a)

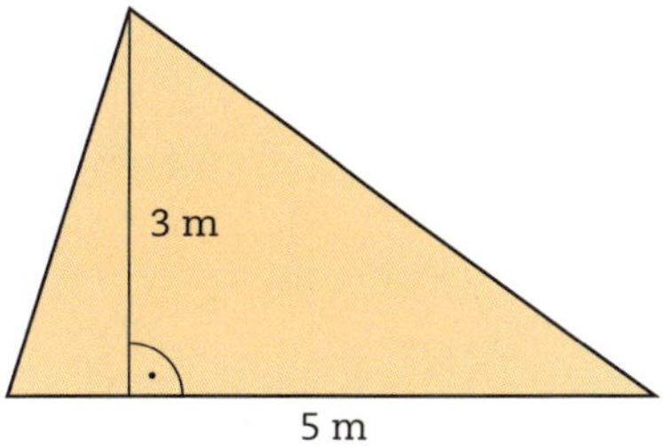

b)

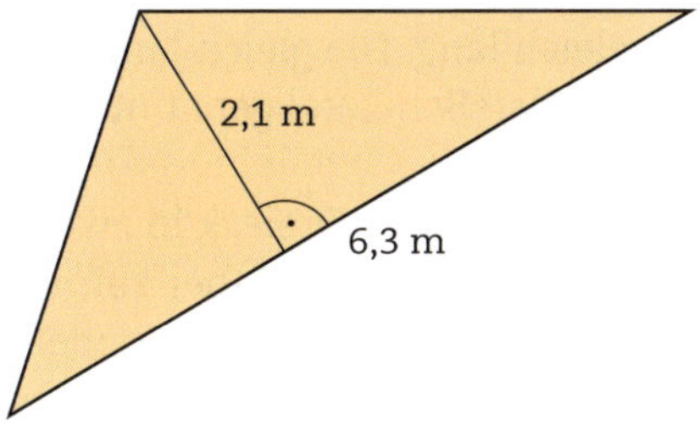

145 Berechne den Flächeninhalt des Dreiecks. Lies benötigte Längen aus der Zeichnung ab.

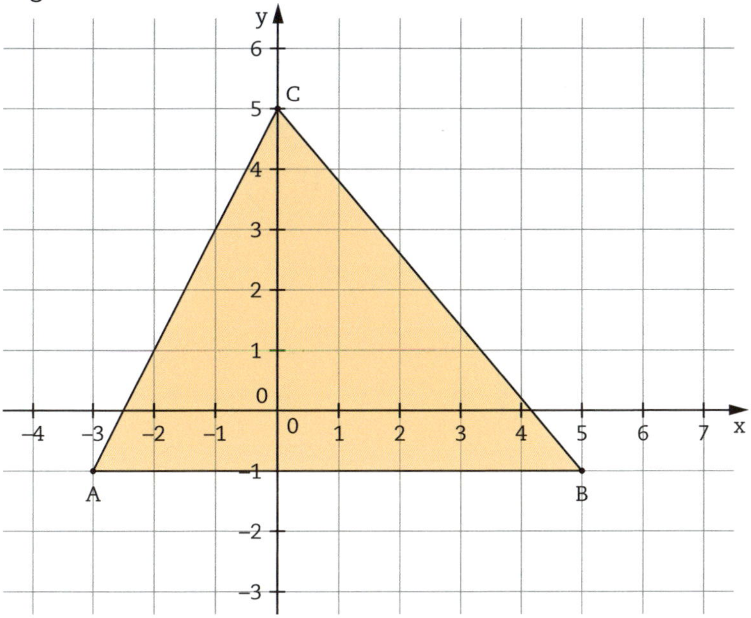

146 Berechne zum Flächeninhalt und der Seite die dazugehörige Höhe.

a) $A = 207$ cm², $a = 23$ cm
b) $A = 405$ cm², $b = 45$ cm
c) $A = 169{,}2$ cm², $c = 28{,}2$ cm

147 **!!** Ein dreieckiges Grundstück hat die Seitenlänge 80 m und die dazugehörige Höhe ist 50 m. Es kostet 150 000 €. Wie hoch ist der Quadratmeterpreis?

G Besondere Dreiecke und der Satz von Pythagoras

Gleichschenkliges Dreieck:

Im gleichschenkligen Dreieck sind zwei Seiten gleich lang. Die gleich langen Seiten werden Schenkel genannt.

Die Höhe h_c teilt das Dreieck in zwei rechtwinklige Dreiecke. Daher kann der Satz von Pythagoras angewendet werden:

$$a^2 = h_c^2 + \left(\frac{c}{2}\right)^2$$

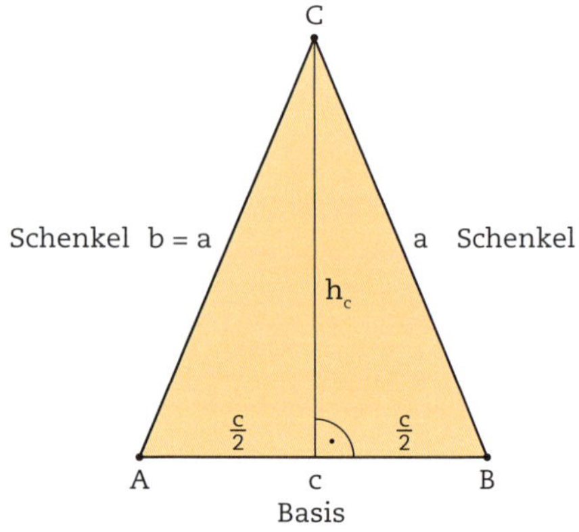

BEISPIEL

Welche Höhe h_c hat ein gleichschenkliges Dreieck mit der Basis c = 30 cm und der Schenkellänge a = 25 cm?

$$a^2 = h_c^2 + \left(\frac{c}{2}\right)^2 \quad \left| - \left(\frac{c}{2}\right)^2\right.$$

$$a^2 - \left(\frac{c}{2}\right)^2 = h_c^2$$

$$\sqrt{a^2 - \left(\frac{c}{2}\right)^2} = h_c$$

$$h_c = \sqrt{\qquad - \qquad} = \qquad \text{cm}$$

Flächeninhalt des Dreiecks: $A = \frac{c \cdot h_c}{2} =$

Gleichseitiges Dreieck:

Die Seiten eines gleichseitigen Dreiecks haben alle die gleiche Länge. Die Höhe teilt das Dreieck in zwei rechtwinklige Dreiecke.

$$a^2 = h^2 + \left(\frac{a}{2}\right)^2$$

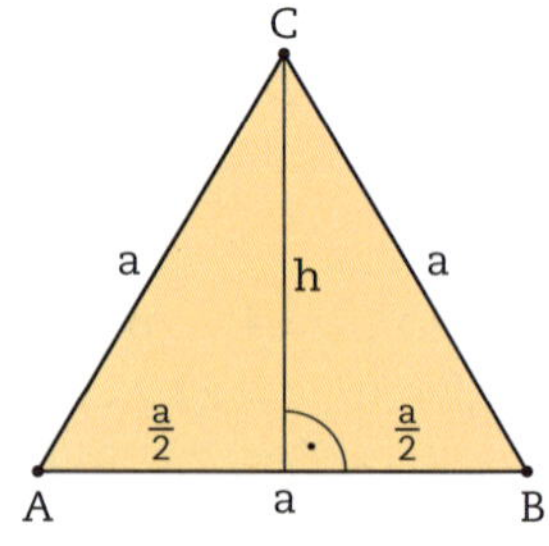

h kann explizit gemacht werden:

$$a^2 = h^2 + \left(\frac{a}{2}\right)^2 \quad \left| - \left(\frac{a}{2}\right)^2\right.$$

$$a^2 - \left(\frac{a}{2}\right)^2 = h^2$$

$$\frac{4a^2}{4} - \frac{a^2}{4} = h^2$$

$$h^2 = \frac{3a^2}{4} \quad | \text{Wurzelziehen}$$

$$h = \sqrt{\frac{3a^2}{4}} = \frac{\sqrt{3a^2}}{\sqrt{4}} = \frac{a \cdot \sqrt{3}}{2}$$

Für den Flächeninhalt gilt:

$$A = \frac{a \cdot h}{2}$$

$$A = \frac{1}{2} \cdot a \cdot h = \frac{1}{2} \cdot a \cdot \frac{a \cdot \sqrt{3}}{2} = \frac{a^2 \cdot \sqrt{3}}{4}$$

148 Berechne die Höhe und den Flächeninhalt des gleichschenkligen Dreiecks.

a) $a = b = 17$ cm, $c = 20{,}4$ cm
b) $a = b = 21{,}2$ cm, $c = 22{,}4$ cm
c) $a = b = 87$ cm, $c = 20{,}4$ cm
d) $a = b = 27{,}5$ cm, $c = 44$ cm

149 ! Berechne die Basislänge c des gleichschenkligen Dreiecks, wenn die Schenkellänge und die Höhe gegeben sind.

a) $a = 31{,}9$ cm, $h_c = 23{,}1$ cm
b) $a = 37{,}4$ cm, $h_c = 17{,}6$ cm
c) $a = 28{,}6$ cm, $h_c = 26{,}4$ cm
d) $a = 52{,}1$ cm, $h_c = 27{,}9$ cm

150 Berechne die fehlende Größe des gleichschenkligen Dreiecks ($a = b$).

a) $a = 55$ cm, $c = 88$ cm, $h_c = ?$
b) $a = 20{,}5$ cm, $c = ?$, $h_c = 12{,}3$ cm

151 Berechne mit den Formeln die Höhe h und den Flächeninhalt A des gleichseitigen Dreiecks. Runde auf 2 Nachkommastellen.

a) $a = 34$ cm **b)** $a = 60$ cm **c)** $a = 11{,}2$ cm **d)** $a = 43{,}5$ cm

152 !! Berechne die Seitenlänge a des gleichseitigen Dreiecks. Runde auf 2 Nachkommastellen.

a) $h = 15{,}4$ cm **b)** $h = 47$ cm **c)** $A = 340\ cm^2$ **d)** $A = 1\,000\ cm^2$

H Flächeninhalt des Parallelogramms

Sind in einem Viereck gegenüberliegende Seiten jeweils **parallel**, spricht man von einem **Parallelogramm**.

Sind noch dazu alle **vier Seiten gleich lang**, wird dieses Parallelogramm **Rhombus (Raute)** genannt.

Um den **Flächeninhalt** eines Parallelogramms zu bestimmen, kann man die linke Ecke abschneiden und rechts so anlegen, dass ein Rechteck entsteht.

Die Seitenlängen dieses Rechtecks sind a und h_a. Es ist flächengleich mit dem Parallelogramm.
Mit der Seite b und der Höhe h_b kann man die gleichen Überlegungen anstellen!

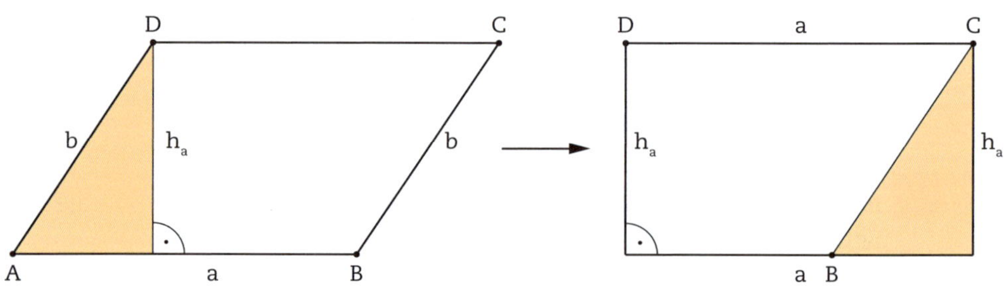

Für den **Flächeninhalt eines Parallelogramms** gilt daher:

$$A = a \cdot h_a = b \cdot h_b$$

BEISPIELE

Berechne den Flächeninhalt der Parallelogramme.

a = 5,6 cm; h_a = 3,5 cm

$A = a \cdot h_a =$ ______ · ______ = ______ cm²

b = 3,7 cm; h_b = 8,5 cm

A = ______

153 Berechne den Flächeninhalt der Parallelogramme jeweils in der größten vorkommenden Einheit.

a) $a = 5{,}5$ cm, $h_a = 48$ mm **b)** $a = 22$ dm, $h_a = 64$ cm
c) $b = 0{,}3$ m, $h_b = 8$ cm **d)** $b = 140$ mm, $h_b = 0{,}4$ dm

154 Drücke jede Variable durch die anderen aus.

a) $A = a \cdot h_a$ **b)** $A = b \cdot h_b$ **c)** $u = 2 \cdot (a + b)$

155 Berechne den Flächeninhalt des Grundstücks.

a)

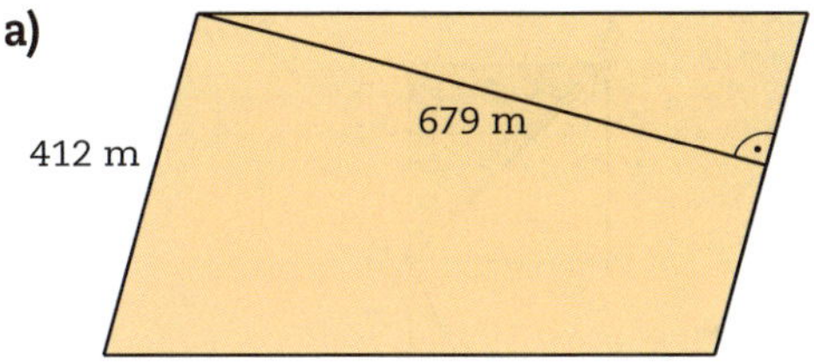

b)

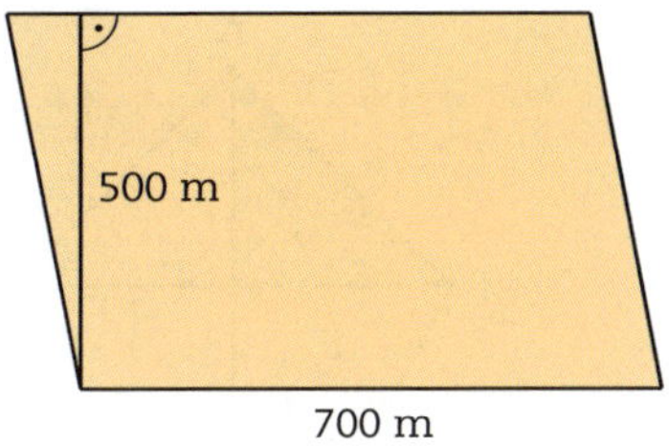

156 Zeichne das Parallelogramm in ein Koordinatensystem, gib die Koordinaten des fehlenden Eckpunkts an und berechne den Flächeninhalt. Entnimm benötigte Längen der Zeichnung.

a) A(–2|–1), B(4|–1), C(2|3), D **b)** A(0|–1), B(5|–1), C, D(1|3) **c)** A(–1|1), B, C(5|2), D(1|3)

157 Berechne die zugehörige Höhe des Parallelogramms.

a) $A = 120\ cm^2$, $a = 15$ cm **b)** $A = 134{,}85\ cm^2$, $a = 15{,}5$ cm
c) $A = 79{,}52\ m^2$, $b = 14{,}2$ m **d)** $A = 322\ m^2$, $b = 23$ m

158 Berechne die fehlende Größe des Parallelogramms.

	a)	b)	c)	d)
A	315 cm^2	1 098,88 cm^2		664,3 cm^2
b	21 cm		8,8 cm	51,1 cm
h_b		27,2 cm	5,5 cm	

I Flächeninhalt des Deltoids (Drachenfigur)

Setzt man zwei gleichschenklige Dreiecke entlang der gleichlangen Basis zusammen, entsteht ein Deltoid.

Die Diagonalen e und f des Deltoids bilden einen rechten Winkel.

Um den **Flächeninhalt** eines Deltoids zu bestimmen, kann man die farbigen Dreiecke links abschneiden und rechts so anlegen, dass ein Rechteck entsteht.

Die Seitenlängen dieses Rechtecks sind e und $\frac{f}{2}$. Es ist flächengleich mit dem Deltoid.

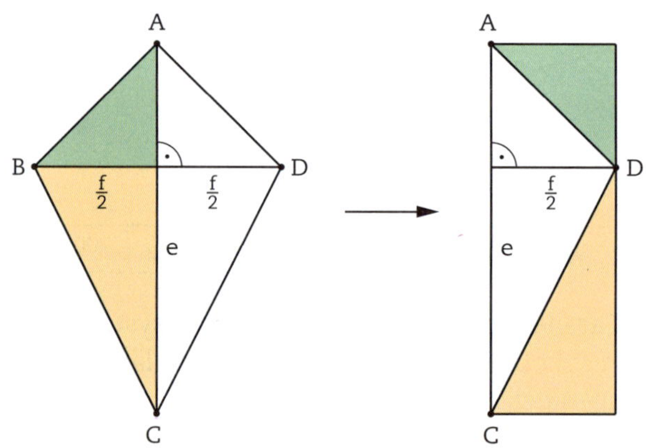

Für den **Flächeninhalt eines Deltoids** gilt daher:

$$\mathbf{A = e \cdot \frac{f}{2} = \frac{e \cdot f}{2}}$$

Hat ein Deltoid vier **gleich lange** Seiten und sind alle Winkel 90°, handelt es sich um ein **Quadrat**. Die Diagonalen sind dann auch gleich lang und werden mit d bezeichnet.

Für den **Flächeninhalt eines Quadrats** gilt dann auch: $A = \frac{d \cdot d}{2} = \frac{d^2}{2}$

BEISPIELE

Berechne den Flächeninhalt des Deltoids und Quadrats.

e = 6,4 cm; f = 4,8 cm $\quad A = \frac{e \cdot f}{2} =$

Quadrat: d = 12 cm $\quad A =$

159 Berechne den Flächeninhalt des Deltoids mit den Diagonalen e und f.

a) e = 14 cm, f = 5 cm **b)** e = 11,5 cm, f = 6,6 cm **c)** e = 9,4 cm, f = 5 cm

160 Berechne den Flächeninhalt des Quadrats mit der Diagonale d.

a) d = 13 cm **b)** d = 55 mm **c)** d = 2,8 cm **d)** d = 0,7 dm

161 ! Drücke aus den Formeln jede Variable durch die anderen aus.

a) $A = \frac{e \cdot f}{2}$ **b)** $A = \frac{d^2}{2}$

162 Berechne die fehlende Größe.

Deltoid	**a)**	**b)**	**c)**	**d)**
A		26,1 cm²	50,02 cm²	116,44 cm²
e	11 cm		12,2 cm	
f	9 cm	6 cm		14,2 cm

163 !! Begründe die folgende Aussage.

Der **Flächeninhalt eines Rhombus** (einer Raute) mit der Seitenlänge a und den Diagonalen e und f kann auch mit der Flächenformel des Deltoids berechnet werden, d.h.:

$$A = a \cdot h_a = b \cdot h_b = \frac{e \cdot f}{2}$$

164 !! Begründe die folgende Aussage. Mache eine geeignete Skizze.

Der Flächeninhalt von jedem Viereck, dessen Diagonalen einen rechten Winkel bilden, lässt sich mit der Flächenformel des Deltoids berechnen.

J Flächeninhalt des Trapezes

Ein Trapez ist ein Viereck mit zwei parallelen Seiten. Die nicht parallelen Seiten werden als Schenkel bezeichnet.

Sind die Schenkel gleich lang, spricht man von einem gleichschenkligen Trapez.

Fügt man zwei Trapeze wie in der Abbildung aneinander, entsteht ein Parallelogramm mit der Seite a + c und der Höhe h. Dieses **Parallelogramm** hat einen **doppelt** so großen Flächeninhalt wie das Trapez.

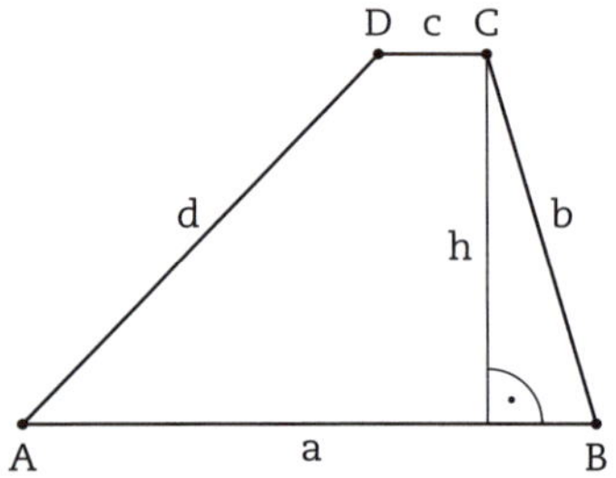

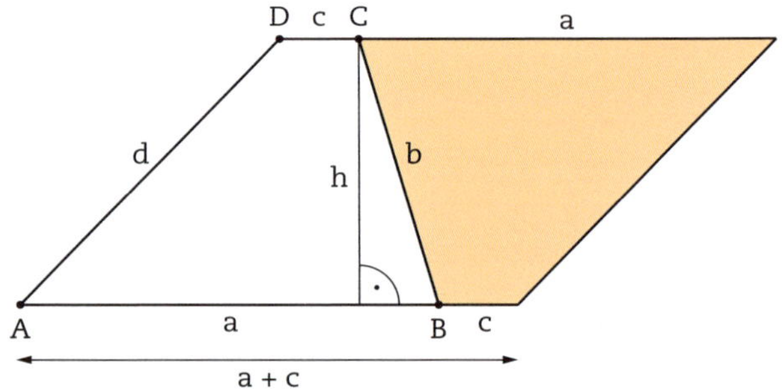

Der Flächeninhalt des Parallelogramms wird mit $A = (a + c) \cdot h$ berechnet.

Für den **Flächeninhalt eines Trapezes** gilt daher:

$$A = \frac{(a + c) \cdot h}{2} = \frac{1}{2} \cdot (a + c) \cdot h$$

BEISPIELE

Berechne den Flächeninhalt der Trapeze.

a) a = 70 mm; c = 80 mm; h = 55 mm

$A = \frac{1}{2} \cdot ($ ____ + ____ $) \cdot$ ____ $= \frac{1}{2} \cdot$ ____ $\cdot$ ____ $=$ ____ mm^2

b)

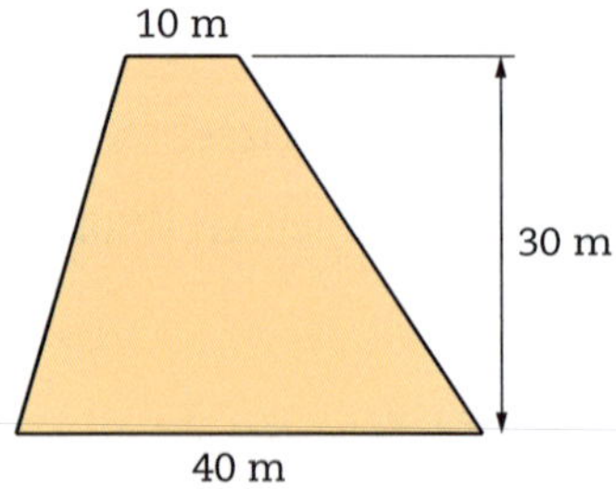

A = ____

165 Berechne den Flächeninhalt der Trapeze.

a) a = 75 mm, c = 52 mm, h = 60 mm
b) Die beiden Parallelseiten sind 9,5 cm und 7,8 cm lang. Der Normalabstand zwischen den Parallelseiten ist 5 cm.

166 ! Berechne den Flächeninhalt der Trapeze und begründe, warum die Flächeninhalte gleich groß sind.

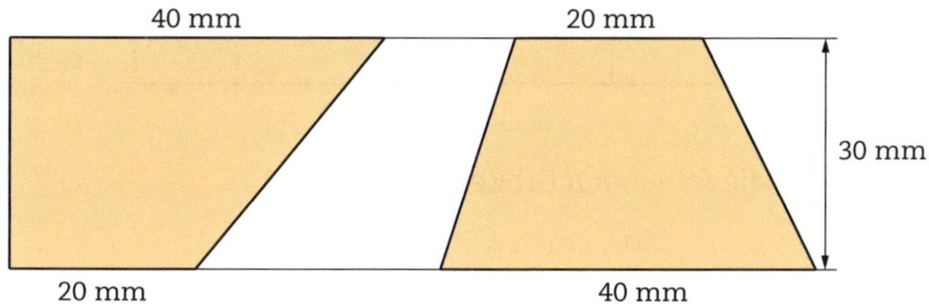

167 !! Zeige durch Umstellen der Formel für den Flächeninhalt eines Trapezes die Richtigkeit der folgenden Beziehungen zwischen A, a, c und h.

a) $h = \frac{2A}{a + c}$ **b)** $a = \frac{2A}{h} - c$ **c)** $c = \frac{2A}{h} - a$

168 ! Berechne die fehlenden Größen des Trapezes.

a) A = 47,5 cm², a = 11 cm, c = 8 cm, h = ?
b) A = 42 cm², a = ?, c = 7,5 cm, h = 4,2 cm
c) A = 218,4 cm², a = 25,3 cm, c = ?, h = 11,2 cm

169 Welche Querschnittsfläche hat der 17 m tiefe Kanal?

a)

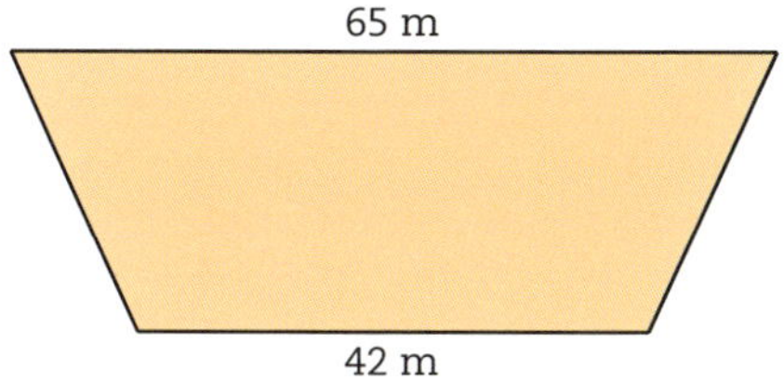

b)

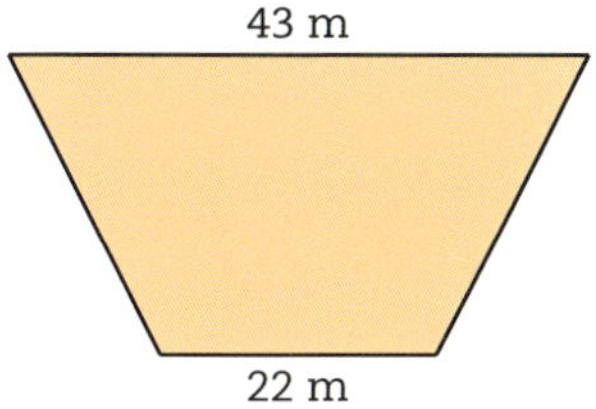

X TEST EBENE FIGUREN

Testdauer: 30 min

Gib eine Formel zur Berechnung des Umfangs und des Flächeninhalts des farbigen Flächenstücks an.

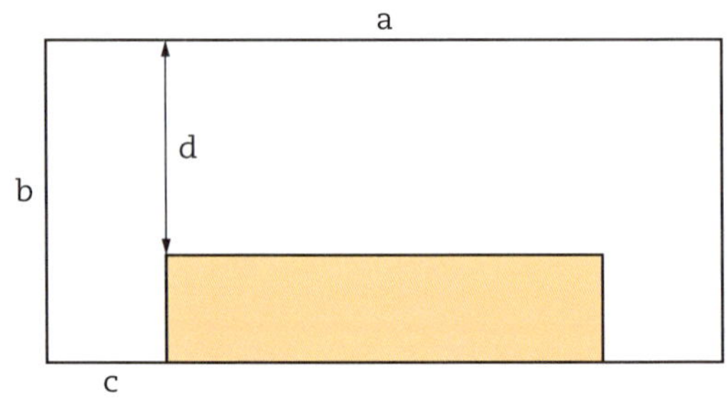

Berechne die fehlenden Größen.

a) Rechteck: u = 180,8 cm, a = 54,2 cm, b = ?, A = ?
b) Quadrat: A = 144 cm^2, a = ?, u = ?

Begründe.

a) 14 ist die Quadratwurzel von 196, weil ____________________.

b) 22 ist die Seitenlänge eines Quadrats mit dem Flächeninhalt 484, weil ____________________.

Berechne ohne Taschenrechner.

a) $\sqrt{100 \cdot 16} =$ **b)** $\sqrt{\frac{81}{169}} =$

Zeige rechnerisch, dass es sich beim gegebenen Dreieck mit den Seitenlängen a, b und c um ein rechtwinkliges handelt.

a = 45 cm, b = 54,4 cm, c = 70,6 cm

Berechne die Länge der fehlenden Kathete b, die der Hypotenuse c und den Umfang u des rechtwinkligen Dreiecks.

A = 1 482 m^2 , a = 45,6 m

Berechne die Länge der Diagonale des Rechtecks mit dem Flächeninhalt A und der Seitenlänge b.

A = 3 285,6 dm, b = 88,8 dm

Ein Dreieck hat den Flächeninhalt A und die Seitenlänge b. Berechne die Länge der Höhe h_b.

A = 1 088,5 m^2, b = 62,2 m

Ein gleichschenkliges Dreieck hat die Basislänge c und die Schenkellänge a. Berechne die Höhe h_c und den Flächeninhalt A.

c = 70 cm, a = 37 cm

Berechne die Höhe h_b von einem Parallelogramm mit dem Flächeninhalt A und der Seitenlänge b.

A = 2 590 m^2 b = 74 m

Berechne den Flächeninhalt der Grundstücke.

a)

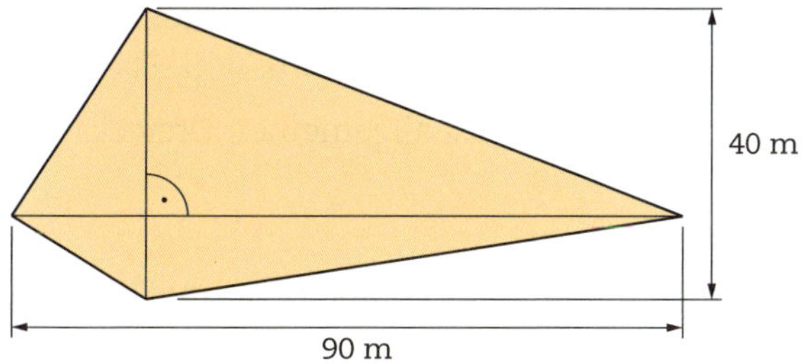

b)

Hast du mindestens 13 richtige Ergebnisse erzielt? SUPERLEISTUNG!
Aber – bei weniger als 9 gehe die Seiten 64 bis 83 noch einmal durch!

Gesamt: 15 Punkte

X KREUZE AN!

- Ich kann den Flächeninhalt eines Rechtecks bzw. Quadrats berechnen und Umkehraufgaben dazu lösen.
- Ich kann den Umfang eines Rechtecks bzw. Quadrats berechnen und Umkehraufgaben dazu lösen.
- Ich weiß, was die Quadratwurzel ist und wie sie ermittelt wird.
- Ich kann den Satz von Pythagoras in Worten beschreiben.
- Ich weiß, in welcher Figur der Satz von Pythagoras gilt.
- Ich kann den Flächeninhalt eines rechtwinkligen Dreiecks berechnen und Umkehraufgaben dazu lösen.
- Ich kann den Satz von Pythagoras in Figuren wie dem Rechteck, Quadrat, gleichschenkligen Dreieck, gleichseitigen Dreieck erkennen und anwenden.
- Ich weiß, wie der Flächeninhalt eines allgemeinen Dreiecks berechnet wird und kann die Formel begründen.
- Ich weiß, wie der Flächeninhalt eines Parallelogramms berechnet wird und kann die Formel begründen.
- Ich weiß, wie der Flächeninhalt eines Deltoids berechnet wird und kann die Formel begründen.
- Ich weiß, wie der Flächeninhalt eines Trapezes berechnet wird und kann die Formel begründen.
- Ich kann zum allgemeinen Dreieck, dem Parallelogramm, dem Deltoid und dem Trapez Umkehraufgaben lösen.

Schau dir die Beispiele an und schätze deine Kenntnisse ein.
Kreuze an:
☺ ... kann ich ziemlich gut, ☹ ... kann ich weniger gut
Die Seitenzahl hinter dem ☹ sagt dir, wo im Buch du mit dem Wiederholen und Üben starten solltest.

1 Ich weiß, was man unter dem Verhältnis der Längen 5 cm und 2,5 cm versteht.

☺ ☹ *(Seite 88)*

2 Ich kann 2,7 : 3,6 vereinfachen.

☺ ☹ *(Seite 89)*

3 Ich weiß, was eine Proportion ist.

☺ ☹ *(Seite 90)*

4 Ich kann die fehlende Größe x der Verhältnisgleichung $4{,}5 : x = 3 : 5$ berechnen.

☺ ☹ *(Seite 90)*

5 Ich weiß, was ein fortlaufendes Verhältnis ist.

☺ ☹ *(Seite 88)*

6 Ich weiß, was direkte und indirekte Proportionalitäten sind.

Eine direkte Proportionalität ist, wenn

____

Eine indirekte Proportionalität ist, wenn

____

☺ ☹ *(Seite 92)*

7 Ich kann Schlussrechnungen lösen.
Beispiel: Ist eine Heizung täglich 20 Stunden in Betrieb, reicht der vorhandene Heizölvorrat für 120 Tage. Wie lange reicht dieser Vorrat, wenn die Heizung täglich 15 Stunden läuft?

☺ ☹ *(Seite 92, 93)*

8 Ich kann zusammengesetzte Schlussrechnungen lösen.
Beispiel: 12 Personen kommen mit einem Wasservorrat von 168 Litern 7 Tage aus. Wie viele Tage kommen 15 Personen mit 150 Litern Wasser aus?

☺ ☹ *(Seite 94)*

VERHÄLTNISSE UND PROPORTIONEN

A Verhältnis

Möchte man die Beziehung zwischen zwei oder mehreren gleichnamigen Größen ausdrücken, gibt man den Quotienten dieser Größen an.

Dieser Quotient wird als **Verhältnis** bezeichnet.

Verhältnis der Größen a und b
=
a : b

Das Verhältnis mehrerer Größen heißt **fortlaufendes Verhältnis**.

fortlaufendes Verhältnis der Größen a, b, c, d ...
=
a : b : c : d : ...

Verhältnisse darf man wie Brüche **kürzen** und **erweitern**.

Bei einem fortlaufenden Verhältnis müssen alle Werte durch dieselbe Zahl gekürzt bzw. mit derselben Zahl erweitert werden.

BEISPIEL

Anton hat 80 € gespart, Birgit 100 €.

Verhältnis der Sparguthaben:	80 : 100	→	Die Einheiten € lässt du weg!
	8 : 10	→	gekürzt durch
	4 : 5	→	nochmal gekürzt durch

Die Sparguthaben von Anton und Birgit verhalten sich wie 4 : 5 (sprich: „4 zu 5“).

Verhältnisse gibt man oft mit möglichst **kleinen natürlichen** Zahlen an!

170 Gib die Verhältnisse mit möglichst kleinen natürlichen Zahlen an.

a) 50 m : 30 m **b)** 20 Liter : 100 Liter **c)** 300 kg : 50 kg
d) 140 cm : 20 cm **e)** 1 000 mm : 200 mm **f)** 30 t : 45 t

171 Kürze die fortlaufenden Verhältnisse so weit wie möglich.

a) 10 dm : 20 dm : 30 dm **b)** 16 cm : 12 cm : 20 cm
c) 50 kg : 100 kg : 70 kg **d)** 12 t : 16 t : 8 t : 20 t

BEISPIEL

3 t : 4,5 t → Erweitere mit 10, sodass *beide* Verhältniszahlen natürlich sind.

30 : 45 → Kürze durch 15.

2 : 3

172 ! Gib die Verhältnisse mit möglichst kleinen natürlichen Zahlen an.

a) 5 kg : 8,5 kg **b)** 2 Liter : 0,5 Liter **c)** 0,3 hl : 1,5 hl
d) 4,5 a : 7,5 a **e)** 0,2 mm : 0,1 mm **f)** 1 t : 0,2 t

173 !! Gib das Verhältnis mit möglichst kleinen natürlichen Zahlen an.
Achtung: Die Größen müssen dieselben Einheiten haben!

a) 1,2 t und 850 kg **b)** 630 kg und 1,5 t **c)** 20 m und 15 dm
d) 18 mm und 9 dm **e)** 120 cm und 2 m **f)** 50 dag und 200 g

BEISPIEL

Gib zwei Strecken an, die sich wie 3 : 5 verhalten. Wähle dazu eine beliebige Streckenlänge und multipliziere sie mit den Verhältniszahlen.

Zum Beispiel: 2,5 cm 2,5 cm · 3 = 7,5 cm 2,5 cm · 5 = 12,5 cm

Die Strecken 7,5 cm und 12,5 cm verhalten sich wie 3 : 5.

174 Finde zwei Strecken, die sich wie angegeben verhalten.

a) 1 : 4 **b)** 4 : 5 **c)** 8 : 3 **d)** 9 : 2

B Verhältnisgleichung

Werden zwei Verhältnisse, in denen Variable vorkommen, gleichgesetzt, entsteht eine **Verhältnisgleichung (= Proportion)**.

$$\mathbf{a : b = c : d} \quad \text{bzw.} \quad \frac{a}{b} = \frac{c}{d}$$

Wird diese Gleichung mit b und d erweitert, erhält man:

$$\mathbf{a \cdot d = b \cdot c}$$

Man nennt a und d die **Außenglieder**, b und c die **Innenglieder** der Proportion.

Jede Proportion kann also nach folgender Regel aufgelöst werden:

Produkt der Außenglieder = Produkt der Innenglieder

BEISPIELE

Überprüfe mit der Regel für das Auflösen von Proportionen, ob die Proportionen richtig sind. Ergänze bzw. streiche durch.

a) $36 : 24 = 1{,}8 : 1{,}2$ — $36 \cdot 1{,}2 = 24 \cdot 1{,}8$

$43{,}2 = 43{,}2$ ✓ d.h., die Proportion stimmt

b) $7{,}7 : 5{,}6 = 39 : 28$ — ____ · ____ = ____ · ____

____ = ____

richtige/falsche Aussage

d.h., die Proportion stimmt/stimmt nicht

Fehlende Teile einer Proportion lassen sich auf diese Weise auch berechnen.

BEISPIEL

$3{,}5 : x = 2 : 5$	→	Proportion auflösen.
$3{,}5 \cdot 5 = 2 \cdot x$	→	Gleichung lösen.
____ : ____ = x	→	$x = 8{,}75$

175 Überprüfe, ob die Proportionen richtig sind.

a) 28 : 6 = 70 : 15 **b)** 3,6 : 4,8 = 6,6 : 8,8 **c)** 8 : 9 = 15 : 8 **d)** 16 : 9,6 = 5 : 3

176 Berechne die fehlende Größe in den Proportionen.

a) x : 2 = 1,4 : 3,5 **b)** 18 : y = 2,4 : 0,5 **c)** 7 : 8 = z : 6,4 **d)** 0,3 : 2,5 = 9 : a

177 ! Berechne die fehlende Größe.

a) $\frac{1}{3} : a = \frac{1}{2} : \frac{1}{4}$ **b)** $\frac{2}{5} : \frac{1}{6} = b : \frac{3}{4}$ **c)** $c : \frac{1}{4} = \frac{1}{5} : \frac{1}{6}$ **d)** $\frac{2}{7} : 5 = \frac{3}{8} : d$

178 !! Berechne die fehlende Größe.

a) 2 : (x – 1) = 3 : 4 **b)** (x + 3) : 3 = 4 : 5 **c)** 5 : 4 = (2x – 1) : 3 **d)** 1 : 2 = 3 : 5x

179 Schreibe als Proportion an und berechne die fehlende Größe.

a) Fruchtsaft und Wasser sollen im Verhältnis 1 : 7 gemischt werden. 0,05 Liter Fruchtsaft müssen mit wie viel Liter Wasser gemischt werden?

b) Um einen bestimmten Farbton zu erhalten, sollen gelbe und blaue Farbe im Verhältnis 2 : 5 gemischt werden. Wie viel Liter gelbe Farbe muss man mit 12 Litern blauer Farbe mischen?

c) Ein Plan ist im Maßstab 1 : 50 000 gezeichnet. Wie lang ist eine 20 cm lange Strecke im Plan in der Wirklichkeit?

d) Eine 35 cm lange Strecke wird im Verhältnis 2 : 3 geteilt. Wie lang sind die Teilstrecken? (Hinweis: 1. Teilstrecke x, 2. Teilstrecke 35 – x)

BEISPIEL

Teile 50 € im Verhältnis 2 : 3 : 5 auf. Das heißt, 50 € sollen in 2, 3 und 5 gleich große Teile (t) aufgeteilt werden.

2t + 3t + 5t = 50
10t = 50
t = 5 € → (2 · 5 €) : (3 · 5 €) : (5 · 5 €) = 10 € : 15 € : 25 €

180 ! Teile im gegebenen Verhältnis auf.

a) 171 €, 3 : 4 : 2 **b)** 150 €, 1 : 2 : 7
c) 500 cm, 60 : 20 : 20 **d)** 600 cm, 1 : 2 : 3 : 4

C Schlussrechnungen

Mit Proportionen können Schlussrechnungen gelöst werden. Du musst nur herausfinden, in welchem Verhältnis zwei Größen zueinander stehen:

direkte Proportionalität
=
Das n-fache der ersten Größe wird dem n-fachen der zweiten Größe zugeordnet:
„je mehr, desto mehr"
„je weniger, desto weniger"

indirekte Proportionalität
=
Das n-fache der ersten Größe wird dem n-ten Teil der zweiten Größe zugeordnet:
„je mehr, desto weniger"
„je weniger, desto mehr"

BEISPIEL

Ein Auto braucht auf 100 km rund 6 Liter Benzin. Wie weit kommt man mit 45 Litern Treibstoff?

Je mehr Kilometer man fährt, **desto mehr** Liter Benzin werden verbraucht. Die Größen „Kilometer" und „Liter" sind **direkt** proportional.

Ansatz mit einer **Tabelle**:

km	l
100	6
x	45

Mache bei einer direkten Proportionalität **zwei Pfeile**, die **in dieselbe Richtung** zeigen, von oben nach unten oder von unten nach oben.

Setze in Pfeilrichtung eine **Verhältnisgleichung** an und löse sie.

$$100 : x = 6 : 45$$
$$x = (100 \cdot 45) : 6$$
$$x = 750 \text{ km}$$

Mit 45 Litern Benzin kommt man 750 km weit.

181 Fährt man eine Strecke im Mittel mit 90 km/h, braucht man dafür 30 min. Wie lang braucht man für diese Strecke, wenn man im Mittel mit 100 km/h unterwegs ist? Ergänze.

Je mehr km/h (d.h. je schneller) man fährt, **desto** ______________ Minuten braucht man.

Die Größen „km/h" und „Minuten" sind ______________ proportional.

km/h ↓	min ↑
90	30
100	x

Bei einer indirekten Proportionalität zeigen die Pfeile in ______________ Richtungen.

90 : 100 = ________ : ________

x = ______________

Fährt man mit durchschnittlich 100 km/h, braucht man ________ Minuten.

182 !! Löse mittels Proportionen.

a) Für eine bestimmte Arbeit brauchen 24 Arbeiter 18 Tage. Wie lange brauchen 18 Arbeiter für dieselbe Arbeit?

b) Für 15 dag Wurst zahlt man in einem Supermarkt 1,40 €. Wie viel muss man bezahlen, wenn man 20 dag derselben Wurst nimmt?

c) Ein Auto legt in 1,5 Stunden eine Strecke von 135 km zurück. Welchen Weg legt es bei derselben mittleren Geschwindigkeit in 2 Stunden zurück?

d) Ein Hund läuft mit durchschnittlich 14,4 km/h und braucht für eine Strecke 6 Minuten. In welcher Zeit legt ein Pferd, das durchschnittlich 32,4 km/h schnell ist, dieselbe Strecke zurück?

e) Für 300 km braucht ein PKW rund 24,6 Liter Benzin. Wie weit kommt der PKW, wenn sich im Tank 41 Liter Treibstoff befinden?

f) Ist ein Auto mit durchschnittlich 70 km/h unterwegs, erreicht es sein Ziel nach 3,25 Stunden. Wie lang braucht es mit einer durchschnittlichen Geschwindigkeit von 91 km/h?

Ein zusätzliches Beispiel ist über den QR Code® oder Key abrufbar.
http://durchstarten-mathematik7.veritas.at/qr/869

Key: 869

D Zusammengesetzte Schlussrechnungen

In Schlussrechnungen können auch mehr als zwei Größen proportional zueinander sein.

Man spricht dann von **zusammengesetzten Schlussrechnungen**.

BEISPIEL

12 Personen kommen mit einem Wasservorrat von 168 Litern 7 Tage aus. Wie viele Tage kommen 15 Personen mit 150 Litern Wasser aus?

Ansatz mit einer Tabelle:

Personen ↓	l ↑	Tage ↑
12	168	7
15	150	x

Betrachte die Spalte mit der Variable und schau, in welchem Verhältnis sie zu den anderen Spalten steht.

Je mehr Personen, **desto weniger** Tage kommen sie mit einem Wasservorrat aus.

Die Größen „Personen" und „Tage" sind **indirekt** proportional → entgegengesetzte Pfeile.

Je mehr Liter Wasser vorhanden sind, desto mehr Tage kommt man aus.

Die Größen „Liter" und „Tage" sind direkt proportional → gleichgerichtete Pfeile

Schreibe die Verhältnisse in Pfeilrichtung als **Brüche** an.

Das Verhältnis mit der Variable steht allein auf einer Seite, das **Produkt** der Verhältnisse der anderen Größen auf der anderen Seite der Verhältnisgleichung!

$$\frac{x}{7} = \frac{12}{15} \cdot \frac{150}{168}$$

$$\frac{x}{7} = \frac{5}{7} \quad | \cdot 7$$

$$x = 5$$

15 Personen kommen mit 150 Litern Wasser 5 Tage lang aus.

183 !! Mache eine Tabelle und löse mittels einer Verhältnisgleichung.

a) 7 Esel können mit 21 Säcken Hafer 3 Tage lang gefüttert werden. Wie viele Tage können 5 Esel mit 25 Säcken Hafer gefüttert werden?

b) 3 Arbeiter benötigen für das Ausmalen von 225 m^2 Wandfläche 5 Stunden. Wie lange benötigt ein Arbeiter für das Ausmalen von 90 m^2?

c) 36 m^3 Erdreich können von einem LKW in 3 Stunden abtransportiert werden. In welcher Zeit können 3 derartige LKW die doppelte Menge Erdreich abtransportieren?

d) 100 Stück einer Ware werden von 15 Arbeitern in 30 Tagen fertiggestellt. Wie viele Arbeiter können 180 Stück der Ware in 45 Tagen fertigen?

e) 48 Angestellte können in 7 Stunden 6 000 Briefsendungen abfertigen. Wie viele Angestellte können in 8 Stunden 5 000 Briefsendungen bearbeiten?

f) 10 Züge mit je 12 Waggons können insgesamt 2 880 Tonnen Steinkohle transportieren. Wie viele Waggons haben 5 Züge, die 960 Tonnen Steinkohle transportieren?

g) Drei Arbeiter stellen 360 m Zaun in 36 Stunden auf. Wie viele Stunden benötigen zwei Arbeiter zum Errichten von 400 m Zaun?

h) Wie viele Tischler können 480 m^2 Boden in 4 Tagen verlegen, wenn zwei Tischler 144 m^2 Boden in 3 Tagen verlegen können?

i) 13 Angestellte verdienen in 5 Tagen insgesamt € 10 400. Wie viel € verdienen 9 Angestellte in 3 Tagen?

j) 8 Maschinen stanzen 13 800 Bleche in 15 Tagen. Wie viel Zeit benötigen 11 Maschinen für das Stanzen von 25 300 Blechen?

k) Für ein Bankguthaben von 4 500 € erhält man in 9 Monaten 135 € Zinsen. Wie viel € Zinsen erbringen 5 300 € in 7 Monaten bei gleichem Zinssatz?

l) Ein riesiger Schuttberg wird von 10 LKW mit je 6 m^3 Ladefläche in 12 Tagen abgetragen. Wie viel Tage würden 12 LKW mit je 4 m^3 Ladefläche dazu benötigen?

X TEST VERHÄLTNISSE UND PROPORTIONEN Testdauer: 30 min

In welchem Verhältnis stehen die Größen? Stelle es mit möglichst kleinen natürlichen Zahlen dar.

a) Zwei Streckenlängen mit 23 cm und 57,5 cm.
b) Die Geldbeträge 5 800 Cent und 101,50 €.

Vereinfache das fortlaufende Verhältnis so weit wie möglich.

11,2 km : 28 000 m : 4 480 000 cm

Gib Streckenlängen an, die sich wie angegeben verhalten.

a) 6 : 5
b) 4 : 2 : 3

Überprüfe, ob die Proportionen richtig sind.

a) 393,4 : 505,8 = 7 : 9
b) 4 : 5 = 92,2 : 115,5

Berechne die fehlenden Größen.

a) 4,5 : x = 0,25 : 8,5
b) $\frac{1}{8} : 3 = \frac{2}{7} : d$

Löse die Verhältnisgleichung.

4 : 3 = (2x + 1) : 5

Schreibe den Text als Proportion an und bestimme die fehlende Größe.

Um einen bestimmten Farbton zu erhalten, sollen rote und gelbe Farbe im Verhältnis 3 : 2 gemischt werden. Wie viel Liter rote Farbe muss man mit 15 Litern gelber Farbe mischen?

Wie viel € bekommt jeder Gewinner?

Ein Gewinn von 120 000 € soll auf 4 Gewinner im Verhältnis 3 : 2 : 4 : 1 aufgeteilt werden.

Löse mit einer Verhältnisgleichung.

3 Rohre können ein Becken in 11,5 Minuten füllen. Wie lange brauchen dafür 5 solche Rohre?

Löse mit einer Verhältnisgleichung.

Ein Logistikunternehmen stellt einem Kunden 3 LKWs mit 12 t Ladekapazität zur Verfügung und berechnet je LKW 16 Fahrten. Zeige, dass beim Einsatz von 4 LKWs mit 12 t Ladekapazität gleich viele Fahrten anfallen wie beim Einsatz von 6 LKWs zu 8 t Ladekapazität. Wie viele Fahrten sind es?

Hast du mindestens 12 richtige Ergebnisse erzielt? SUPERLEISTUNG!
Aber – bei weniger als 9 gehe die Seiten 88 bis 95 noch einmal durch!

Gesamt: 14 Punkte

X KREUZE AN!

- [ ] Ich weiß, was ein (fortlaufendes) Verhältnis ist.
- [ ] Ich kann Verhältnisse vereinfachen.
- [ ] Ich weiß, was eine Proportion ist.
- [ ] Ich kann Proportionen auflösen.
- [ ] Ich kann Proportionen zum Lösen von Sachaufgaben verwenden.
- [ ] Ich weiß, was man unter einer direkten Proportionalität versteht.
- [ ] Ich weiß, was man unter einer indirekten Proportionalität versteht.
- [ ] Ich kann Schlussrechnungen mit Proportionen lösen.
- [ ] Ich kann zusammengesetzte Schlussrechnungen mit Proportionen lösen.

DIAGNOSETEST ÄHNLICHKEIT

Schau dir die Beispiele an und schätze deine Kenntnisse ein.
Kreuze an:
☺ ... kann ich ziemlich gut, ☹ ... kann ich weniger gut
Die Seitenzahl hinter dem ☹ sagt dir, wo im Buch du mit dem Wiederholen und Üben starten solltest.

1 Ich kenne die Eigenschaften ähnlicher Figuren.

☺ ☹ *(Seite 100)*

2 Ich weiß, was kongruente Figuren sind.

☺ ☹ *(Seite 100)*

3 Ich weiß, wie sich die Umfänge und die Seitenlängen ähnlicher Figuren zueinander verhalten.

☺ ☹ *(Seite 102)*

4 Ich weiß, wie sich die Flächeninhalte und die Seitenlängen ähnlicher Figuren zueinander verhalten.

☺ ☹ *(Seite 102)*

5 Ich weiß, wie man eine Strecke im angegebenen Verhältnis teilt.

Beispiel: Teile eine 8 cm lange Strecke im Verhältnis 3 : 1.

☺ ☹ *(Seite 106)*

6 Ich kann eine Strecke in einem angegebenen Verhältnis verkleinern und vergrößern.

Beispiel: Vergrößere eine 3 cm lange Strecke im Verhältnis 2 : 5.

☺ ☹ *(Seite 108)*

7 Ich weiß, wie man eine Figur verkleinert oder vergrößert.

Beispiel: Vergrößere das Rechteck mit den Seitenlängen 3 cm und 2 cm im Verhältnis 1 : 2.

☺ ☹ *(Seite 109)*

8 Ich weiß, was der Strahlensatz ist.

☺ ☹ *(Seite 104)*

ÄHNLICHKEIT

A Ähnliche und kongruente Figuren

Ähnliche Figuren haben die **gleiche Gestalt**, aber **unterschiedliche Größe**.

Entsprechende Längen stehen im selben Verhältnis.

Entsprechende Winkel sind gleich groß.

BEISPIEL

Die Rechtecke ABCD und $A_1B_1C_1D_1$ sind ähnlich. Es gilt:

$\overline{AB} : \overline{A_1B_1} = 4\text{ cm} : 6\text{ cm} = 2 : 3$

$\overline{BC} : \overline{B_1C_1} = 6\text{ cm} : 9\text{ cm} = 2 : 3$

Alle Winkel sind 90°.

Man schreibt:
ABCD ~ $A_1B_1C_1D_1$

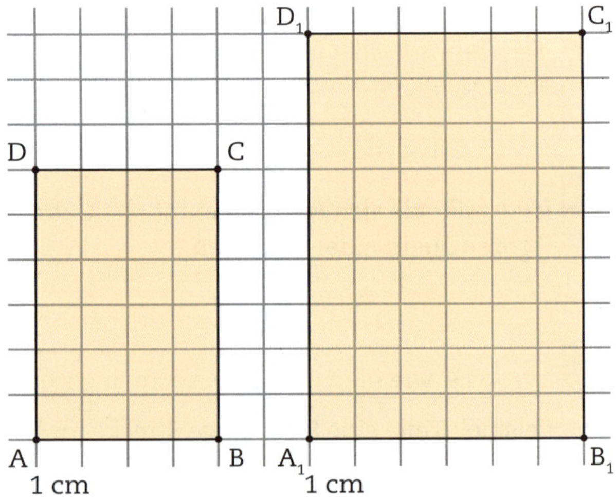

Kongruente Figuren haben **gleiche Gestalt** und **gleiche Größe**.

Die Kongruenz ist ein Spezialfall der Ähnlichkeit!

BEISPIEL

Die Dreiecke ABC und $A_1B_1C_1$ sind kongruent.

Man schreibt: **ABC ≃ $A_1B_1C_1$**

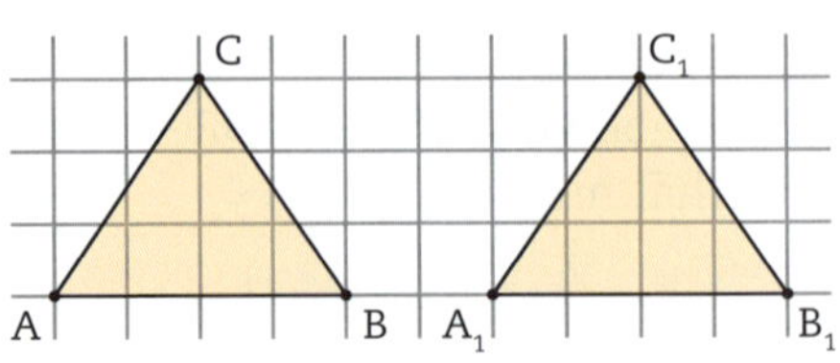

184 Sind die Figuren ähnlich bzw. kongruent? Begründe deine Antwort.

a)
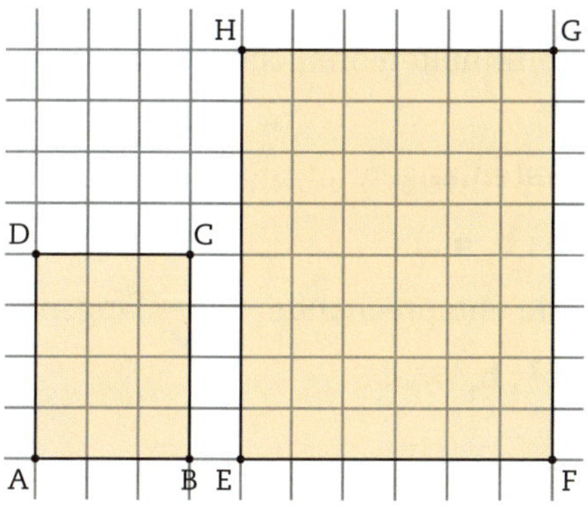

b)
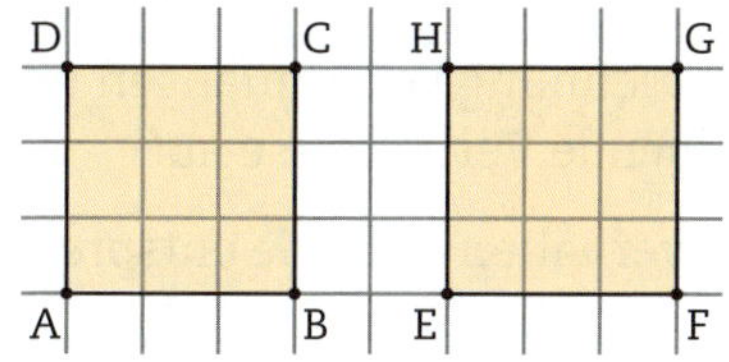

c)
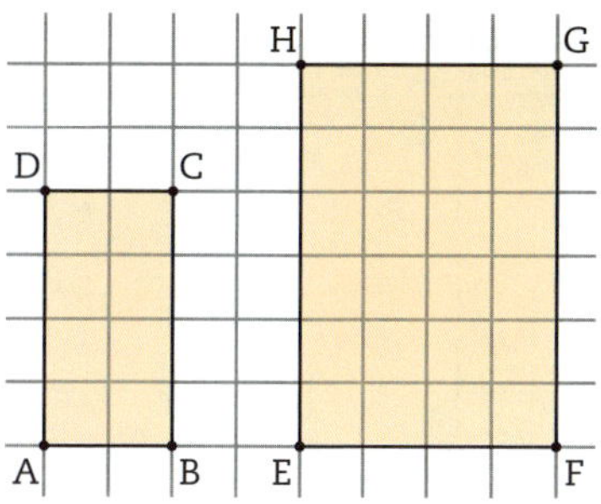

d)
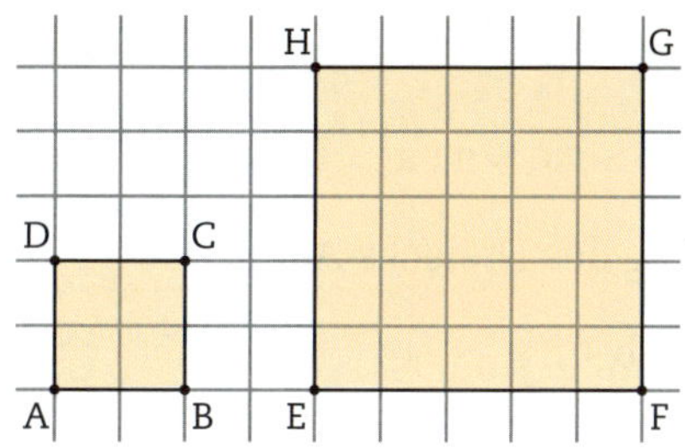

185 ! In einem Dreieck ist das Verhältnis der Seitenlängen bekannt. $a : b : c = 4 : 5 : 6$. Sind die gegebenen Dreiecke ähnlich dazu? (Hinweis: Überprüfe, ob $a : b : c = a_1 : b_1 : c_1$ gilt.)

a) $a_1 = 12$ cm, $b_1 = 15$ cm, $c_1 = 18$ cm
b) $a_1 = 48$ cm, $b_1 = 60$ cm, $c_1 = 75$ cm
c) $a_1 = 804$ m, $b_1 = 1\,005$ m, $c_1 = 1\,206$ m

186 Das Dreieck ABC mit den Seitenlängen $a = 8$ cm, $b = 5$ cm, $c = 6$ cm ist ähnlich zum Dreieck $A_1B_1C_1$. Im ähnlichen Dreieck ist $b_1 = 3$ cm. Berechne a_1 und c_1. Ergänze.

$8 : 5 : 6 = a_1 : 3 : c_1$ $\quad$ $8 : 5 = a_1 : 3$ $\quad$ $5 : 6 = 3 : c_1$

.... $\quad$ ....

$a_1 =$ .... $\quad$ $c_1 =$ ....

187 !! Berechne den Umfang des ähnlichen Dreiecks $A_1B_1C_1$, wenn das Dreieck ABC die Seitenlängen $a = 85$ mm, $b = 68$ mm, $c = 119$ cm hat und $a_1 = 8$ cm ist.

B Umfänge und Flächen ähnlicher Figuren

Bei der Berechnung von Umfängen und Flächeninhalten ähnlicher Figuren treten gleichbleibende Verhältnisse auf:

Umfänge verhalten sich wie entsprechende Seitenlängen:

$$\mathbf{u : u_1 = a : a_1 = b : b_1 = \ldots}$$

Flächeninhalte verhalten sich wie die Quadrate entsprechender Seitenlängen:

$$\mathbf{A : A_1 = a^2 : a_1^2 = b^2 : b_1^2 = \ldots}$$

BEISPIEL

Ein gleichschenkliges Dreieck ABC hat die Seitenlängen $a = b = 11$ cm und $c = 8$ cm; $u_1 = 78$ cm ist der Umfang eines dazu ähnlichen Dreiecks.

Es gilt $u : u_1 = a : a_1 = b :$ ______ = ______ : ______

Umfang des Dreiecks ABC:

$u = a + b + c =$ ______ + ______ + ______ = ______

Verhältnis berechnen: $u : u_1 =$ ______ $: 78 =$ ______ : ______

Seiten von $A_1B_1C_1$:

$a : a_1 = 5 : 13$

$11 : a_1 = 5 : 13$ $a_1 =$ ______ cm $= b_1$

$c : c_1 = 5 : 13$

______ $: c_1 = 5 : 13$ $c_1 =$ ______ cm

BEISPIEL

Von einem Rechteck ABCD kennt man die Seitenlängen $a = 4$ cm und $b = 5$ cm. Ein dazu ähnliches Rechteck hat den Flächeninhalt $A_1 = 125$ cm².

Es gilt $A : A_1 = a^2 : a_1^2 =$ ______ : ______

Flächeninhalt des Rechtecks ABCD: $A = a \cdot b =$ ______ · ______ = ______ cm²

Verhältnis berechnen: $A : A_1 =$ ______ $: 125 =$ ______ : ______

Seiten von $A_1B_1C_1D_1$:

$a^2 : a_1^2 = 4 : 25$

$16 : a_1^2 = 4 : 25$ $a_1 =$ ______ cm

$b^2 : b_1^2 = 4 : 25$

______ $: b_1^2 = 4 : 25$ $b_1 =$ ______ cm

188 Ein Dreieck hat die Seitenlängen $a = 7{,}5$ cm, $b = 13{,}1$ cm und $c = 10{,}3$ cm. Berechne die Seitenlängen des dazu ähnlichen Dreiecks mit dem gegebenen Umfang.

a) $u_1 = 27{,}81$ cm **b)** $u_1 = 46{,}35$ cm **c)** $u_1 = 77{,}25$ cm

189 Ein Viereck hat die Seitenlängen $a = 3{,}2$ dm, $b = 2$ dm, $c = 1{,}4$ dm und $d = 2{,}6$ dm. Berechne die Seitenlängen des dazu ähnlichen Vierecks mit dem gegebenen Umfang.

a) $u_1 = 4{,}6$ dm **b)** $u_1 = 23$ dm **c)** $u_1 = 80{,}5$ dm

190 Ein Dreieck hat die Seitenlängen $a = 12$ dm, $b = 18$ dm und $c = 15$ dm. Ein dazu ähnliches Dreieck hat die Seitenlänge $a_1 = 18$ dm.

a) Berechne b_1 und c_1.
b) Berechne u und u_1 und ermittle das Verhältnis.

191 Die Seitenlängen eines Rechtecks sind $a = 6$ cm und $b = 11$ cm. Berechne die Seitenlängen des ähnlichen Rechtecks, von dem der Flächeninhalt A_1 gegeben ist.

a) $A_1 = 148{,}5\ cm^2$ **b)** $A_1 = 16{,}5\ cm^2$ **c)** $A_1 = 412{,}5\ cm^2$

192 Für die Flächeninhalte zweier ähnlicher Dreiecke gilt $A : A_1 = 9 : 25$. Berechne das entsprechende Bestimmungsstück des ähnlichen Dreiecks.

a) $a = 2{,}7$ dm **b)** $b = 2{,}4$ cm **c)** $h_a = 3{,}9$ cm

193 Berechne den Flächeninhalt des ähnlichen Vierecks.

a) $a = 10$ cm, $A = 256\ cm^2$, $a_1 = 6$ cm
b) $b = 5$ dm, $A = 121\ dm^2$, $b_1 = 13$ dm

194 Ein Quadrat hat die Seitenlänge $a = 4$ cm. Berechne die Seitenlänge a_1 des ähnlichen Quadrats, wenn das Verhältnis der Flächeninhalte der Quadrate gegeben ist.

a) $A : A_1 = 16 : 25$ **b)** $A : A_1 = 4 : 16$ **c)** $A : A_1 = 25 : 16$

C Der Strahlensatz

Du gehst von zwei Strahlen aus (daher auch der Name der Satzgruppe), die beide vom Punkt S ausgehen und von Parallelen geschnitten werden.

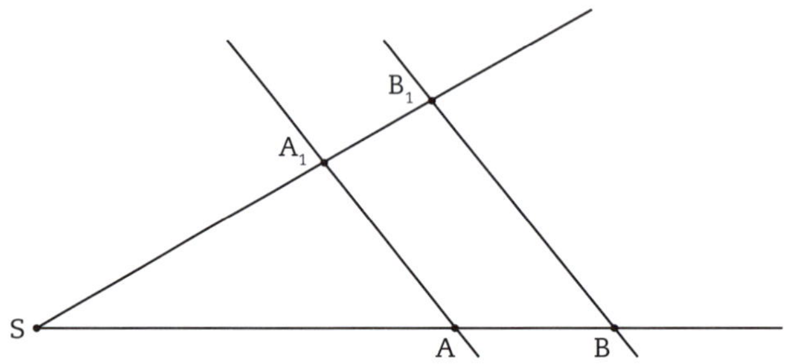

Erster Strahlensatz:

Die Abschnitte auf dem einen Strahl verhalten sich wie entsprechende Abschnitte auf dem anderen Strahl.

$\overline{SA} : \overline{SB} = \overline{SA_1} : \overline{SB_1}$ $\qquad$ $\overline{SA} : \overline{AB} = \overline{SA_1} : \overline{A_1B_1}$

Zweiter Strahlensatz:

Die Abschnitte auf den Parallelen verhalten sich wie die entsprechenden von S aus gemessenen Abschnitte auf den Strahlen.

$\overline{AA_1} : \overline{BB_1} = \overline{SA} : \overline{SB}$ $\qquad$ $\overline{AA_1} : \overline{BB_1} = \overline{SA_1} : \overline{SB_1}$

BEISPIEL

Berechne die fehlende Länge x. Runde auf 2 Nachkommastellen.

5,75 : 2,38 = 4,88 : x

$\_\_\_ \cdot x = \_\_\_ \cdot \_\_\_$

$x \approx \_\_\_$

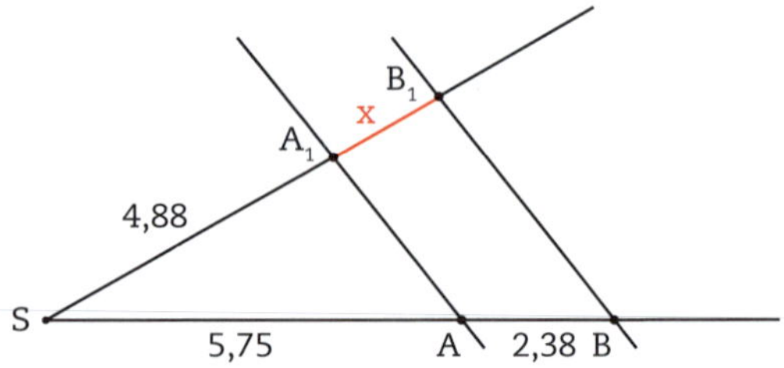

195 Berechne mit Hilfe des Strahlensatzes die Länge der Strecke x. Runde auf 2 Nachkommastellen.

a)

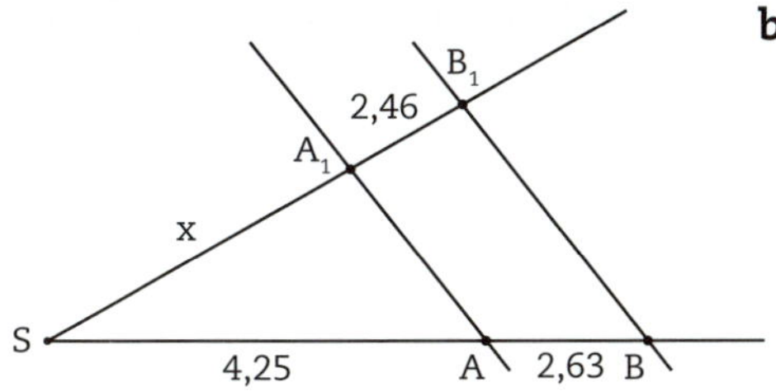

b)

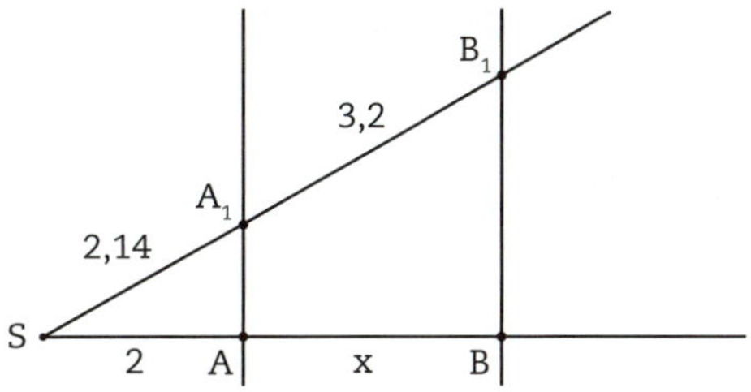

196 ! Berechne die Längen der Strecken x und y. Runde auf 2 Nachkommastellen.

a)

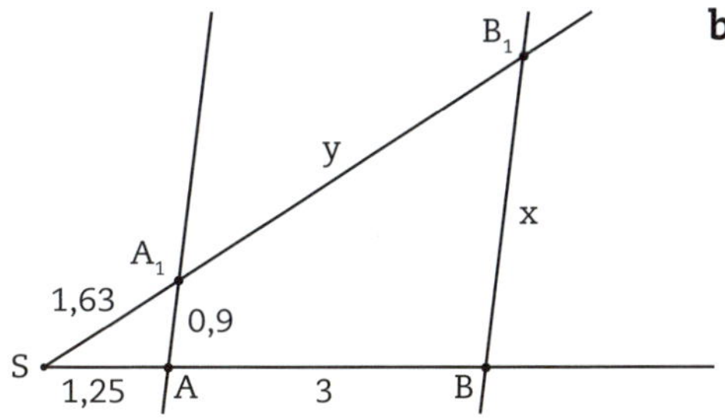

b)

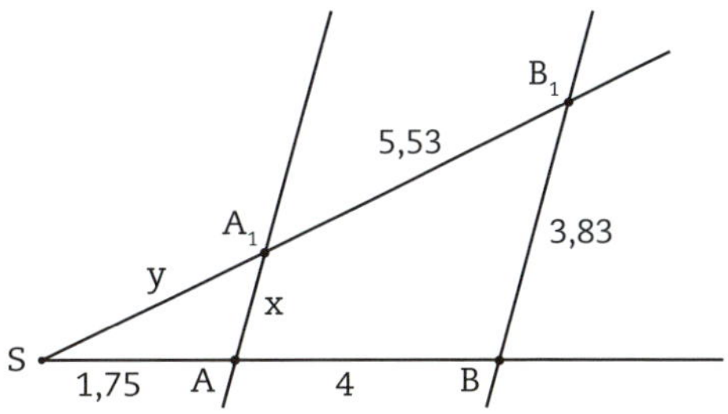

197 !! Wie lang ist die Strecke x?

a)

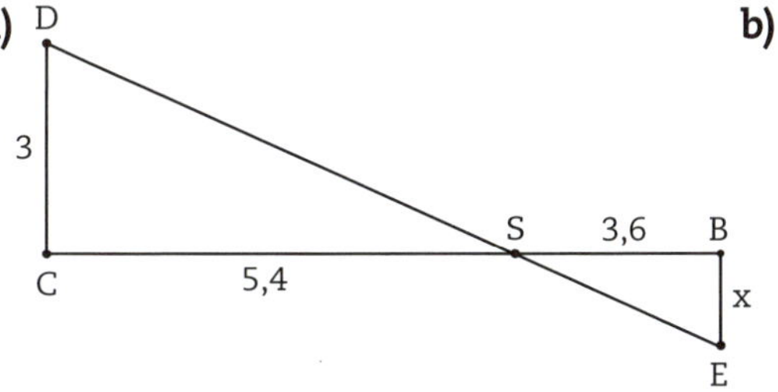

b)

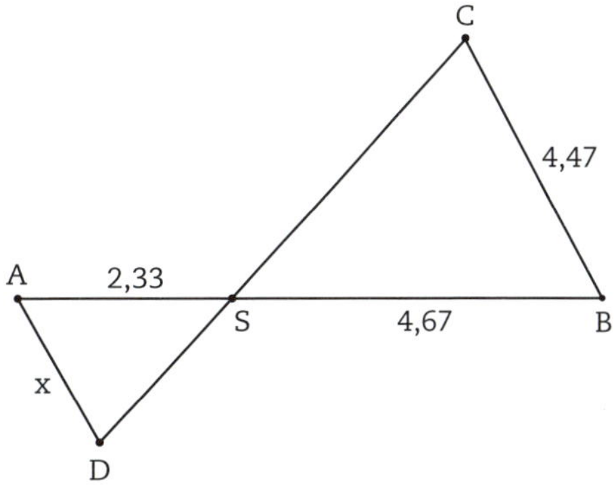

D Teilen von Strecken

Strecken können **grafisch** in eine bestimmte Anzahl von gleich langen Teilstrecken bzw. in einem bestimmten Verhältnis geteilt werden.

BEISPIEL

Teile die Strecke $\overline{AB}$ = 5 cm in 3 gleich lange Teilstrecken.

- Zeichne die Strecke $\overline{AB}$ und ziehe von A aus einen Strahl s (der Winkel ist egal!).
- Trage auf s von A aus 3 gleich lange Strecken auf und verbinde den letzten Punkt E mit B.
- Zieh durch die Punkte C und D Parallele zu EB.

AB ist in drei gleich lange Teilstrecken geteilt.

Die Länge einer Teilstrecke beträgt 1,7 cm.

Kontrolle durch eine Rechnung:

5 cm : 3 ≈ ______ cm

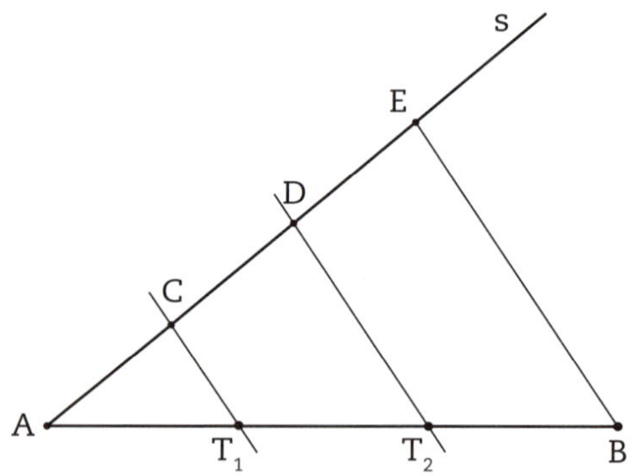

BEISPIEL

Teile die Strecke $\overline{AB}$ = 65 mm im Verhältnis 3 : 4.

- Zeichne die Strecke AB und von A aus einen Strahl s.
- Zeichne auf s 3 + 4 = 7 (Summe der Verhältniszahlen) Teile ein.
- Verbinde B mit D.
- Verschiebe diese Strecke parallel bis C.

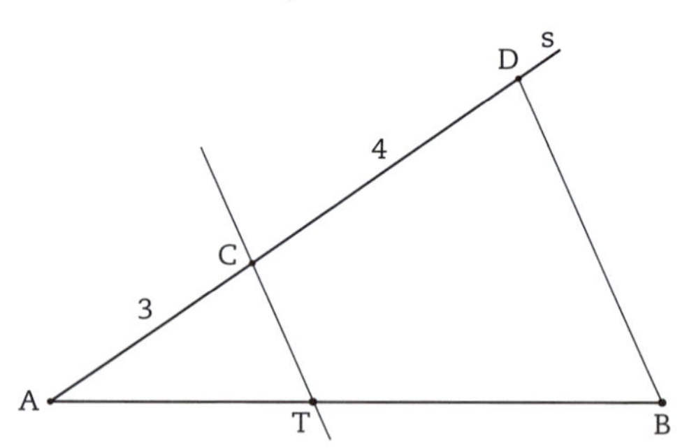

- T teilt AB im Verhältnis 3 : 4. $\overline{AT}$ = 28 mm

Kontrolle durch Rechnung: $\overline{AT}$ = (65 : 7) · 3 ≈ ______ mm

198 In welchem Verhältnis wurde die Strecke geteilt?

a)

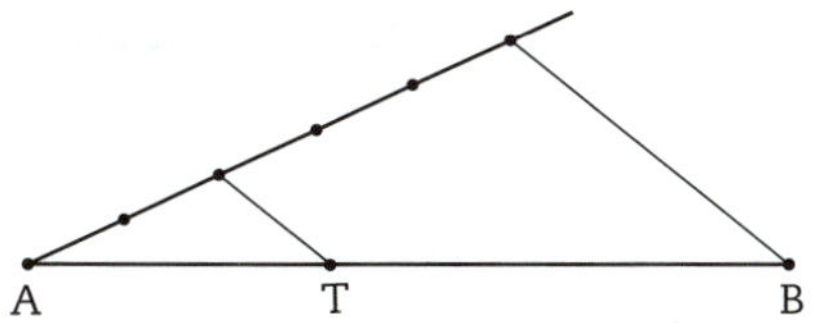

b)

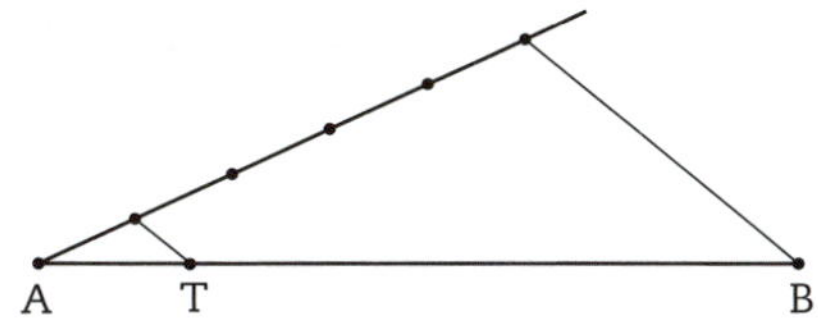

c)

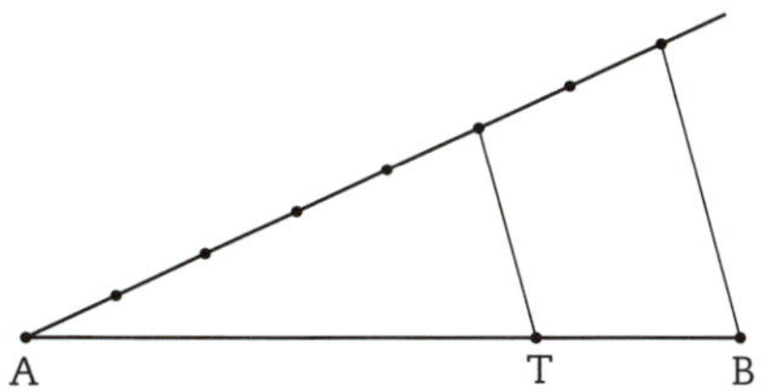

d)

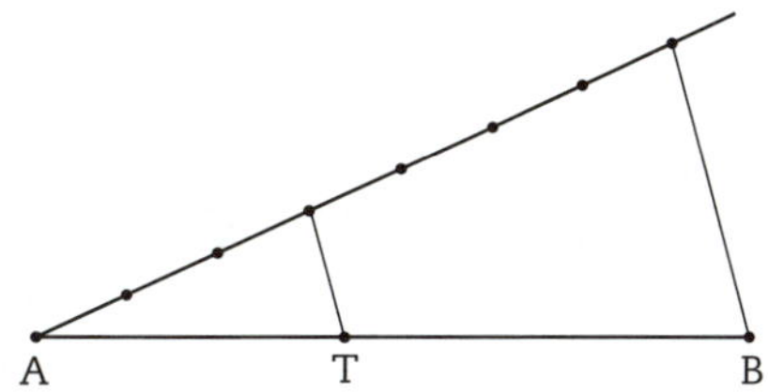

199 Teile die Strecke $\overline{AB}$ = 8,5 cm grafisch in die angegebenen Teile.

a) 3 Teile **b)** 5 Teile **c)** 6 Teile **d)** 8 Teile

200 Teile die Strecke grafisch im angegebenen Verhältnis.

a) $\overline{AB}$ = 13 cm, 5 : 3 **b)** $\overline{AB}$ = 88 mm, 2 : 7 **c)** $\overline{AB}$ = 7 cm, 1 : 5

201 ! Teile die Strecke grafisch im angegebenen Verhältnis.

a) $\overline{AB}$ = 15 cm, 2 : 3 : 5 **b)** $\overline{AB}$ = 10 cm, 1 : 5 : 4 **c)** $\overline{AB}$ = 12 cm, 1 : 3 : 4

202 !! Konstruiere die Strecke $\overline{AB}$.

a) $\overline{AT}$ = 2,7 cm, das Teilungsverhältnis von $\overline{AB}$ ist 3 : 7.
b) $\overline{AT}$ = 6 cm, das Teilungsverhältnis von $\overline{AB}$ ist 3 : 1.

Skizze zu **a)**

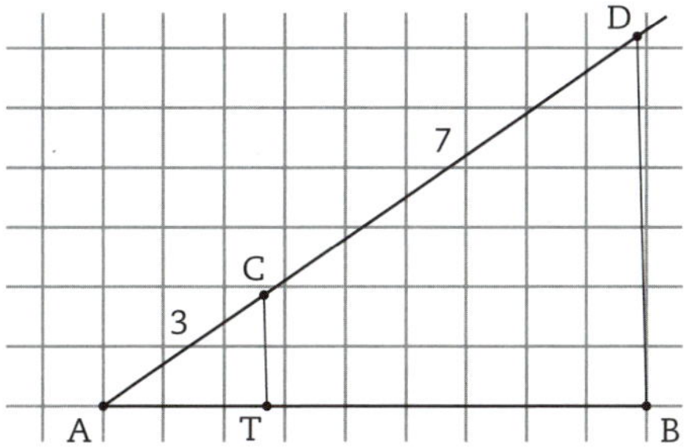

E Vergrößern und Verkleinern von Strecken und Figuren

Strecken können in einem bestimmten Verhältnis vergrößert oder verkleinert werden.

Steht im Verhältnis die kleinere Zahl zuerst, wird **vergrößert**, zB 2 : 6.

Steht im Verhältnis die größere Zahl zuerst, wird **verkleinert**, zB 8 : 3.

BEISPIEL

Vergrößere die Strecke $\overline{AB}$ = 32 mm im Verhältnis 2 : 3.

- Zeichne die Strecke und von A aus einen Strahl s.
- Trage auf s von A aus 2 und 3 gleich lange Teile auf.
- Verbinde B mit Punkt 2.
- Verschiebe die Linie parallel durch den Punkt 3.
- $\overline{AB_1}$ ist die **vergrößerte** Strecke.

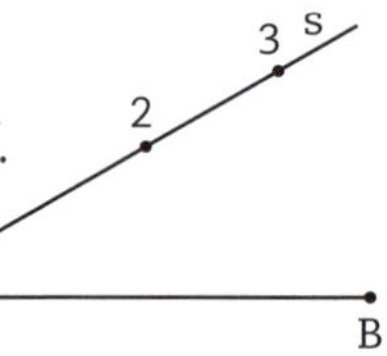

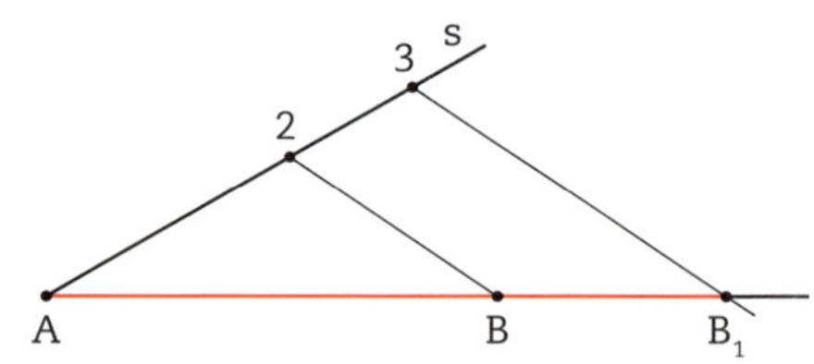

BEISPIEL

Verkleinere die Strecke $\overline{AB}$ = 29 mm im Verhältnis 6 : 4.

- Zeichne die Strecke und von A aus einen Strahl s.
- Trage auf s von A aus 6 und 4 gleich lange Teile auf.
- Verbinde B mit dem Punkt 6.
- Verschiebe die Linie parallel durch den Punkt 4.
- AB_1 ist die **verkleinerte** Strecke.

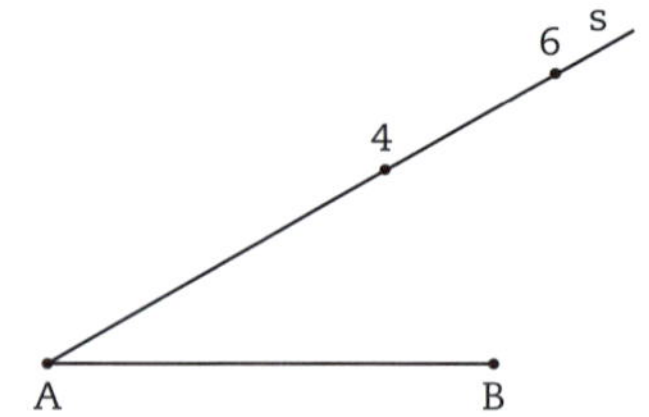

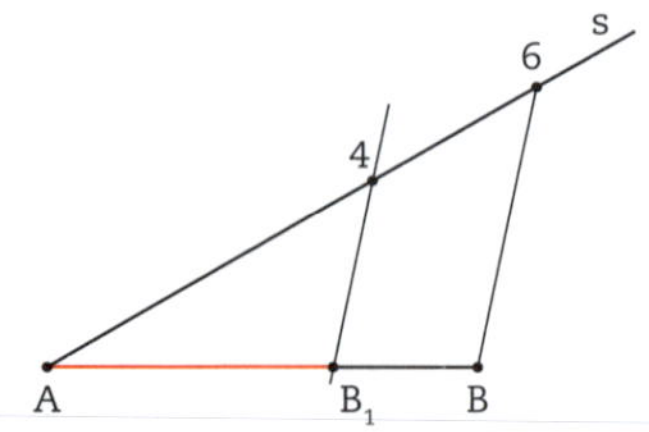

Auch ganze ebene Figuren können auf diese Weite vergrößert bzw. verkleinert werden.

BEISPIEL

Vergrößere das Rechteck ABCD mit a = 3,5 cm und b = 2 cm im Verhältnis 1 : 2.

- Zeichne das Rechteck ABCD und wähle einen beliebigen Punkt S als Ähnlichkeitszentrum (Streckungszentrum).
- Zeichne durch jeden Punkt einen Strahl, der durch S geht.
- Zeichne eine Hilfslinie durch S und zeichne darauf einen und zwei (1 : 2) gleich große Teile ein.
- Beginne zB mit B und vergrößere die Strecke SB im gegebenen Verhältnis.
- Verschiebe nun sämtliche Strecken parallel. Durch B_1 ziehe die Parallele zu AB. Dort, wo sie den Strahl von A schneidet, ist A_1 usw.

Skizze:

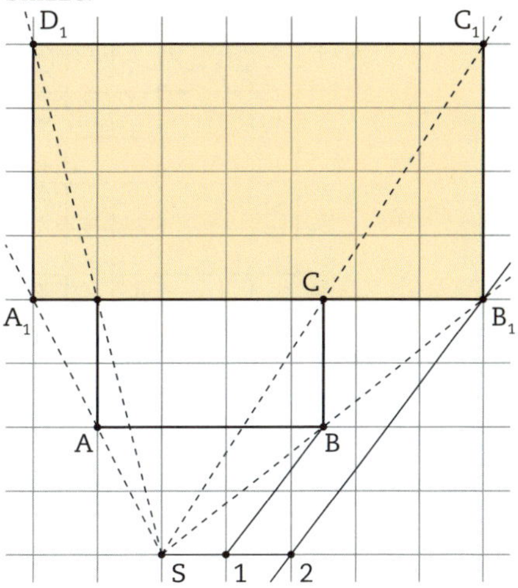

Eine Verkleinerung funktioniert auf dieselbe Weise!

203 Vergrößere grafisch die Strecken.

a) $\overline{AB}$ = 3,5 cm, 2 : 5 **b)** $\overline{AB}$ = 63 mm, 5 : 7 **c)** $\overline{AB}$ = 5,6 cm, 4 : 5

204 Verkleinere grafisch die Strecken.

a) $\overline{AB}$ = 12 cm, 8 : 3 **b)** $\overline{AB}$ = 95 mm, 10 : 4 **c)** $\overline{AB}$ = 15 cm, 9 : 4

205 Zeichne die Figuren und vergrößere bzw. verkleinere sie.

a) Dreieck: a = 3 cm, b = 4 cm, c = 2,5 cm, 1 : 2
b) Rechteck: a = 8,2 cm, b = 4,5 cm, 6 : 5
c) Quadrat: a = 10 cm, 7 : 2

X TEST ÄHNLICHKEIT

Testdauer: 30 min

Sind die Figuren ähnlich, kongruent oder keines von beiden? Begründe deine Antwort.

a)

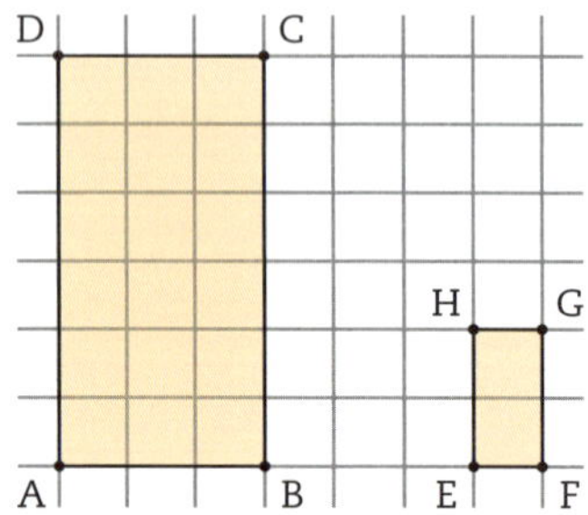

b)

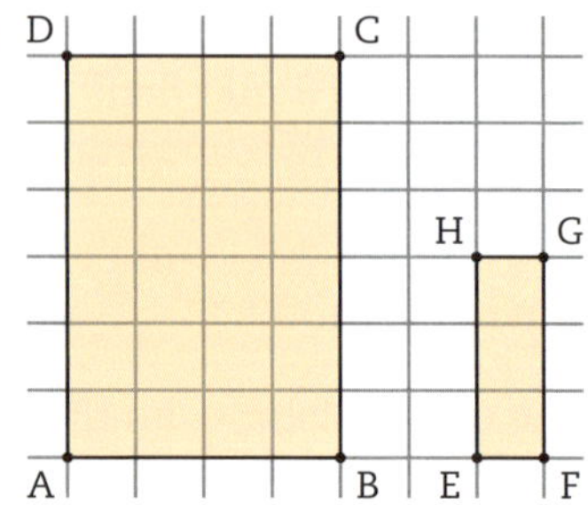

c)

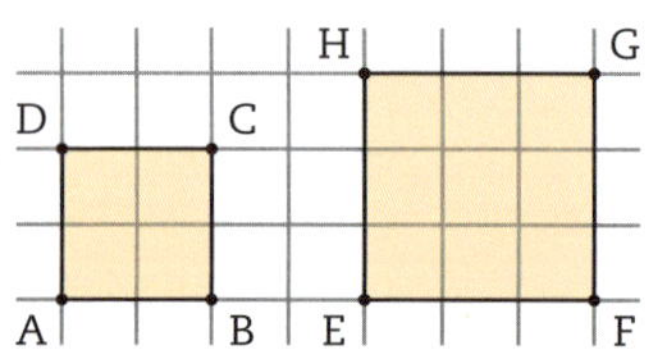

d)

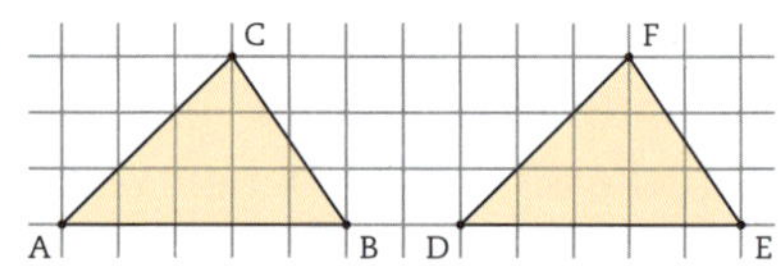

Das Dreieck ABC mit den Seitenlängen a = 10 cm, b = 7 cm, c = 8 cm ist ähnlich zum Dreieck $A_1B_1C_1$. Im ähnlichen Dreieck ist b_1 = 4,2 cm. Berechne a_1 und c_1.

Ein Dreieck hat die Seitenlängen a = 7 cm, b = 13 cm und c = 10 cm. Berechne die Seitenlängen des dazu ähnlichen Dreiecks mit dem Umfang u_1 = 12 cm.

Die Seitenlängen eines Rechtecks sind a = 12 cm und b = 21 cm. Berechne die Seitenlängen des ähnlichen Rechtecks, dessen Flächeninhalt A_1 = 1 372 cm² ist.

Teile die Strecke AB mit der Länge 9,5 cm grafisch im Verhältnis 7 : 3.

Vergrößere das Rechteck mit den Seitenlängen a = 5 cm und b = 3 cm grafisch im Verhältnis 3 : 5.

Berechne die Längen der Strecken x und y. Runde auf zwei Nachkommastellen.

a)

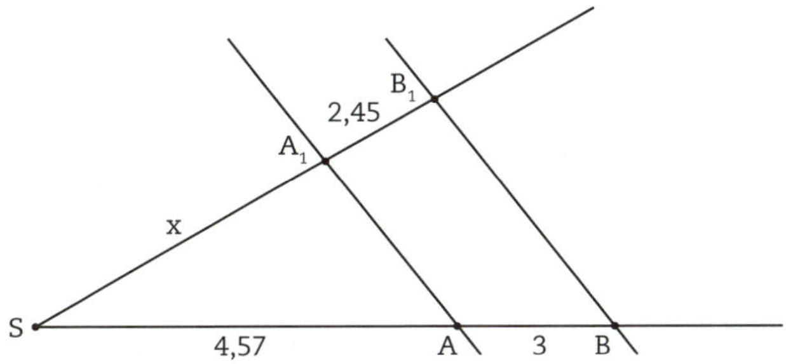

b)

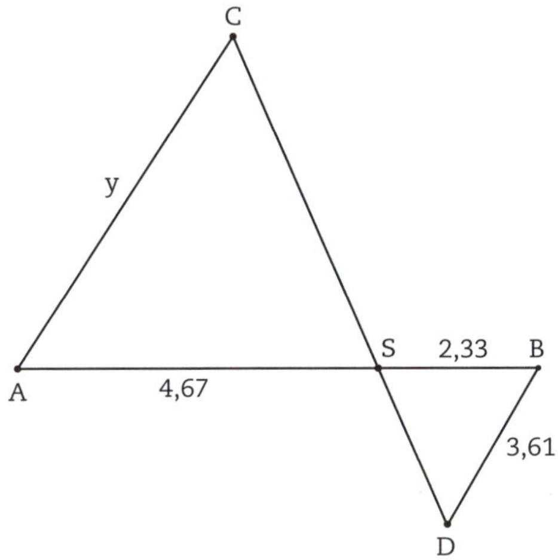

Hast du mindestens 10 richtige Ergebnisse erzielt? SUPERLEISTUNG!
Aber – bei weniger als 6 gehe die Seiten 100 bis 109 noch einmal durch!

Gesamt: 11 Punkte

X KREUZE AN!

- Ich kann die Eigenschaften ähnlicher Figuren nennen.
- Ich kann die Definition kongruenter Figuren angeben.
- Ich weiß, wie sich bei ähnlichen Figuren die Seitenlängen zu den Umfängen verhalten.
- Ich weiß, wie sich bei ähnlichen Figuren die Seitenlängen zu den Flächeninhalten verhalten.
- Ich kann den Strahlensatz formulieren.
- Ich kann Strecken grafisch teilen.
- Ich kann Strecken grafisch vergrößern und verkleinern.
- Ich kann Figuren grafisch vergrößern und verkleinern.

DIAGNOSETEST ZINSRECHNUNG

Schau dir die Beispiele an und schätze deine Kenntnisse ein.
Kreuze an:
☺ ... kann ich ziemlich gut, ☹ ... kann ich weniger gut
Die Seitenzahl hinter dem ☹ sagt dir, wo im Buch du mit dem Wiederholen und Üben starten solltest.

1 Ich weiß, was der Prozentwert, der Prozentsatz und der Grundwert sind und wie diese Größen berechnet werden.

Prozentwert W = ____________________, Grundwert G = ____________________,
Prozentsatz p = ____________________

☺ ☹ *(Seite 114)*

2 Ich weiß, wie die Jahreszinsen für 5 000 € berechnet werden, wenn das Kapital mit 2 % verzinst wird.

Zinsen Z = ________________________________

☺ ☹ *(Seite 116)*

3 Ich weiß, wie die Zinsen für Tage und Monate berechnet werden. Beispiel: 3 500 € werden zu 1,5 % pro Jahr verzinst. In 7 Monaten bekomme ich

________________ € Zinsen, in 200 Tagen sind es ________________ € Zinsen.

☺ ☹ *(Seite 116)*

4 Ich weiß, was der Aufzinsungsfaktor ist. Beispiel: Zum Jahreszinssatz 2 % lautet er ________________________________.

☺ ☹ *(Seite 119)*

5 Ich weiß, was Zinseszinsen sind. Beispiel: Ein Kapital von 3 000 € wächst bei einem Jahreszinssatz von 1,75 % in 5 Jahren auf ________________ € an.

☺ ☹ *(Seite 118)*

6 Ich weiß, was die Kapitalertragsteuer (KESt) ist.

☺ ☹ *(Seite 120)*

7 Ich weiß, was der effektive Zinssatz ist und wie er berechnet wird. Beispiel: zum Jahreszinssatz 1,5 % ist der effektive Zinssatz ________________ %.

☺ ☹ *(Seite 120)*

8 Ich weiß, wie man die effektiven Zinsen berechnet. Beispiel: 2 300 € werden zu einem Jahreszinssatz von 3 % angelegt. Die effektiven Jahreszinsen sind

________________ €.

☺ ☹ *(Seite 120)*

9 Ich weiß, was Kredite und Raten sind.

☺ ☹ *(Seite 122)*

ZINSRECHNUNG

A Prozentrechnung

Du weißt schon: Ein Prozent ist ein Hundertstel des Ganzen.

$$1\,\% = 0{,}01 = \frac{1}{100}$$

Bei der Prozentrechnung kann man eine von drei Größen berechnen:

Grundwert G: Der Grundwert gibt die Grundgesamtheit an (Preis, Fläche, Volumen usw.)

Prozentsatz p: Gibt an, wie viele Hundertstel der Grundgesamtheit gemeint sind.

Prozentwert W: Gibt den Wert an, den der Prozentsatz im Bezug auf den Grundwert ausmacht.

Es gilt: $\mathbf{W = G \cdot \frac{p}{100}}$ $\mathbf{p = \frac{W}{G} \cdot 100}$ $\mathbf{G = \frac{W}{p} \cdot 100}$

BEISPIEL

Bestimme den Grundwert, den Prozentsatz und den Prozentwert.

40 % ( ) von 25 Schülerinnen und Schülern ( ) einer Klasse lieben Mathematik. Das sind 10 Schülerinnen und Schüler ( ).

BEISPIEL

Helene hat von 40 € Taschengeld bereits 15 % ausgegeben. Wie viel Euro sind das?

40 € ist der G ______, 15 % der P ______.

Gesucht ist der P ______.

$W = \_\_\_ \cdot \frac{\_\_\_}{100} = \_\_\_ \cdot \_\_\_ = 6\,€$

206 Ergänze die Bezeichnungen und berechne die fehlenden Größen.

a) Tom hat von seinen 50 € Taschengeld schon 30 € ausgegeben.

50 € = ______________ 30 € = ______________

Gesucht ist der ______________. p = ______________

b) Gerda hat von ihren Hausübungsbeispielen bereits 3 gemacht. Das sind 75 %.

3 = ______________ 75 % = ______________

Gesucht ist der ______________. G = ______________

207 Welche der folgenden Schreibweisen entsprechen 85 %? Kreuze an.

☐ 8,5 ☐ 0,85 ☐ $\frac{85}{10}$ ☐ $\frac{85}{100}$ ☐ 0,085

208 ! Berechne die fehlenden Größen.

a) Wie viel sind 20 % von 990 m?
b) Franziska hat von ihrem Guthaben auf dem Sparbuch 150 € abgehoben. Das sind 30 % des Guthabens. Wie hoch war ihr Guthaben vor der Behebung?
c) Auf einem LKW befinden sich 6 Tonnen Sand. 2,5 Tonnen werden abgeladen. Welchem Prozentsatz entspricht das?
d) Ein Gärtner hat bereits 645 m^2 eines Gartens gemäht. Das sind 30 % der gesamten Gartenfläche. Wie viel m^2 hat der Garten?
e) Jemand gibt beim Kauf einer 200 € teuren Ware dem Verkäufer eine Anzahlung von 19 % des Preises. Wie viel Euro sind das?

209 Ein Ferienhaus wird in der Hauptsaison um 1 200 € pro Woche vermietet.

a) In der Nebensaison ist der wöchentliche Mietpreis um 20 % günstiger. Wie viel ist dann zu zahlen?
b) Wie hoch ist der wöchentliche Mietpreis, wenn in den Weihnachtsferien der Preis um 10 % teurer wird.

210 !! Berechne den ursprünglichen Preis.

a) 52,2 € ist der um 10 % verbilligte Preis.
b) 156 € ist der um 30 % verteuerte Preis.
c) 132 € ist der Preis inklusive 20 % Mehrwertsteuer.

B Jahres- / Monats- / Tageszinsen

Der Zinsrechnung liegen die Formeln der Prozentrechnung zugrunde.

Legt man einen bestimmten Geldbetrag K (Kapital) auf ein Sparbuch, das zu einem Zinssatz p % p.a. (p.a. steht für den lateinischen Ausdruck „pro anno" und heißt „pro Jahr") verzinst ist, bekommt man dafür von der Bank Z Zinsen.

Das **Kapital K** entspricht dem **Grundwert**.

Die **Zinsen Z** entsprechen dem **Prozentwert**.

Der **Zinssatz p** entspricht dem **Prozentsatz**.

Jahreszinsen

$$W = G \cdot \frac{p}{100}$$

$$\downarrow \quad \downarrow \quad \downarrow$$

$$Z = K \cdot \frac{p}{100}$$

BEISPIEL

Wie hoch sind die Jahreszinsen für 290 €, die zu 2 % p.a. verzinst werden?

$$Z = 290 \cdot \frac{2}{100} = 290 \cdot 0{,}02 = \_\_\_\_ \text{ €}$$

Möchte man die **monatlichen Zinsen** angeben, werden die Jahreszinsen durch 12 dividiert. Interessiert man sich für die Zinsen für m Monate, werden die monatlichen Zinsen mit m multipliziert.

Zinsen für m Monate

$$Z = K \cdot \frac{p}{100} \cdot \frac{m}{12}$$

Weil es einfacher ist, rechnet man jedes Monat mit 30 Tagen, d.h. 1 (Bank-) Jahr hat 360 Tage. Die **Zinsen für einen Tag** sind daher der 360-ste Teil der Jahreszinsen.

Zinsen für d Tage

$$Z = K \cdot \frac{p}{100} \cdot \frac{d}{360}$$

211 Wie viel Euro Zinsen bringt ein Kapital von 8 500 €, das mit dem gegebenen (Jahres-)Zinssatz angelegt ist?

a) 1 % **b)** 1,5 % **c)** 2 % **d)** 2,5 %

212 Wie viel Euro Zinsen bringt ein Kapital von 11 000 € in den angegebenen Monaten, das mit einem Zinssatz von 1,75 % p.a. angelegt ist? Runde auf 2 Nachkommastellen.

a) 3 Monate **b)** 5 Monate **c)** 8 Monate **d)** 11 Monate

213 Wie viel Euro Zinsen bringt ein Kapital von 3 000 € in den angegebenen Tagen, das mit einem Zinssatz von 3 % p.a. angelegt ist?

a) 120 Tage **b)** 270 Tage **c)** 85 Tage **d)** 320 Tage

214 ! Welches Kapital bringt in einem Jahr die angegebenen Zinsen, wenn es mit einem Zinssatz von 2,5 % p.a. angelegt ist?

a) 10 € **b)** 36,25 € **c)** 110 € **d)** 181,50 €

215 ! Wie hoch ist der jährliche Zinssatz?

	Kapital	jährliche Zinsen
a)	€ 480	€ 5,76
b)	€ 1 100	€ 27,50
c)	€ 3 000	€ 82,50
d)	€ 7 400	€ 259

216 !! Eine Bank verzinst die Spareinlagen mit 2 % p.a. Welches Kapital muss man aufs Sparbuch legen, wenn man nach einem Jahr den angegebenen Betrag abheben möchte?

a) 510 € **b)** 1 734 € **b)** 8 619 € **d)** 11 333,22 €

C Zinseszinsen

In der Regel legt man sein Geld nicht nur für einige Tage, Monate oder höchstens ein Jahr auf ein Sparbuch, sondern für mehrere Jahre.

Am Ende eines Jahres werden die Zinsen zum Kapital dazugerechnet. Im nächsten Jahr erhält man also nicht nur Zinsen für das angelegte Kapital, sondern auch für die Zinsen des Vorjahres – sogenannte **Zinseszinsen**.

BEISPIEL

Es sollen 400 € zu einem Zinssatz von 1,25 % p.a. 3 Jahre lang angelegt werden. Auf welchen Betrag wächst das Kapital an?

Allgemeine Überlegung: Zinsen für das 1. Jahr; K herausheben

Kapital K_1 nach 1 Jahr: $K + K \cdot \frac{p}{100} = K \cdot \left(1 + \frac{p}{100}\right)$

Kapital K_2 nach 2 Jahren: $K \cdot \left(1 + \frac{p}{100}\right) + K \cdot \left(1 + \frac{p}{100}\right) \cdot \frac{p}{100} =$

$K \cdot \left(1 + \frac{p}{100}\right)$ herausheben; Zinsen für das 2. Jahr

$= K \cdot \left(1 + \frac{p}{100}\right) \cdot \left(1 + \frac{p}{100}\right) =$

$= K \cdot \left(1 + \frac{p}{100}\right)^2$

Kapital K_3 nach 3 Jahren: $K \cdot \left(1 + \frac{p}{100}\right)^3$

Setze ein: $400 \cdot \left(1 + \quad\quad\right)^3 \approx \quad\quad$ €

Die 400 € wachsen in 3 Jahren auf rund 415,19 € an.

$1 + \frac{p}{100}$ nennt man **Aufzinsungsfaktor**.

Guthaben ist **Anfangskapital** mal **Aufzinsungsfaktor** hoch **Laufzeit**.

$$K_n = K \cdot \left(1 + \frac{p}{100}\right)^n$$

217 Berechne das Guthaben nach der angegebenen Laufzeit.

	K	Jahre	Zinssatz p.a.
a)	€ 500	5	2,75 %
b)	€ 287	8	3 %
c)	€ 1 200	12	4,5 %
d)	€ 980	3	2 %

218 Chiara bekommt von ihrer Oma 200 € und legt das Geld auf ein mit dem angegebenen Zinssatz verzinstes Sparbuch. Welchen Betrag kann sie nach 3 Jahren abheben?

a) 1,8 % **b)** 2,5 % **c)** 2,75 % **d)** 3 %

219 ! Jemand legt 100 € auf ein mit 3 % verzinstes Sparbuch. Nach genau 2 Jahren legt er noch einmal 100 € dazu. Welcher Betrag kann nach den angegebenen Jahren behoben werden? Runde auf 2 Nachkommastellen.

a) insgesamt 4 Jahre **b)** insgesamt 6 Jahre **c)** insgesamt 8 Jahre

220 Auf einem mit 2,5 % verzinsten Sparbuch liegen 3 000 €. Nach genau 3 Jahren werden 1 000 € abgehoben. Welcher Betrag liegt nach den angegebenen Jahren auf dem Sparbuch? Runde auf 2 Nachkommastellen.

a) insgesamt 5 Jahre **b)** insgesamt 7 Jahre **c)** insgesamt 10 Jahre

D Kapitalertragssteuer

25 % von jedem Zinsertrag müssen in Österreich an das Finanzamt abgeliefert werden.
Diese Steuer bezeichnet man als **Kapitalertragssteuer** (**KESt**). Der Betrag, den die KESt ausmacht, wird von der Bank direkt an das Finanzamt überwiesen.

Man erhält für seine Spareinlagen also nicht den ganzen jährlichen (vereinbarten) Zinssatz p (100 %), sondern um 25 % weniger.

d.h. nur mehr 100 % – 25 % = 75 %.

Der Zinssatz nach Berücksichtigung der KESt wird **effektiver Zinssatz** p_{eff} genannt:

$$p_{eff} = p \cdot 0{,}75$$

Die tatsächlich pro Jahr gutgeschriebenen Zinsen sind die **effektiven Zinsen** Z_{eff}:

$$Z_{eff} = K \cdot \frac{p_{eff}}{100}$$

BEISPIEL

Wie hoch sind für 450 € und einem Zinssatz von 2,4 % p.a. die jährlichen effektiven Zinsen? Runde auf 2 Nachkommastellen.

Berechne zuerst den effektiven Zinssatz $p_{eff} = 2{,}4 \cdot 0{,}75 =$ ______

Effektive Zinsen $Z_{eff} =$ ______ $\cdot \frac{\text{______}}{100} =$ ______ $\cdot$ ______ $\approx$ ______ €

BEISPIEL

1 200 € werden zu einem (vereinbarten) Zinssatz von 3 % auf ein Sparbuch gelegt. Welchen Betrag kann man unter Berücksichtigung der KESt nach 5 Jahren beheben? Runde auf 2 Nachkommastellen.

$p_{eff} =$ ______ $\cdot$ ______ $=$ ______

$K_5 = 1\,200 \cdot \left(1 + \text{______}\right)^5 \approx$ ______ €

221 Gib den effektiven Zinssatz, die effektiven Zinsen und das Endkapital an.

	Kapital	Zinssatz p.a.	Laufzeit
a)	€ 2 400	2,2 %	7 Monate
b)	€ 500	1,5 %	200 Tage
c)	€ 12 000	3,5 %	4 Monate
d)	€ 31 000	4 %	1 Jahr

222 Berechne das Endkapital und die effektiven Zinsen.

	Kapital	Zinssatz p.a.	Laufzeit
a)	€ 1 230	1,75 %	2 Jahre
b)	€ 4 500	2 %	5 Jahre
c)	€ 10 300	3,25 %	7 Jahre
d)	€ 25 000	4,2 %	10 Jahre

223 ! Welchen Betrag muss man zu einem vereinbarten Zinssatz von 2,8 % p.a. anlegen, um nach einem Jahr die gegebenen effektiven Zinsen zu erhalten?

a) 11,55 € **b)** 16,59 € **c)** 164,85 € **d)** 259,14 €

224 !! Welchen Betrag muss man zu einem vereinbarten Zinssatz von 3,2 % p.a. anlegen, um nach der angegebenen Zeit die gegebenen effektiven Zinsen zu erhalten?

a) 7 Monate, $Z_{eff} = 70$ €
b) 120 Tage, $Z_{eff} = 7{,}04$ €
c) 3 Monate, $Z_{eff} = 104{,}40$ €

Ein zusätzliches Beispiel ist über den QR Code® oder Key abrufbar.
http://durchstarten-mathematik7.veritas.at/qr/990

Key: 990

E Kredite

Ein **Darlehen** oder einen **Kredit aufnehmen** heißt, dass sich jemand bei einer Bank (oder einer Privatperson) Geld borgt.

Für das ausgeborgte Geld werden (Schuld-, Kredit-)**Zinsen** genauso berechnet wie die Zinsen für ein Sparguthaben.

Der Kredit wird auf einmal oder in regelmäßigen Zahlungen (**Raten**) wieder zurückgezahlt. Der zurückzuzahlende Betrag erhöht sich um die Kreditzinsen.

Der Zinssatz für Kredite ist im Allgemeinen wesentlich höher als der Zinssatz für Spareinlagen!

BEISPIEL

Wie viel Zinsen fallen für einen Kredit von 9 000 € nach einem Jahr an, wenn der Zinssatz 11 % p.a. beträgt? Wie viel Zinsen bekommt man für ein Sparguthaben von 9 000 €, für das der Zinssatz 3 % p.a. beträgt?

Kreditzinsen: $9\,000 \cdot \frac{11}{100} = \_\_\_ \cdot \_\_\_ = \_\_\_$ €

Sparzinsen: $9\,000 \cdot \frac{3}{100} = \_\_\_ \cdot \_\_\_ = \_\_\_$ €

Für Kredite fallen auch Kosten (**Spesen**) an, die der Kreditnehmer bezahlen muss und die sich nach der Höhe der Kreditsumme richten. Es müssen

0,8 % Kreditsteuer

und bis zu

2 % Bearbeitungsgebühr

von der Kreditsumme bezahlt werden.

BEISPIEL

Für einen Kredit von 9 000 € sind die Spesen:

Kreditsteuer: $9\,000 \cdot \frac{0{,}8}{100} = \_\_\_ \cdot \_\_\_ = \_\_\_$ €

1,5 % Bearbeitungsgebühr: $9\,000 \cdot \frac{1{,}5}{100} = \_\_\_ \cdot \_\_\_ = \_\_\_$ €

225 Eine Bank verrechnet für das Überziehen eines Kontos (d.h., man hebt mehr Geld ab, als man auf dem Konto zur Verfügung hat) Überziehungszinsen in der Höhe von 15 %. Berechne die Zinsen für die angegebene Zeit und die angegebene Überziehung.

a) 15 Tage 1 200 € **b)** 2 Monate 1 500 € **c)** 1 Monat 300 € und 20 Tage 500 €

226 Berechne unter Berücksichtigung der Kreditsteuer und der gegebenen Bearbeitungsgebühr die Höhe des zurückzuzahlenden Kreditbetrags.

a) Kreditsumme: 10 000 €, Bearbeitungsgebühr: 2 %
b) Kreditsumme: 25 000 €, Bearbeitungsgebühr: 1,5 %
c) Kreditsumme: 45 000 €, Bearbeitungsgebühr: 1 %

227 ! Wie hoch war die Kreditsumme, wenn die Kreditsteuer den angegebenen Betrag ausmacht?

a) 288 € **b)** 160 € **c)** 440 € **d)** 144 €

228 !! Am Jahresbeginn wird ein Kredit in der Höhe von 15 000 € mit einem Zinssatz von 9 % aufgenommen. Am Jahresende werden jeweils Raten von 5 000 € vereinbart. Ergänze den Tilgungsplan für diesen Kredit. Rechne mit den genauen Werten. Runde die Eintragungen auf zwei Nachkommastellen.

	Jahresanfang Schuld plus Zinsen	Jahresende Rate	Jahresende Restschuld
1. Jahr	15 000 + 1 350 = ______	5 000	______
2. Jahr	______ + 1 021,50 = ______	5 000	7 371,50
3. Jahr	7 371,50 + ______ = ______	5 000	______
4. Jahr	______ + ______ = 3 308,08	3 308,08	0

229 !! Erstelle einen Tilgungsplan für die gegebene Kreditsumme, die Rate und den Zinssatz. Welche Summe wird insgesamt zurückbezahlt?

a) Kreditsumme: 10 000 €, Rate: 2 000 €, Zinssatz: 10 %
b) Kreditsumme: 25 000 €, Rate: 6 000 €, Zinssatz: 11 %

X TEST ZINSRECHNUNG

Testdauer: 30 min

Bestimme den Grundwert, den Prozentwert und den Prozentsatz.

Tom hat bereits 480 € (______________) für seinen neuen Laptop gespart. Das sind 40 % (______________) des Kaufpreises von 1 200 € (______________).

Welche der folgenden Schreibweisen entsprechen 13 %? Kreuze an.

☐ 0,013 ☐ $\frac{13}{100}$ ☐ 1,03 ☐ 0,13 ☐ $\frac{13}{10}$

Berechne die fehlenden Größen.

a) Der Preis für 1 kg Bananen beträgt nach einer Preiserhöhung um 25 % jetzt 1,50 €. Berechne den ursprünglichen Preis.

b) Von den 2 900 Bewohnerinnen und Bewohnern eines Dorfes arbeiten 1 595 in der Bezirkshauptstadt. Wie viel Prozent sind das?

c) Ab einem Warenwert von 500 € erhält man bei einem Händler 5 % Preisnachlass. Wie viel Euro Rabatt werden gewährt?

Wie viel Euro Zinsen bringt ein Sparguthaben von 10 000 €, das mit einem Zinssatz von 2,75 % p.a. angelegt ist, in 8 Monaten? Kreuze an.

☐ 18,33 € ☐ 183,33 € ☐ 1 833,33 ☐ 1,83 €

Welches Kapital bringt bei einem Zinssatz von 1,25 % p.a. in 90 Tagen Zinsen in der Höhe von 50 €?

Auf einem mit 2,75 % verzinsten Sparbuch liegen 5 000 €. Nach genau 2 Jahren werden 2 000 € abgehoben. Welcher Betrag liegt nach insgesamt 6 Jahren auf dem Sparbuch? Runde auf 2 Nachkommastellen.

Berechne die effektiven Zinsen nach der angegebenen Zeit.

a) Kapital: 3 400 €	Zinssatz: 1,8 %	Laufzeit: 7 Monate
b) Kapital: 890 €	Zinssatz: 3,2 %	Laufzeit: 175 Tage

Wie hoch sind die Spesen für einen Kredit in der Höhe von 17 000 €, wenn die Bearbeitungsgebühr 1,4 % beträgt?

Ergänze den Tilgungsplan für einen Kredit in der Höhe von 20 000 €, einem Zinssatz von 9,5 % und einer jährlichen Rate von 5 000 €. Wie viel Euro werden insgesamt zurückbezahlt?

	Jahresanfang Schuld plus Zinsen	Jahresende Rate	Jahresende Restschuld
1. Jahr	20 000 + ______ = ______	5 000	______
2. Jahr	______ + 1 605,50 = ______	5 000	13 505,50
3. Jahr	13 505,50 + 1 283,02 = ______	5 000	______
4. Jahr	______ + ______ = 10 718,43	5 000	5 718,43
5. Jahr	5 718,43 + ______ = ______	5 000	______
6. Jahr	______ + 119,86 = 1381,54	1381,54	0

Insgesamt werden ______________ € zurückbezahlt.

Hast du mindestens 10 richtige Ergebnisse erzielt? SUPERLEISTUNG!
Aber – bei weniger als 7 gehe die Seiten 114 bis 123 noch einmal durch!

Gesamt: 12 Punkte

X KREUZE AN!

- ☐ Ich kann den Prozentwert, den Prozentsatz und den Grundwert berechnen.
- ☐ Ich kann Jahres-, Monats- und Tageszinsen berechnen.
- ☐ Ich kann zu einem Zinssatz p den Aufzinsungsfaktor angeben.
- ☐ Ich kann den Endwert eines Kapitals K mit Zinsen und Zinseszinsen berechnen.
- ☐ Ich weiß, was die Kapitalertragssteuer ist.
- ☐ Ich kann zu einem Zinssatz p den effektiven Zinssatz angeben.
- ☐ Ich kann die effektiven Jahreszinsen berechnen.
- ☐ Ich weiß, was man unter einem Kredit (Darlehen) versteht.
- ☐ Ich weiß, welche Spesen beim Aufnehmen eines Kredits anfallen.
- ☐ Ich kann einen Tilgungsplan aufstellen.

Schau dir die Beispiele an und schätze deine Kenntnisse ein.
Kreuze an:
☺ ... kann ich ziemlich gut,
☹ ... kann ich weniger gut
Die Seitenzahl hinter dem ☹ sagt dir, wo im Buch du mit dem Wiederholen und Üben starten solltest.

1 Ich weiß, wie man den Mittelwert (das arithmetische Mittel) einer Datenreihe ermittelt.

Beispiel: Der Mittelwert der Daten 11,2; 15; 17,3; 18; 20 lautet ______________.

☺ ☹ *(Seite 128)*

2 Ich weiß, wie man die Spannweite einer Datenreihe berechnet.

Beispiel: Die Spannweite der Daten aus **1** lautet ______________.

☺ ☹ *(Seite 128)*

3 Ich weiß, wie der Modalwert und der Median einer Datenreihe ermittelt werden.

Beispiel: 1,10 m; 1,15 m; 1,15 m; 1,20 m; 1,22 m; 1,25 m. Der Modalwert lautet ______________, der Median ist ______________.

☺ ☹ *(Seite 128)*

4 Ich weiß, wofür ein Stängel-Blatt-Diagramm verwendet wird.

☺ ☹ *(Seite 130)*

5 Ich weiß, was eine Klasseneinteilung ist.

☺ ☹ *(Seite 130)*

6 Ich weiß, was ein Histogramm ist.

☺ ☹ *(Seite 131)*

7 Ich weiß, was mit Liniendiagrammen veranschaulicht wird.

☺ ☹ *(Seite 132)*

8 Ich weiß, wann man von linearen Wachstums- bzw. Abnahmeprozessen spricht.

☺ ☹ *(Seite 134)*

9 Ich kenne die grafische Darstellung von linearen Wachstums- und Abnahmeprozessen.

☺ ☹ *(Seite 134)*

STATISTIK UND ARBEITEN MIT MODELLEN

A Mittelwert / Spannweite / Modalwert / Median

Die Statistik ist eine Methode, um Daten zu analysieren, zu interpretieren und grafisch darzustellen.

Es gibt unterschiedliche **statistische Kennzahlen**:

- **Mittelwert** (arithmetisches Mittel) $\bar{x}$: Die Summe der Einzelwerte $x_1, x_2, \ldots, x_n$ wird durch die Anzahl n der Einzelwerte dividiert.

$$\bar{x} = \frac{x_1 + x_2 + \ldots + x_n}{n}$$

- **Maximum** x_{max}: der größte Wert einer Datenreihe.
- **Minimum** x_{min}: der kleinste Wert einer Datenreihe.
- **Spannweite** r: die Differenz von Maximum und Minimum.

$$\mathbf{r = x_{max} - x_{min}}$$

- **Modalwert** (**Modus**): der am häufigsten in der Datenreihe vorkommende Wert. Es kann auch mehrere Modalwerte geben. Tritt jeder Wert nur einmal auf, gibt es keinen Modalwert.
- **Median** (**Zentralwert**): jener Wert, der in einer *geordneten* Datenreihe genau in der Mitte liegt. Ist die Anzahl der Daten gerade, bildet man den Mittelwert der beiden in der Mitte liegenden Werte.

BEISPIEL

Gegeben ist eine (der Größe nach geordnete) Messreihe:

17,4 g 17,6 g 17,9 g 18,0 g 18,3 g 18,3 g 18,4 g 18,6 g

Mittelwert: (17,4 + 17,6 + 17,9 + 18,0 + 18,3 + 18,3 + 18,4 + 18,6) : ______ = ______

Spannweite: 18,6 – ______ = ______

Modalwert: ______

Median: (18,0 + 18,3) : 2 = ______

230 Ein Autofahrer notiert den durchschnittlichen Verbrauch seines Autos auf 100 km: 9,6 l 10,2 l 11 l 10,6 l 9,3 l 10,5 l

a) Berechne den mittleren Verbrauch auf 100 km.
b) Wie groß ist die Spannweite?
c) Gib den Modalwert und den Median an.

231 Ordne die täglichen Ausgaben (in Euro) der Größe nach, berechne die mittleren Ausgaben und bestimme den Median.

a) 27, 16, 12, 9, 9, 13, 17, 15, 18, 22, 19, 13, 13, 27
b) 24, 17, 29, 17, 18, 12, 20, 21, 26, 16, 20

232 In einer Schulklasse werden die Größen der Schülerinnen und Schüler gemessen: 155 cm, 154 cm, 164 cm, 154 cm, 149 cm, 153 cm, 148 cm, 151 cm, 155 cm, 159 cm, 160 cm, 161 cm.

a) Berechne das arithmetische Mittel der Größen.
b) Gib das Minimum, das Maximum und die Spannweite an.
c) Wie lautet der Median?

233 Ergänze den Text.

Der Mittelwert einer Datenreihe wird berechnet, indem man die ____________ der einzelnen Werte durch die ____________ der Werte dividiert. Der Mittelwert wird auch als ____________ bezeichnet. Der ____________ (auch Zentralwert genannt) steht in einer geordneten Datenreihe genau in der ____________. Bei einer ____________ Anzahl von Werten wird der Mittelwert der beiden in der Mitte stehenden Werte gebildet. Die ____________ ist die Differenz von Maximum und Minimum. Der am häufigsten in einer Datenreihe vorkommende Wert wird als ____________ oder ____________ bezeichnet. Es kann auch ____________ Modalwerte geben. Treten alle Werte nur ____________ auf, gibt es keinen Modalwert.

B Daten übersichtlich darstellen / Klasseneinteilung / grafische Darstellung

Daten werden, um sie übersichtlicher zu gestalten, oft in **Bereiche** (man spricht dann auch von **Klassen**) eingeteilt.

BEISPIEL

Es werden die Körpergrößen (in Zentimeter) einer Gruppe von Schülerinnen und Schülern gemessen:

149	153	149	158	139	147	158	144	146	152
140	151	147	153	144	154	150	138	140	142
156	149	151	154						

Um diese **Urliste** zu ordnen, kann man das **Stängel-Blatt-Diagramm** verwenden:

13 | 8 9
14 | 0 0 2 4 4 6 7 7 9 9 9
15 | 0 1 1 2 3 3 4 4 6 8 8

„Stängel" – Hunderter und Zehner der Körpergrößen
„Blätter" – Einerziffern der Körpergrößen

Faustregel: **Anzahl der Klassen** ≈ $\sqrt{\text{Anzahl der Einzelwerte}}$

Die Daten werden in $\sqrt{24}$ ≈ **5 gleich breite** Klassen eingeteilt.

Die **Klassengrenzen** so wählen, dass jeder Wert eindeutig eingeordnet werden kann! (**Klassenbreite** ≈ Spannweite : Anzahl der Klassen)

Klasse (cm)	absolute Häufigkeit	Klassenmitte	Häufigkeit mal Klassenmitte
137,5 – 142,5	5	140	700
142,5 – 147,5	5	145	725
147,5 – 152,5	7	150	1 050
152,5 – 157,5	5	155	775
157,5 – 162,5	2	160	320
Summe	24		3 570

Mittlere Größe (unter Verwendung der Klassenmitten) = $\frac{3\,570}{24}$ = 148,75 cm

Die absoluten Häufigkeiten der in den einzelnen Klassen vorkommenden Werte können in einem **Balkendiagramm** grafisch dargestellt werden.

Von einem **Histogramm** spricht man, wenn man die Balken ohne Zwischenräume zeichnet und die **Flächeninhalte** der rechteckigen Balken den **absoluten Häufigkeiten** entsprechen.

Für die **Höhe** der Balken gilt: **absolute Häufigkeit : Klassenbreite**

Im Beispiel ist die Klassenbreite jeweils 142,5 – 137,5 = 147,5 – 142,5 = ... = 5

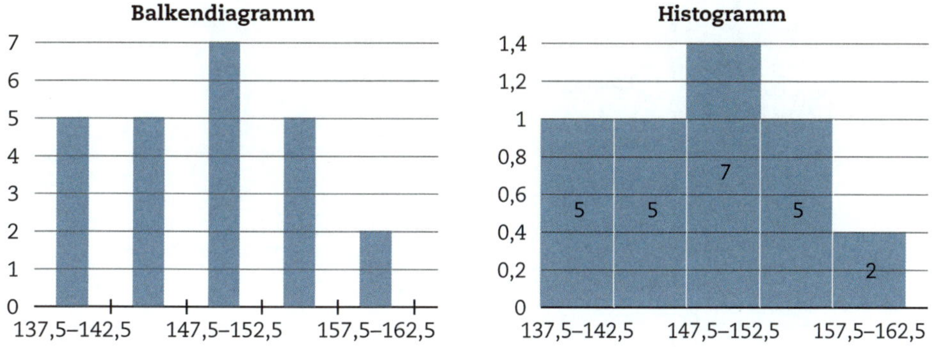

234 !! Körpergröße in Zentimeter:

156	159	155	155	159	160	157	152
152	152	167	162	161	162	172	159
165	148	169	162	155	160	165	

a) Ordne die Urliste mit einem Stängel-Blatt-Diagramm.
b) Bilde eine passende Klasseneinteilung und berechne die mittlere Körpergröße unter Verwendung der Klassenmitten.
c) Zeichne ein Balkendiagramm für die absoluten Häufigkeiten der Werte in den Klassen.
d) Zeichne ein Histogramm für die absoluten Häufigkeiten der Werte in den Klassen.

235 !! Messreihe in Gramm:

15	16	21	17	25	14	19	28	30
14	32	27	16	16	25	33	20	15

a) bis **d)** wie Aufgabe 234

C Liniendiagramme

Um zeitliche Entwicklungen (Preise, Schülerzahlen usw.) grafisch darzustellen, werden oft **Liniendiagramme** verwendet.

Dabei werden die einzelnen Messpunkte durch **Strecken** miteinander verbunden.

BEISPIEL

Die Passagierentwicklung eines Flughafens (in Millionen Passagieren):

2003	2004	2005	2006	2007	2008	2009
12	14	16	17	19	21	18

Passagierzahlen in Millionen

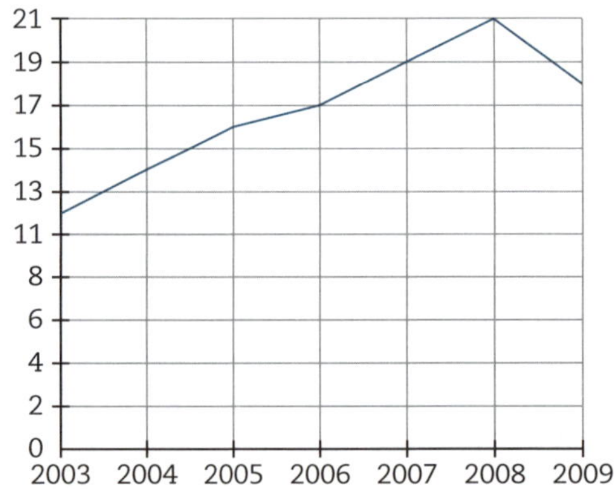

Bei Diagrammen musst du immer genau darauf achten, bei welchem Wert die senkrechte Achse beginnt bzw. wie die Abstände gewählt worden sind! Es kann sehr leicht ein falscher Eindruck vermittelt werden (**Manipulationsgefahr!**). Beginnt die zweite Achse zB bei 10, wird der Eindruck einer viel stärkeren Zunahme bzw. Abnahme der Passagierzahlen vermittelt:

Passagierzahlen in Millionen

236 Es wird die Preisentwicklung (in Euro) für ein Produkt X mit zwei Liniendiagrammen dargestellt:

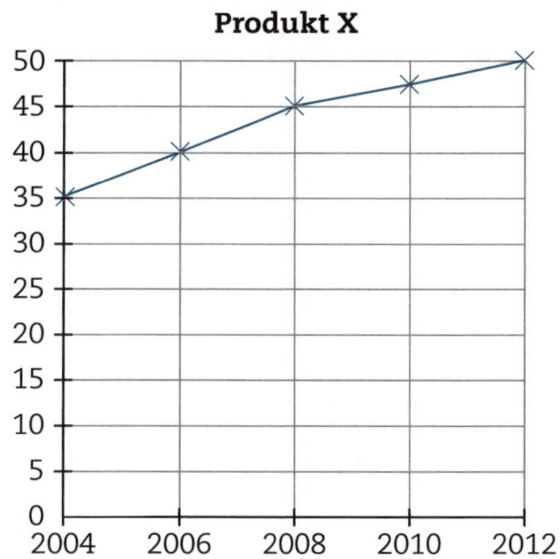

Diagramm 1

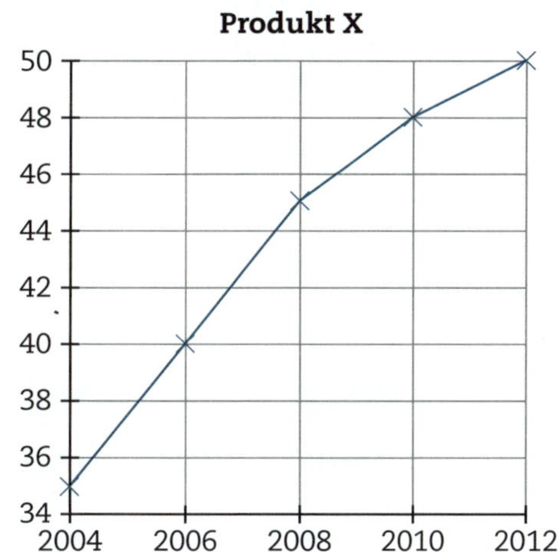

Diagramm 2

a) Wie hoch war der Preis des Produkts in den Jahren 2004, 2008 und 2012?
b) Wie groß war die Preissteigerung vom Jahr 2004 bis zum Jahr 2012?
c) In welchem Diagramm wird der Eindruck einer größeren Preissteigerung erzielt? Wodurch entsteht dieser Eindruck?

237 Die Abbildung zeigt die Anzahl der Verkehrsunfälle auf einem bestimmten Straßenstück:

a) Wie viele Verkehrsunfälle gab es im Jahr 2009 bzw. 2012 auf diesem Straßenstück?
b) Welchen Trend zeigt das Liniendiagramm?
c) Durch welche Maßnahmen könnte die vorliegende Entwicklung der Unfallzahlen begründet werden?

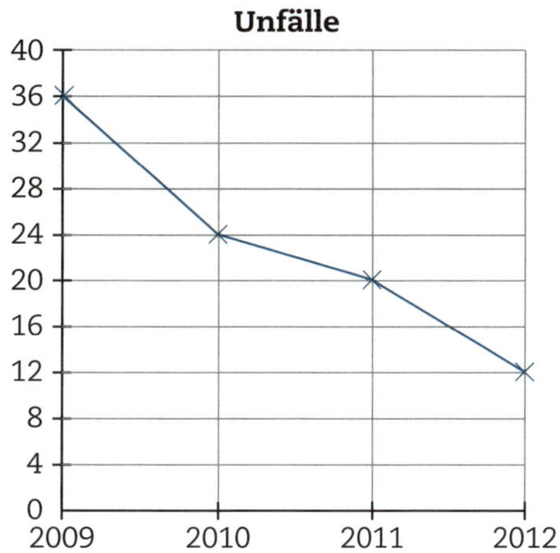

238 Stelle die Entwicklung der Teilnehmerzahlen an einem Segelkurs in sechs aufeinanderfolgenden Jahren in einem Liniendiagramm grafisch dar. Welcher Trend ist zu erkennen?

Jahr	1	2	3	4	5	6
Anzahl	20	24	18	21	16	14

D Lineare Wachstums- und Abnahmeprozesse

Wird eine Größe (zB der Preis) in gleichen Schrittlängen einer anderen Größe (zB die Menge einer Ware) um den **gleichen Wert größer bzw. kleiner**, spricht man von einem linearen Wachstums- bzw. Abnahmeprozess.

Die grafische Darstellung eines derartigen Prozesses ist immer eine **Gerade**.

BEISPIEL

Preis einer Ware:

+2 → +2 → +2 → +2 →

kg	1	3	5	7	9
Preis in €	2,50	7,50	12,50	17,50	22,50

+5 → +5 → +5 → +5 →

Der Preis wird gleichmäßig um 5 € höher, wenn sich die Menge jeweils gleichmäßig um 2 kg erhöht. Es wird ein **linearer Wachstumsprozess** beschrieben.

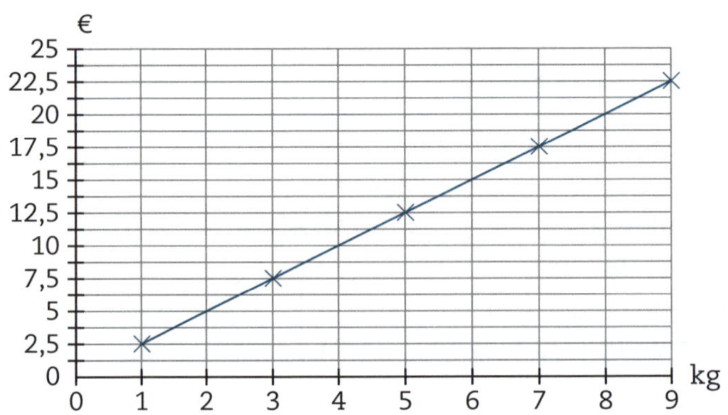

239 Die Tabelle zeigt den Tankinhalt eines KFZ in Litern nach einer gefahrenen Strecke in Kilometer. Ergänze.

+ ______ → + ______ → + ______ →

km	0	100	200	300
Liter	50	43,5	37	30,5

→ − ______ → − ______ → − ______

Der Tankinhalt wird gleichmäßig um ______ Liter ______,

wenn sich die gefahrenen Kilometer jeweils gleichmäßig um ______

km erhöhen. Es wird ein l______ A______prozess beschrieben.

Stelle den Prozess grafisch dar.
Wie hoch ist der durchschnittliche Verbrauch auf 100 km?

240 Überprüfe, ob ein linearer Wachstums- oder Abnahmeprozess vorliegt. Begründe deine Antwort.

a) Weg, der nach einer bestimmten Anzahl von Stunden zurückgelegt wird:

Zeit in h	3	6	9	12
Weg im km	210	420	630	840

b) Die Bevölkerungsentwicklung eines Landes in Millionen:

Jahr	1992	2002	2012
Bevölkerung	50	45	39

c) Verdunstung von Schweiß:

Tage	1	5	9
Schweiß in Liter	0,5	2,5	4,5

X TEST STATISTIK UND ARBEITEN MIT MODELLEN Testdauer: 30 min

Die Tabelle zeigt die Körpermassen in kg der Schülerinnen und Schüler einer Klasse:
Burschen: 66, 59, 69, 75, 84, 68, 67, 70, 71, 70, 68, 74, 75
Mädchen: 54, 55, 62, 62, 62, 58, 59, 55, 50, 60, 64, 50, 54, 59

a) Berechne das arithmetische Mittel der Körpermassen der Burschen und das der Mädchen.
b) Gib jeweils das Minimum, das Maximum sowie die Spannweite an.
c) Gib jeweils den Modalwert und den Median an.

Es wird der Benzinverbrauch (in Liter) eines Autos auf 100 km gemessen:

7,0	8,2	9,3	7,4	8,4	9,2	7,3	8,6	8,4	9,2
7,6	9,3	8,7	8,3	7,2	7,9	8,4	9,0	8,8	7,3

a) Ordne die Datenreihe mit einem Stängel-Blatt-Diagramm.
b) Begründe, warum eine Klasseneinteilung in 4 gleich breite Klassen sinnvoll ist.
c) Ergänze die Tabelle und berechne das arithmetische Mittel unter Verwendung der Klassenmitten.

Klasse (Liter)	absolute Häufigkeit	Klassenmitte	Häufigkeit mal Klassenmitte
6,95 – 7,55		7,25	
7,55 – 8,15		7,85	
8,15 – 8,75			
8,75 – 9,35			
Summe			

$\bar{x}$ = ...

d) Zeichne ein Histogramm.

Die Tabelle zeigt die Verkaufszahlen eines Autohauses im ersten Halbjahr:

Jänner	Februar	März	April	Mai	Juni
100	120	140	145	130	120

Zeichne ein Liniendiagramm.

Bei welchem Produkt war in fünf Monaten die Preisabnahme (Preise in Euro) größer? Um wie viel Euro wurden die Produkte jeweils billiger?

Produkt A

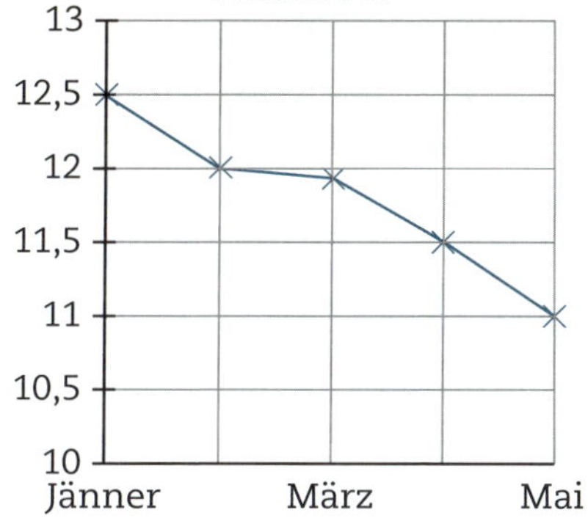

Produkt B

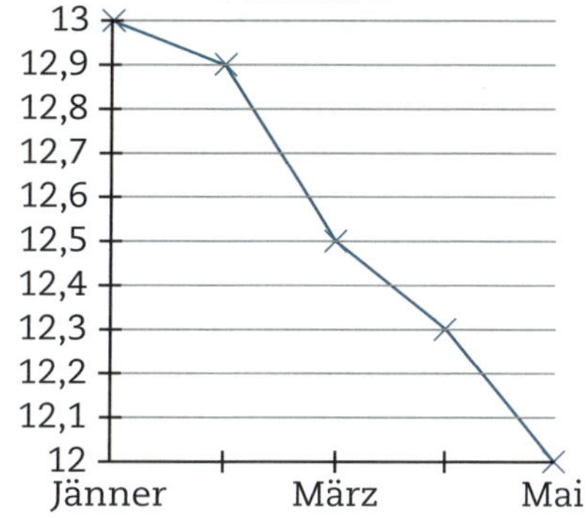

Aus einem 200-Liter-Behälter fließt pro Minute eine bestimmte Menge (in Liter) Wasser ab. Begründe, warum ein linearer Änderungsprozess vorliegt.

Minuten	3	8	13	18
Liter Wasser im Behälter	180,5	148	115,5	83

Gesamt: 9 Punkte

Hast du mindestens 8 richtige Ergebnisse erzielt? SUPERLEISTUNG!
Aber – bei weniger als 5 gehe die Seiten 128 bis 135 noch einmal durch!

X KREUZE AN!

- ☐ Ich kann den Mittelwert einer Datenreihe berechnen.
- ☐ Ich weiß, was Minimum, Maximum und Spannweite einer Datenreihe sind.
- ☐ Ich kann den Modalwert einer Datenreihe angeben.
- ☐ Ich kann den Median einer Datenreihe bestimmen.
- ☐ Ich weiß, was eine Klasseneinteilung von Daten ist.
- ☐ Ich kann eine sinnvolle Anzahl von Klassen angeben.
- ☐ Ich weiß, wozu das Stängel-Blatt-Diagramm verwendet wird.
- ☐ Ich kenne den Unterschied zwischen einem Balkendiagramm und einem Histogramm.
- ☐ Ich weiß, wofür Liniendiagramme verwendet werden.
- ☐ Ich erkenne Methoden, wie durch Diagramme verfälschte Eindrücke vermittelt werden können.
- ☐ Ich weiß, was lineare Wachstums- und Abnahmeprozesse sind.
- ☐ Ich kann lineare Wachstums- und Abnahmeprozesse grafisch darstellen.

DIAGNOSETEST KÖRPER

Schau dir die Beispiele an und schätze deine Kenntnisse ein.
Kreuze an:
☺ … kann ich ziemlich gut,
☹ … kann ich weniger gut
Die Seitenzahl hinter dem ☹ sagt dir, wo im Buch du mit dem Wiederholen und Üben starten solltest.

1 Ich weiß, was ein Prisma ist.

☺ ☹ *(Seite 140)*

2 Ich weiß, was ein gerades Prima ist.

☺ ☹ *(Seite 140)*

3 Ich weiß, was man unter der Höhe eines Prismas versteht.

☺ ☹ *(Seite 140)*

4 Ich kann den Schrägriss eines Prismas zeichnen.
Beispiel: Quader: a = 3 cm, b = 2 cm, h = 5 cm, $\alpha = 135°$, $v = \frac{1}{2}$.

☺ ☹ *(Seite 141)*

5 Ich weiß, wie die Flächendiagonalen eines Quaders berechnet werden.
Beispiel: Quader: a = 3 cm, b = 4 cm, h = 5 cm

☺ ☹ *(Seite 142)*

6 Ich kenne die allgemeinen Formeln zur Berechnung des Oberflächeninhalts und des Volumens eines Prismas.

☺ ☹ *(Seite 144, 145)*

7 Ich kann die Masse eines Körpers berechnen.
Beispiel: Die Masse eines Eichenholzwürfels (Eichenholz $\rho = 860\ kg/m^3$) mit der Kantenlänge 7,5 cm ist ______________ kg.

☺ ☹ *(Seite 146)*

8 Ich weiß, was eine regelmäßige Pyramide ist.

☺ ☹ *(Seite 148)*

9 Ich kann das Netz einer Pyramide zeichnen.
Beispiel: regelmäßige quadratische Pyramide mit der Grundkantenlänge a = 2 cm und s = 3 cm.

☺ ☹ *(Seite 150)*

10 Ich kenne die allgemeinen Formeln zur Berechnung des Oberflächeninhalts und des Volumens einer Pyramide.

☺ ☹ *(Seite 150, 152)*

KÖRPER

A Prismen / Schrägriss eines Prismas

Ein Körper mit mindestens zwei parallelen kongruenten (deckungsgleichen) Begrenzungsflächen und dazu kongruenten Querschnittsflächen wird als **Prisma** bezeichnet.

Die beiden parallelen kongruenten Begrenzungsflächen heißen **Grund-** und **Deckfläche**. Grund- und Deckfläche müssen nicht immer unten und oben sein!

Die **Seitenkanten** sind **parallel** und **gleich lang**. Stehen sie **normal** auf die Grund- und Deckfläche, spricht man von einem **geraden Prisma**.

Der Normalabstand zwischen Grund- und Deckfläche wird als **Höhe** des Prismas bezeichnet.

Die Benennung eines Prismas erfolgt nach den Eigenschaften von Grund- und Deckfläche:

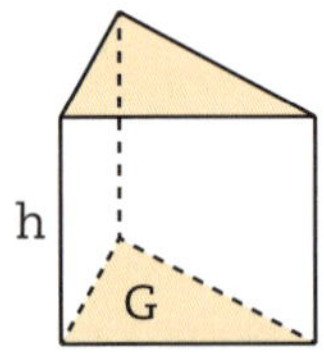

dreiseitiges Prisma

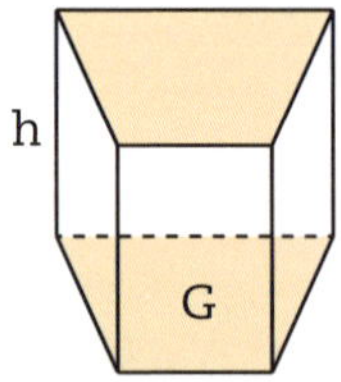

vierseitiges Prisma

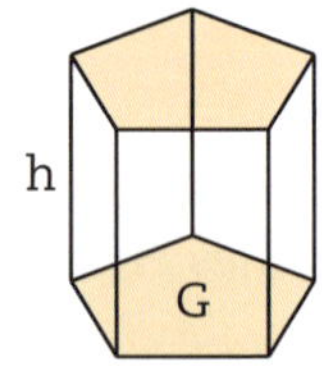

fünfseitiges Prisma

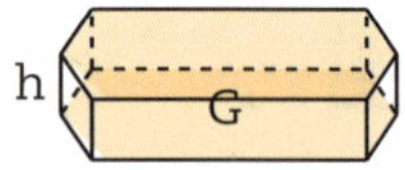

sechsseitiges Prisma

BEISPIEL

Benenne die Prismen und kennzeichne die Grundfläche mit G und die Höhe mit h.

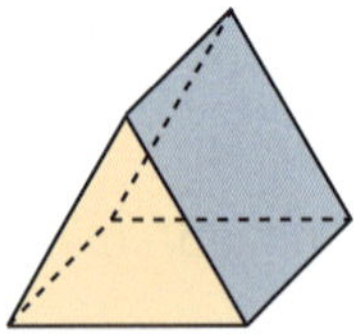

A

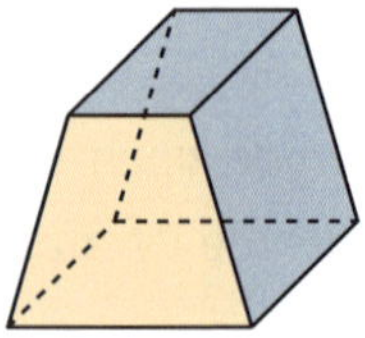

B

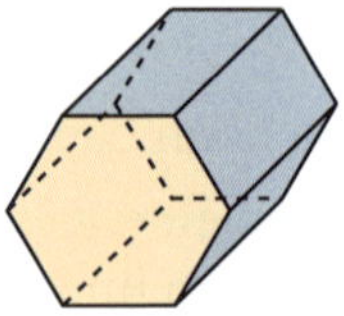

C

A:

B:

C:

Schrägriss:
Kanten, die senkrecht zum Zeichenblatt stehen, werden **schräg** und (oft) **verkürzt** gezeichnet. Dazu gibt man einen **Verzerrungswinkel** α und ein **Verzerrungsverhältnis** v an. Nicht sichtbare Kanten werden dünner oder strichliert gezeichnet.

BEISPIEL
Dreiseitiges Prisma mit a = 3 cm, b = 4 cm, c = 5 cm. Höhe h = 4 cm, $\alpha = 135°$, $v = \frac{1}{2}$. Beginne mit der Grundfläche!

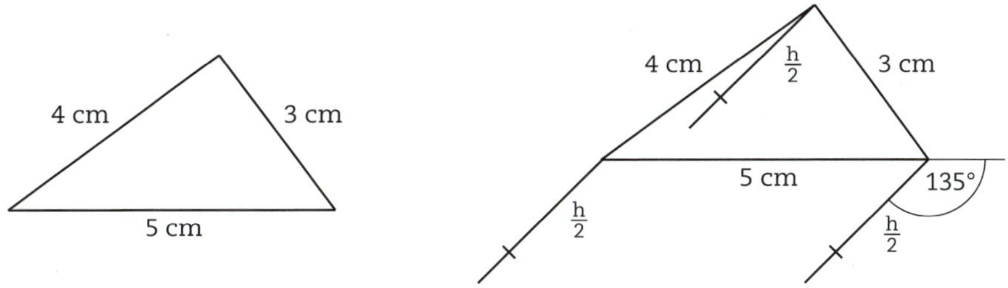

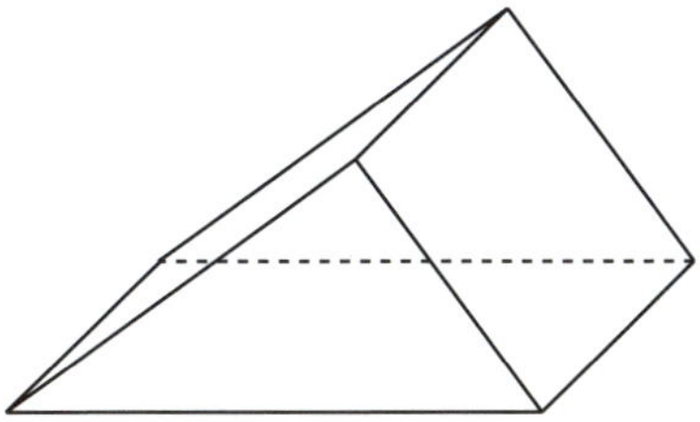

241 Benenne die Prismen und kennzeichne die Grundfläche mit G und die Höhe mit h.

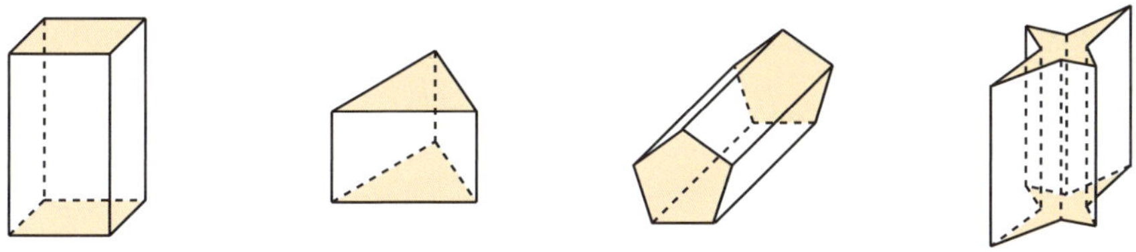

242 Zeichne den Schrägriss des Prismas.

a) Prisma mit rechteckiger Grundfläche: a = 4 cm, b = 2 cm, h = 5 cm, $\alpha = 135°$, $v = \frac{1}{2}$
b) dreiseitiges Prisma: a = b = c = 4 cm, h = 7 cm, $\alpha = 45°$, $v = \frac{1}{2}$
c) Prisma mit quadratischer Grundfläche: a = b = h = 4 cm, $\alpha = 135°$, $v = \frac{1}{2}$

B Quader und Würfel

Zwei spezielle Prismen sind dir schon bekannt:

Ein Prisma mit **rechteckiger** Grundfläche heißt **Quader**.

Ein Prisma mit **quadratischer** Grundfläche, dessen **Höhe** der Länge einer **Basiskante** entspricht, wird **Würfel** genannt.

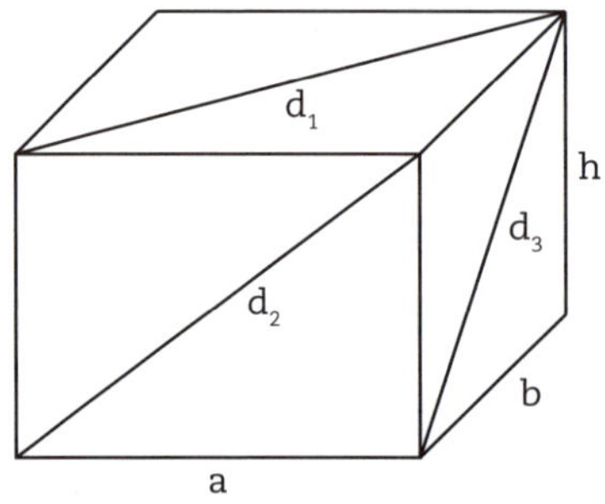

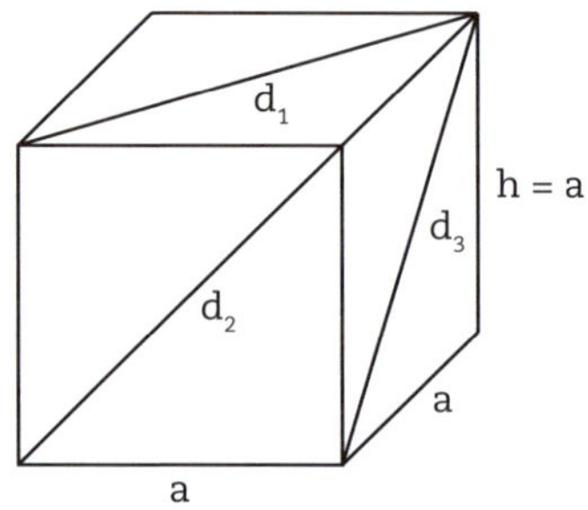

Ein Quader hat (höchstens) drei unterschiedlich lange Flächendiagonalen d_1, d_2 und d_3.

Beim Würfel gilt $d_1 = d_2 = d_3$.

Da jede Flächendiagonale die Hypotenuse eines rechtwinkligen Dreiecks ist, dessen Katheten je zwei Kanten des Quaders sind, können die Längen der Flächendiagonalen mit dem Satz von Pythagoras berechnet werden:

$d_1 = \sqrt{a^2 + b^2}$ $\quad$ $d_2 = \sqrt{a^2 + h^2}$ $\quad$ $d_3 = \sqrt{b^2 + h^2}$

Für die Flächendiagonale des Würfels gilt: $d_1 = \sqrt{a^2 + a^2} = \sqrt{2a^2} = a\sqrt{2}$

BEISPIEL

Berechne die Flächendiagonalen des Quaders: a = 3,5 cm, b = 1,5 cm, h = 5 cm

$d_1 = \sqrt{a^2 + b^2} =$

$d_2 = \sqrt{a^2 + h^2} =$

$d_3 = \sqrt{b^2 + h^2} =$

243 Berechne die Länge der Flächendiagonale des Würfels.

a) a = 4 cm **b)** a = 5,6 cm **c)** a = 45 mm **d)** a = 102 mm

244 Berechne die Längen der Flächendiagonalen des Quaders.

a) a = 5 cm, b = 6 cm, h = 7 cm **b)** a = 11,2 cm, b = 8,9 cm, h = 4,2 cm

245 ! Von einem Würfel kennt man die Länge der Flächendiagonale. Berechne die Kantenlänge a.

a) d_1 = 10 cm **b)** d_1 = 23,5 cm **c)** d_1 = 0,45 dm **d)** d_1 = 1 m

246 !! Gegeben ist der Flächeninhalt einer Begrenzungsfläche eines Würfels. Berechne die Länge der Flächendiagonale.

a) 289 cm^2 **b)** 441 cm^2 **c)** 136,89 cm^2 **d)** 492,84 cm^2

247 Ergänze den Text.

Ein Quader hat ________ rechtwinkelige Begrenzungsflächen. Die Kanten stehen ____________________ aufeinander. Je zwei gegenüberliegende Flächen sind ____________________. Je vier Kanten sind ______________ lang und ______________.
Hat ein Quader drei unterschiedlich lange Kanten, gibt es drei unterschiedlich lange ______________________________.

248 !! Von einem Quader kennt man eine Flächendiagonale und zwei Kantenlängen. Berechne die fehlende Kantenlänge und die anderen beiden Flächendiagonalen.

a) d_1 = 37 cm, a = 35 cm, h = 50 cm
b) d_1 = 6 cm, b = 4,8 cm, h = 7,5 cm
c) d_2 = 7,3 cm, a = 5,5 cm, b = 3,7 cm
d) d_3 = 14,8 cm, a = 18 cm, b = 14 cm

C Oberfläche und Volumen von Prismen

Breitet man die Begrenzungsflächen eines geraden Prismas in der Ebene aus, erhält man das Netz des Prismas.

Die Begrenzungsflächen zwischen Grund- und Deckfläche bilden die **Mantelfläche M**.

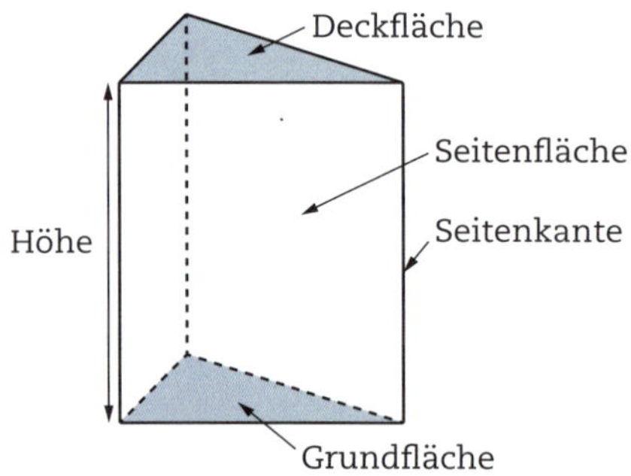

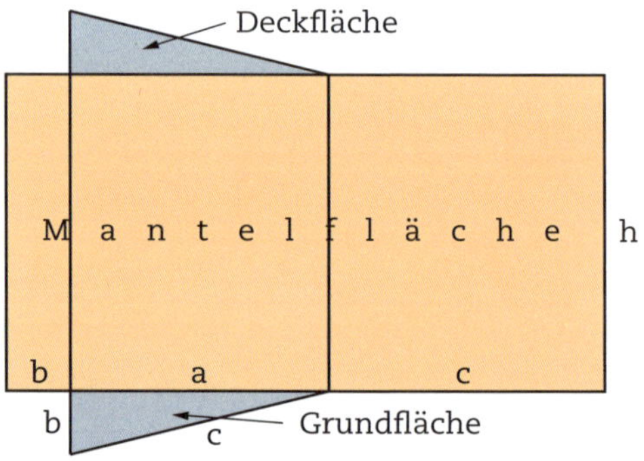

Die Summe der Flächeninhalte aller Begrenzungsflächen ist der **Oberflächeninhalt** des Prismas, d.h. zweimal der Grundflächeninhalt zusammen mit dem Inhalt der Mantelfläche:

$$\mathbf{O = 2 \cdot G + M}$$

M = Umfang der Grundfläche multipliziert mit der Höhe

BEISPIEL

Die Grundfläche eines Prismas ist ein rechtwinkliges Dreieck mit a = 48 cm, b = 55 cm, c = 73 cm und der Höhe h = 80 cm. Welchen Oberflächeninhalt hat das Prisma?

$G = \frac{a \cdot b}{2} = \frac{\_\_\_ \cdot \_\_\_}{2} = \_\_\_$ cm²

$M = (a + b + c) \cdot h = (\_\_\_ + \_\_\_ + \_\_\_) \cdot \_\_\_ = \_\_\_$ cm²

$O = 2 \cdot G + M = 2 \cdot \_\_\_ + \_\_\_ = \_\_\_$ cm²

Lässt man die Grundfläche G die Höhe h „entlangwandern“, ergibt sich das **Volumen V** des Prismas.

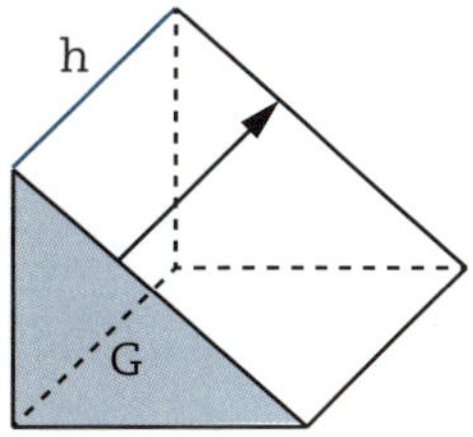

Volumen = Grundfläche mal Höhe

$$\mathbf{V = G \cdot h}$$

BEISPIEL

Das Volumen des obigen Prismas ist V = ______ · ______ = 105 600 cm^3

249 Berechne den Oberflächeninhalt des Prismas mit der gegebenen Grundfläche und der Körperhöhe h.

a)

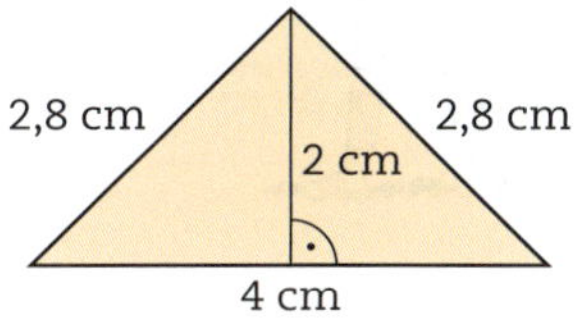

h = 5 cm

b)

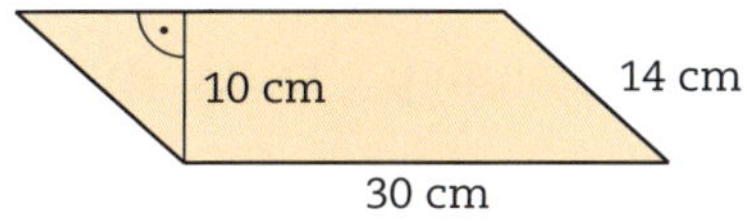

h = 24 cm

250 Berechne das Volumen des Prismas mit der gegebenen Grundfläche und der Körperhöhe h.

a)

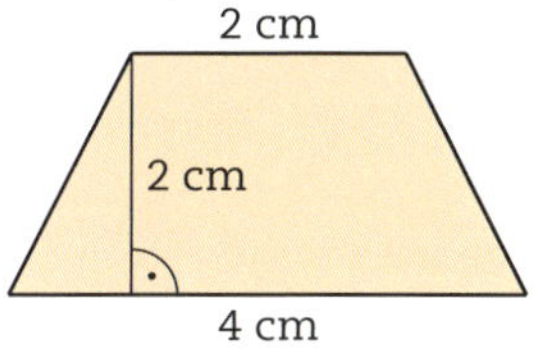

h = 9 cm

b)

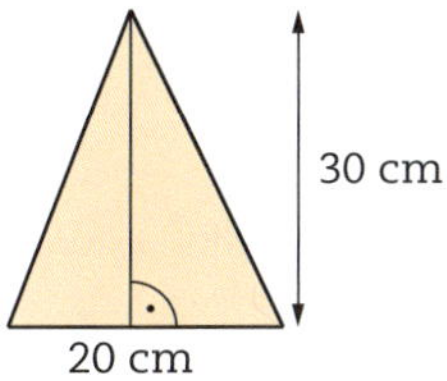

h = 45 cm

251 !! Berechne den Oberflächeninhalt und das Volumen des Prismas.

a) Grundfläche: gleichseitiges Dreieck mit a = 4,3 cm; h = 9,6 cm
b) Grundfläche: rechtwinkliges Dreieck mit a = 13,5 cm, b = 32,4 cm; h = 51 cm
c) Grundfläche: Rechteck mit a = 0,34 dm, b = 1,15 dm; h = 0,5 dm

D Masse von Körpern

Die **Masse m** ist eine physikalische Grundgröße und wird in der Einheit **Kilogramm** angegeben.

Die Masse hängt vom Volumen und dem Material des Körpers ab.

Das Verhältnis aus der Masse m und dem Volumen V wird als **Dichte** ρ (Rho) des verwendeten Materials bezeichnet.

Dichte = Masse durch Volumen

$$\rho = \frac{m}{V} = m/V$$

Als **Einheiten** für die Dichte werden

kg/m³ (Kilogramm pro Kubikmeter)
bzw.
g/cm³ (Gramm pro Kubikzentimeter)

verwendet.

Dichte einiger Stoffe:

Blei	Eichenholz	Eisen	Glas	Gold
11,3 g/cm³	0,9 g/cm³	7,9 g/cm³	2,5 g/cm³	19,32 g/cm³

BEISPIEL

Welche Masse hat ein Würfel aus Eisen mit der Kantenlänge a = 5 cm?

$$\frac{m}{V} = \rho \quad | \cdot V \qquad \rightarrow \qquad m = \rho \cdot V$$

$$V = a^3 = 5^3 = \underline{\qquad} \text{ cm}^3$$

$$m = 7{,}9 \cdot \underline{\qquad} = 987{,}5 \text{ g}$$

Die Volumseinheiten beim Volumen und der Dichte müssen gleich sein!

252 Welche Masse hat eine quaderförmige Platte mit den Maßen a = 3,5 m, b = 2 m und h = 0,1 m, wenn sie aus dem gegebenen Material besteht?

a) Kupfer, $\rho = 8\,933\ kg/m^3$
b) Aluminium, $\rho = 2\,702\ kg/m^3$
c) Eis, $\rho = 917\ kg/m^3$
d) Kunststoff, $\rho = 1\,160\ kg/m^3$

253 Feuchter Neuschnee hat eine Dichte von rund $150\ kg/m^3$. Welche Masse hat eine 90 cm hohe Schneedecke auf einem Flachdach mit den gegebenen Maßen?

a) 8 m x 8 m **b)** 9,5 m x 7 m **c)** 11 m x 7 m **d)** 20 m x 17 m

254 ! Welche Masse hat der Körper?

a)

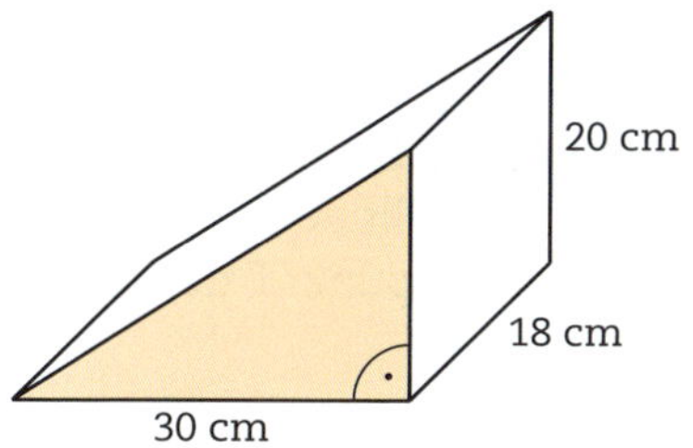

Kork, $\rho = 0{,}15\ g/cm^3$

b)

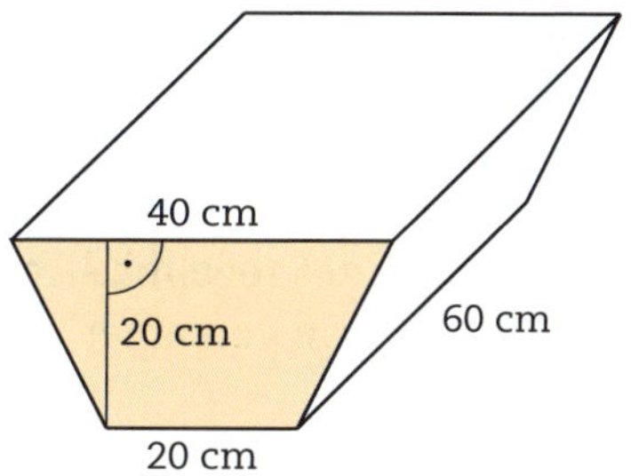

Silber, $\rho = 10{,}5\ g/cm^3$

255 !! Welche Masse hat eine 70 cm lange Kunststoffleiste mit der gegebenen Querschnittsfläche? (Dichte des verwendeten Kunststoffs $1\,380\ kg/m^3$).

a)

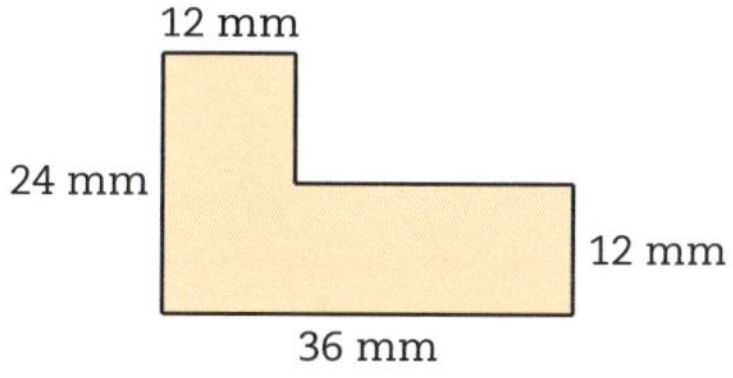

b)

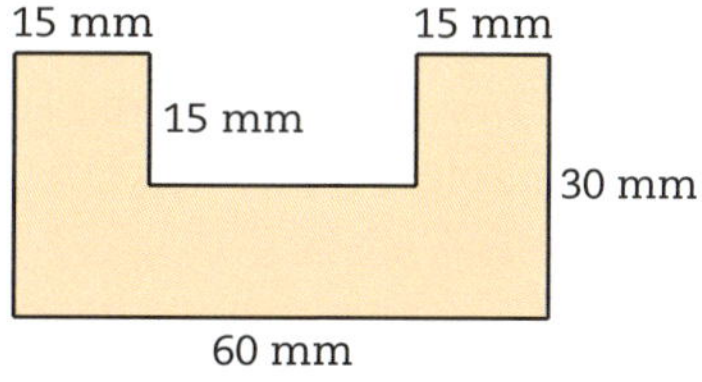

TIPP: Wandle die Dichte in g/cm^3 um. Verschiebe dazu das Komma um drei Stellen nach links.

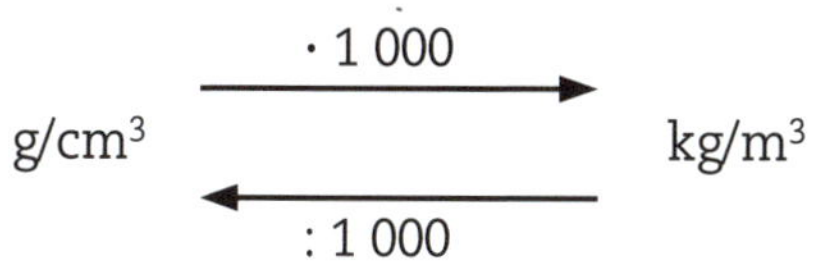

E Pyramiden / Schrägriss einer Pyramide

Der **Name** einer Pyramide ergibt sich von ihrer **Grundfläche**, zB rechteckige Pyramide.

Die **Seitenflächen** einer Pyramide sind **Dreiecke**.

Die Seitenkanten s schneiden sich in der **Spitze S**.

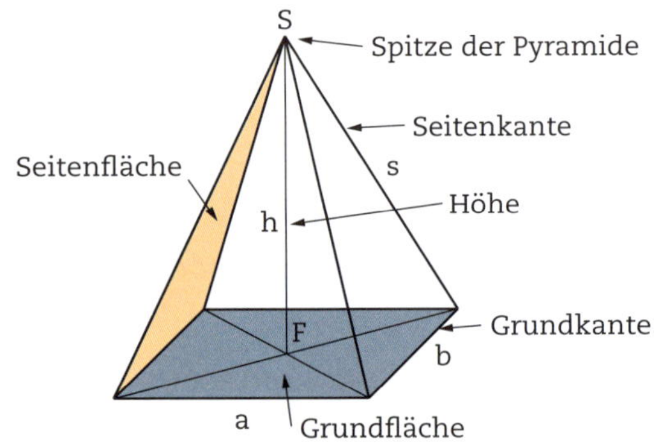

Der Normalabstand von S zur Grundfläche wird als **Höhe** der Pyramide bezeichnet.

F heißt **Fußpunkt** der Höhe h.

Ist die Grundfläche der Pyramide ein **regelmäßiges Vieleck** (zB ein gleichseitiges Dreieck, ein Quadrat, ein regelmäßiges Sechseck usw.) und fällt der Umkreismittelpunkt des regelmäßigen Vielecks mit dem Fußpunkt F der Höhe zusammen, spricht man von einer **regelmäßigen** Pyramide.

BEISPIEL

Zeichne den **Schrägriss** einer regelmäßigen quadratischen Pyramide mit a = 4 cm, h = 5 cm, $\alpha = 135°$, $v = \frac{1}{2}$.

Konstruktionsgang:

1. Zeichne die (verzerrt dargestellte) Grundfläche.
2. Der Schnittpunkt der Diagonalen ist der Fußpunkt F der Höhe.
3. Zeichne von F aus senkrecht die Höhe h ein.
4. Verbinde die Spitze S mit den Eckpunkten der Grundfläche.

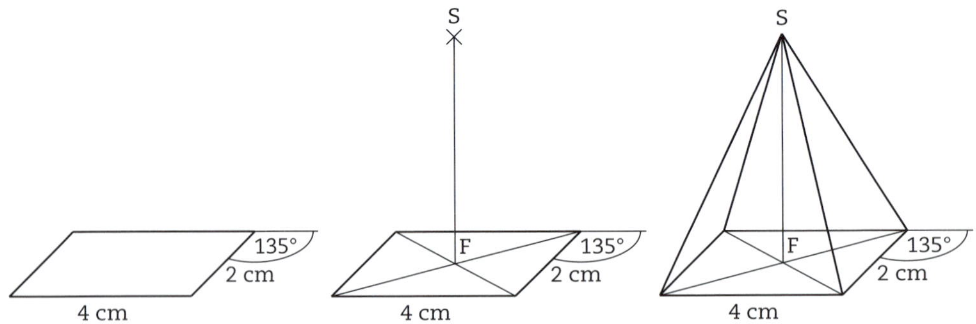

1. 2. + 3. 4.

256 Benenne die Pyramide, von der die Grundfläche abgebildet ist.

a) 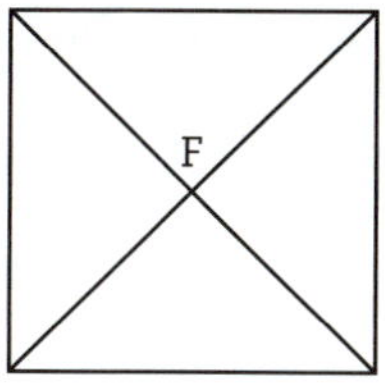

b) 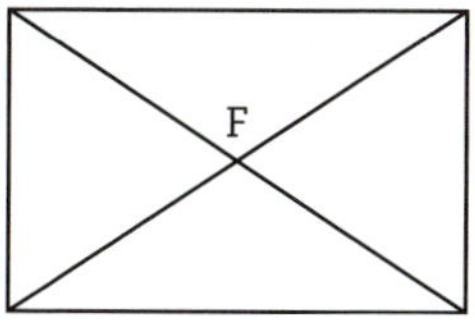

c) 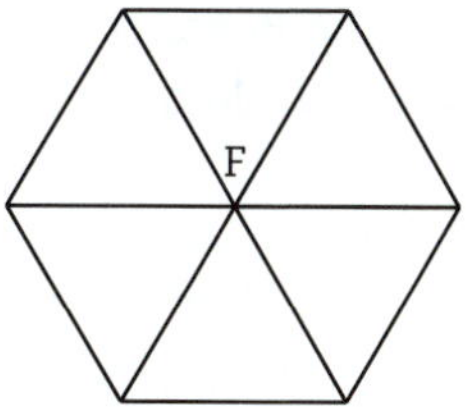

d) 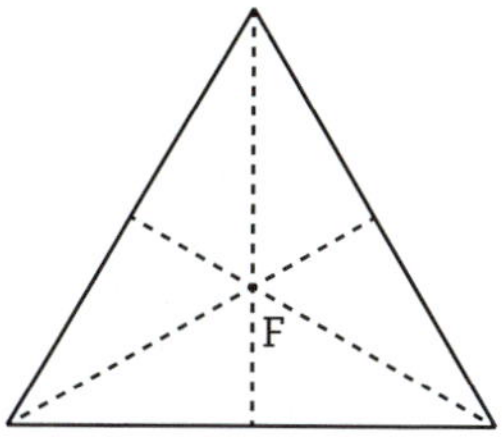

e) 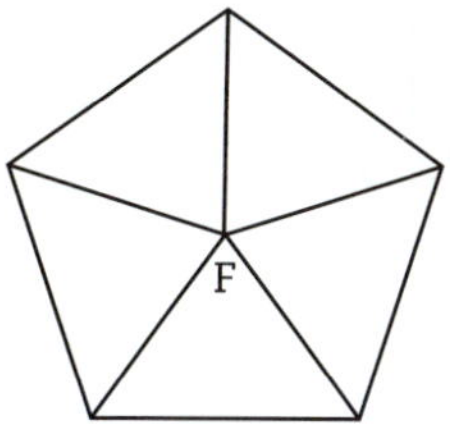

257 Benenne die Teile der Pyramide: Spitze (1), Fußpunkt (2), Seitenkante (3), Grundfläche (4), Höhe (5), Seitenfläche (6). Schreibe die passenden Nummern in die Zeichnung.

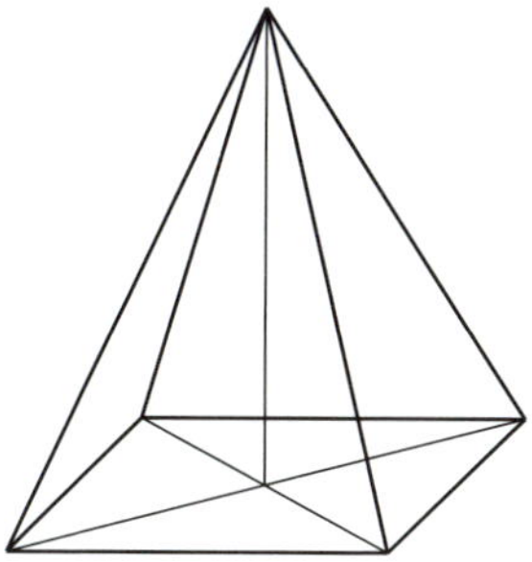

258 Zeichne den Schrägriss der Pyramide.

a) quadratische Pyramide mit a = 5 cm, h = 5 cm, $\alpha = 135°$, $v = \frac{1}{2}$

b) quadratische Pyramide mit a = 6 cm, h = 3 cm, $\alpha = 45°$, $v = \frac{1}{2}$

c) gerade rechteckige Pyramide mit a = 4 cm, b = 3 cm, h = 4,5 cm, $\alpha = 135°$, $v = \frac{1}{2}$

d) gerade rechteckige Pyramide mit a = 5,5 cm, b = 4 cm, h = 6 cm, $\alpha = 45°$, $v = \frac{1}{2}$

Hinweis: Von einer geraden Pyramide spricht man, wenn alle Seitenkanten dieselbe Länge haben.

E Netz einer Pyramide / Oberflächeninhalt

Werden die Begrenzungsflächen einer Pyramide in der Zeichenebene ausgebreitet, entsteht das **Netz** der Pyramide.

BEISPIEL

Zeichne das Netz der quadratischen Pyramide mit a = 2 cm und der Seitenkantenlänge s = 4 cm.

Konstruktionsgang:
1. Zeichne die Grundfläche.
2. Hänge die Seitenflächen sternförmig an die Seiten der Grundfläche.

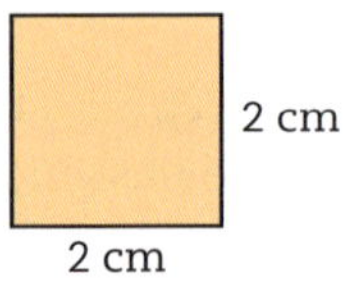

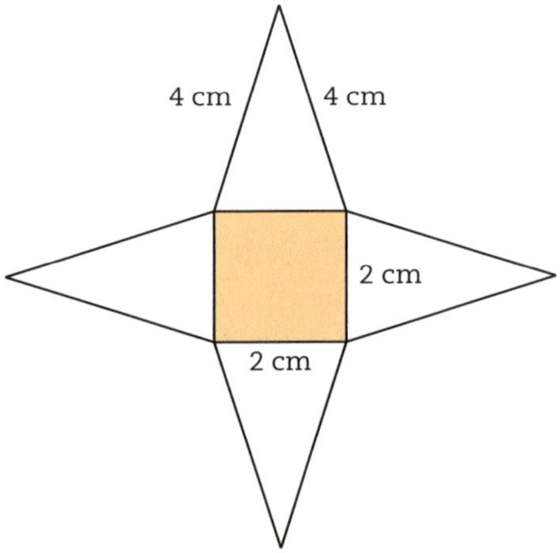

Der Oberflächeninhalt einer Pyramide setzt sich aus dem Flächeninhalt der Grundfläche und der Summe der Flächeninhalte der Seitenflächen zusammen. Die Seitenflächen bilden zusammen den **Mantel**.

Oberfläche = Grundfläche plus Mantel

$$\mathbf{O = G + M}$$

BEISPIEL

Miss im Netz des vorigen Beispiels die Höhe h_a einer Seitenfläche ab ($h_a \approx 3{,}9$ cm) und berechne den Oberflächeninhalt der Pyramide.

$G = a^2 =$ ______ cm^2

$M = 4 \cdot \frac{a \cdot h_a}{2} = 2 \cdot a \cdot h_a =$ ______ cm^2

$O = G + M =$ ______ + ______ = ______ cm^2

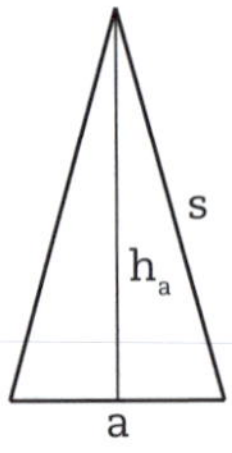

259 Berechne den Oberflächeninhalt der quadratischen Pyramiden.

a) $a = 3$ cm, $h_a = 5$ cm **b)** $a = 4{,}4$ cm, $h_a = 5{,}1$ cm **c)** $a = 6{,}3$ cm, $h_a = 8$ cm

260 ! Berechne den Oberflächeninhalt der Pyramide, dessen Netz gegeben ist. Maße in cm.

a)

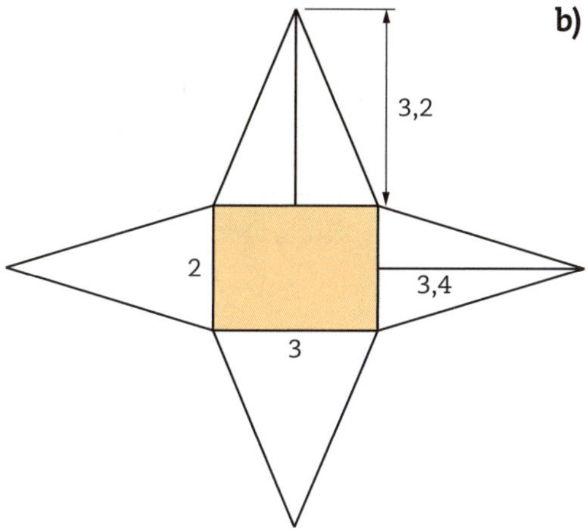

b)

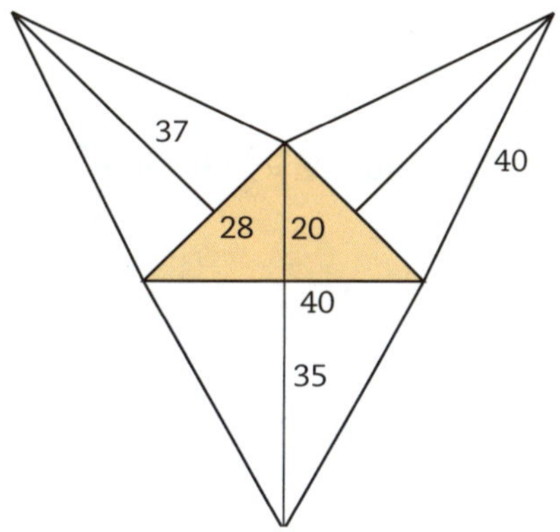

261 !! Von einer quadratischen Pyramide kennt man die Kantenlänge a der Grundfläche und die Körperhöhe h. Berechne den Oberflächeninhalt.

Hinweis: Berechne die Höhe h_a mit Hilfe des Satzes von Pythagoras!

a) $a = 6{,}6$ cm, $h = 5{,}6$ cm
b) $a = 90$ cm, $h = 60$ cm
c) $a = 8$ cm, $h = 7{,}5$ cm
d) $a = 11{,}4$ cm, $h = 7{,}6$ cm

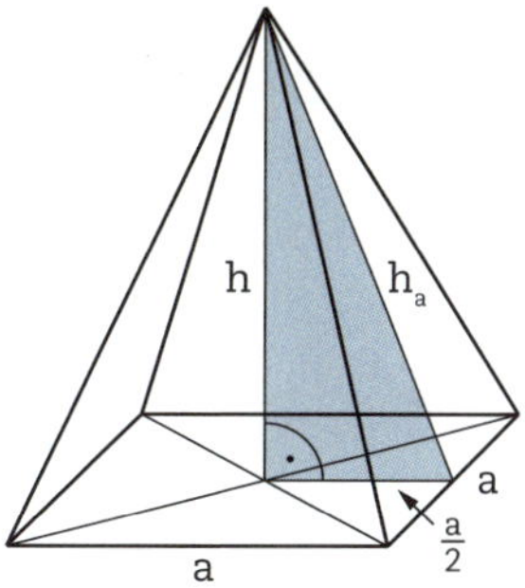

262 Zeichne das Netz der Pyramide.

a) regelmäßige dreiseitige Pyramide mit $a = 3$ cm und $s = 4$ cm
b) quadratische Pyramide mit $a = 2{,}5$ cm und $s = 3$ cm
c) regelmäßige sechsseitige Pyramide mit $a = 2{,}5$ cm und $s = 4$ cm

G Volumen einer Pyramide

Das Volumen einer Pyramide ist genau $\frac{1}{3}$ des Volumens eines Prismas, das die gleiche Grundfläche und die gleiche Höhe besitzt.

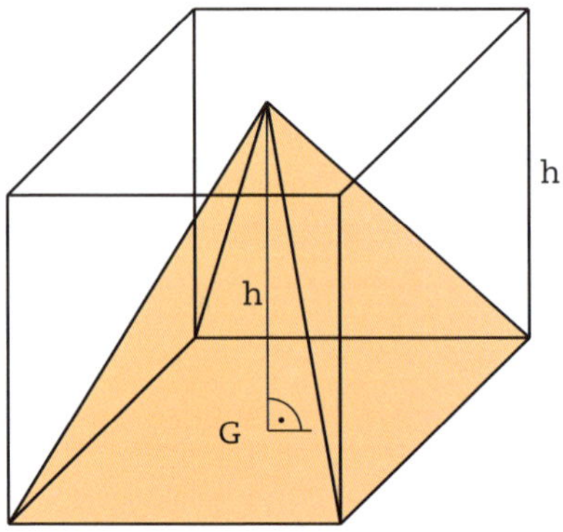

Prisma: $V = G \cdot h$

Pyramide: $V = \frac{1}{3} \cdot G \cdot h = \frac{G \cdot h}{3}$

BEISPIEL

Berechne das Volumen einer geraden rechteckigen Pyramide mit a = 11,2 cm, b = 8,4 cm und der Körperhöhe h = 20 cm.

$G = a \cdot b =$ ____ $\cdot$ ____ $=$ ____ cm^2

$V = \frac{1}{3} \cdot G \cdot h = \frac{1}{3} \cdot$ ____ $\cdot$ ____ $=$ ____ cm^3

BEISPIEL

Drücke aus der Formel $V = \frac{1}{3} \cdot G \cdot h$ jede Variable durch die anderen aus.

$V = \frac{1}{3} \cdot G \cdot h$	$\mid \cdot 3$	$V = \frac{1}{3} \cdot G \cdot h$	$\mid \cdot 3$
$3 \cdot V = G \cdot h$	$\mid : h$	____ $=$ ____ $\cdot$ ____	$\mid : G$
$\frac{3 \cdot V}{h} = G$		____ $= h$	

BEISPIEL

Das Volumen einer Pyramide ist 636,66 dm^3 und die Körperhöhe h beträgt 24,3 dm. Welchen Inhalt hat die Grundfläche?

$G = \frac{3 \cdot V}{h} = \frac{3 \cdot \text{____}}{\text{____}} =$ ____ dm^2

263 Welchen Rauminhalt hat die Pyramide mit der angegebenen Grundfläche und der Körperhöhe h?

a)

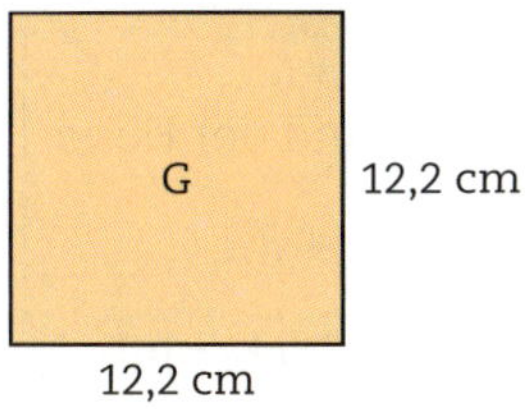

h = 18 cm

b)

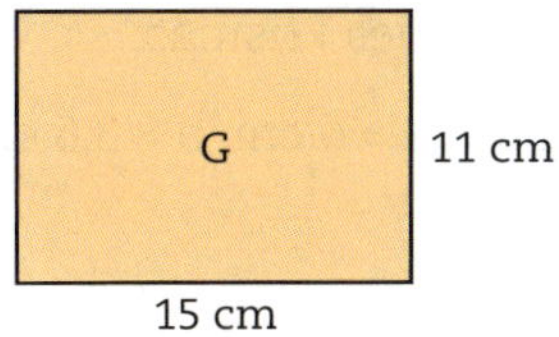

h = 21 cm

c)

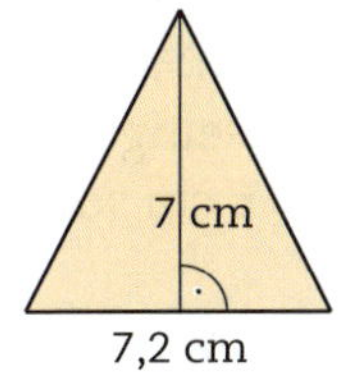

h = 9,5 cm

264 **!!** Welche Masse hat die Pyramide mit der Körperhöhe h?

a)

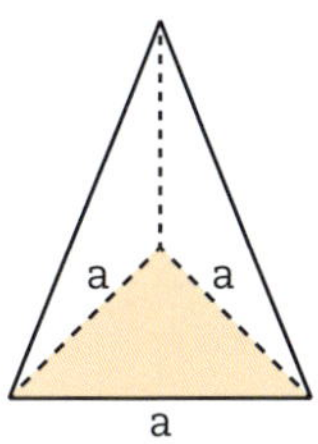

Granit: $\rho = 2{,}8\ g/cm^3$
a = 7,5 cm
h = 11 cm

b)

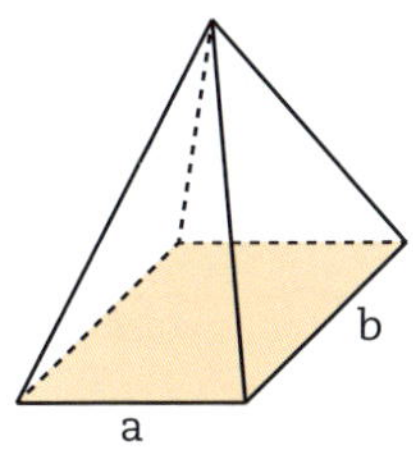

Blei: $\rho = 11{,}3\ g/cm^3$
a = 1 dm, b = 1,2 dm
h = 14 cm

c)

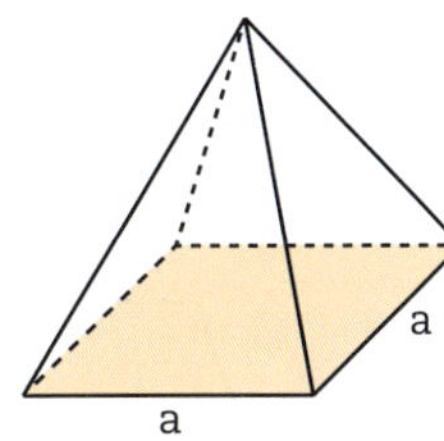

Beton: $\rho = 1\,500\ kg/m^3$
a = 60 cm
h = 70 cm

265 **!** Berechne die fehlende Größe der geraden rechteckigen Pyramide.

	a)	b)	c)	d)
a	4,5 cm	11 cm	0,12 dm	
b	2,3 cm	6 cm		0,7 dm
h	7,2 cm		1 dm	0,9 dm
V		$198\ cm^3$	$0{,}016\ dm^3$	$0{,}168\ dm^3$

X TEST KÖRPER — Testdauer: 30 min

Zeichne den Schrägriss des Prismas.

Dreiseitiges Prisma mit a = 5 cm, b = 3,6 cm, c = 6 cm und der Höhe h = 6 cm sowie $\alpha = 135°$, $v = \frac{1}{2}$.

Berechne die Längen der Flächendiagonalen, den Oberflächeninhalt und das Volumen.

a) Quader: a = 13,2 cm, b = 9,6 cm, h = 5,5 cm
b) Würfel: a = 35 dm

Welche Kantenlänge hat ein Würfel mit der Flächendiagonale $d_1 = 41$ dm?

Berechne die Masse des Prismas mit der gegebenen Grundfläche und der Körperhöhe h, wenn es aus Aluminium mit einer Dichte von 2 702 kg/m³ besteht.

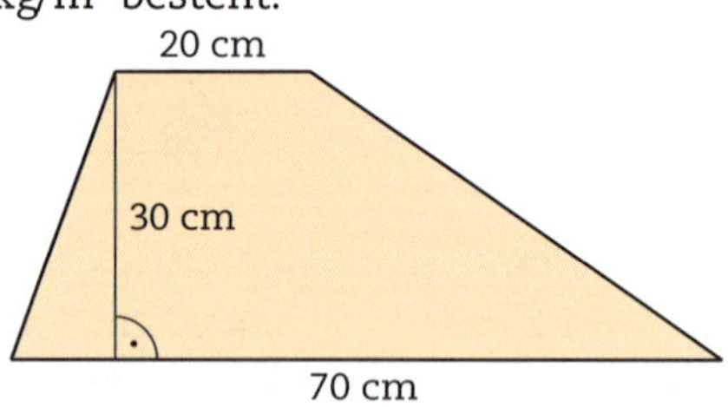

Körperhöhe h = 86 cm

Berechne den Oberflächeninhalt des Prismas.

Grundfläche: rechtwinkliges Dreieck mit den Katheten a = 16 cm, b = 63 cm; Körperhöhe h = 30 cm

---

Zeichne den Schrägriss der Pyramide.

Gerade rechteckige Pyramide mit a = 7 cm, b = 5 cm, h = 5 cm, $\alpha = 45°$, $v = \frac{1}{2}$

Zeichne das Netz der Pyramide.

Regelmäßige dreiseitige Pyramide mit a = 2 cm und s = 3 cm

Berechne den Oberflächeninhalt der Pyramide, dessen Netz gegeben ist.

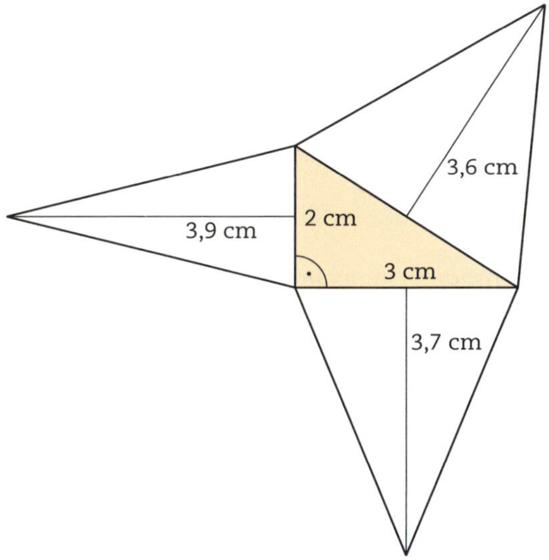

Gegeben ist eine gerade rechteckige Pyramide mit a = 24,3 cm, b = 17,2 cm und dem Volumen V = 1 671,84 cm³.

a) Welche Körperhöhe h hat die Pyramide?

b) Wie groß ist die Masse der Pyramide, wenn sie aus Eichenholz mit einer Dichte von 0,9 g/cm³ besteht?

Hast du mindestens 9 richtige Ergebnisse erzielt? SUPERLEISTUNG!
Aber – bei weniger als 6 gehe die Seiten 140 bis 153 noch einmal durch!

Gesamt: 11 Punkte

X KREUZE AN!

- [ ] Ich weiß, was ein Prisma ist.
- [ ] Ich weiß, was kongruent bedeutet.
- [ ] Ich kann Prismen benennen.
- [ ] Ich kann den Schrägriss eines Prismas zeichnen.
- [ ] Ich kann die Längen der Flächendiagonalen eines Quaders bzw. eines Würfels berechnen.
- [ ] Ich kann allgemeine Formeln für die Berechnung des Oberflächeninhalts und des Volumens von Prismen angeben.
- [ ] Ich weiß, was man unter der Dichte eines Materials versteht.
- [ ] Ich kann Einheiten für die Dichte angeben.
- [ ] Ich kann die Masse eines Körpers berechnen.
- [ ] Ich kann die Teile einer Pyramide benennen.
- [ ] Ich kann den Schrägriss einer Pyramide zeichnen.
- [ ] Ich kann allgemeine Formeln für die Berechnung des Oberflächeninhalts und des Volumens von Pyramiden angeben.

FORMELSAMMLUNG

Menge der ganzen Zahlen $\mathbb{Z} = \{... -5, -4, -3, -2, -1, 0, 1, 2, 3, 4, 5, ...\}$

Menge der rationalen Zahlen $\mathbb{Q} = \left\{ \frac{a}{b} \mid a, b \in \mathbb{Z}, b \neq 0 \right\}$

Betrag einer ganzen/rationalen Zahl: $|+5| = 5 \quad |-5| = 5 \quad |0| = 0$

Rechnen mit ganzen/rationalen Zahlen:

$+(+) \rightarrow +$

$+(-) \rightarrow -$

$-(+) \rightarrow -$

$-(-) \rightarrow +$

$(+) \cdot$ bzw $:$ $(+) \rightarrow +$

$(+) \cdot$ bzw $:$ $(-) \rightarrow -$

$(-) \cdot$ bzw $:$ $(+) \rightarrow -$

$(-) \cdot$ bzw $:$ $(-) \rightarrow +$

Potenz: x^n x ... Basis n ... Exponent (Hochzahl)

Rechnen mit Potenzen:

$a^m \cdot a^n = a^{m+n}$

$a^m : a^n = a^{m-n}$

$(a^m)^n = a^{m \cdot n}$

$(a \cdot b)^m = a^m \cdot b^m$

$\left(\frac{a}{b}\right)^m = \frac{a^m}{b^m}$

Binomische Formeln:

$(a + b)^2 = (-a - b)^2 = a^2 + 2ab + b^2$

$(a - b)^2 = (-a + b)^2 = a^2 - 2ab + b^2$

$(a + b) \cdot (a - b) = a^2 - b^2$

Verhältnisgleichung (Proportion): $a : b = c : d \rightarrow a \cdot d = b \cdot c$

1. Strahlensatz: Werden die Schenkel eines Winkels von Parallelen geschnitten, verhalten sich Abschnitte auf dem ersten Schenkel zueinander wie die entsprechenden Abschnitte auf dem zweiten Schenkel.

2. Strahlensatz: Werden die Schenkel eines Winkels von Parallelen geschnitten, verhalten sich die Abschnitte auf den Parallelen wie die entsprechenden vom Scheitel aus gemessenen Abschnitte auf den Schenkeln des Winkels.

Prozentrechnung: 1% (1 Prozent) bedeutet $\frac{1}{100} = 0{,}01$ eines Ganzen

$$\text{Prozentwert} = \frac{\text{Grundwert} \cdot \text{Prozentsatz}}{100} \qquad W = G \cdot \frac{p}{100}$$

$$\text{Grundwert} = \frac{\text{Prozentwert} \cdot 100}{\text{Prozentsatz}} \qquad G = \frac{W}{p} \cdot 100$$

$$\text{Prozentsatz} = \frac{\text{Prozentwert} \cdot 100}{\text{Grundwert}} \qquad p = \frac{W}{G} \cdot 100$$

Zins- und Zinseszinsrechnung:

Zinsen für ein Jahr	$Z = K \cdot \frac{p}{100}$
Zinsen für m Monate	$Z = K \cdot \frac{p}{100} \cdot \frac{m}{12}$
Zinsen für t Tage	$Z = K \cdot \frac{p}{100} \cdot \frac{t}{360}$
Kapital nach n Jahren	$K_n = K \cdot \left(1 + \frac{p}{100}\right)^n$
effektiver Zinssatz	$p_{eff} = p \cdot 0{,}75$

Spannweite = Maximum – Minimum

Median: Wert, der genau in der Mitte einer geordneten Datenmenge steht.

Modus: Wert, der in der Datenmenge am häufigsten vorkommt.

Mittelwert: Die Summe der Einzelwerte $x_1, x_2, \ldots, x_n$ dividiert durch die Anzahl n der Einzelwerte.

Satz von Pythagoras: Die Summe der Quadrate der beiden Kathetenlängen ist gleich dem Quadrat der Länge der Hypotenuse.

Parallelogramm: $A = a \cdot h_a = b \cdot h_b$

Raute: $A = a \cdot h = \frac{e \cdot f}{2}$

Deltoid: $A = \frac{e \cdot f}{2}$

Trapez: $A = (a + c) \cdot \frac{h}{2}$

Dreieck: $A = \frac{a \cdot h_a}{2} = \frac{b \cdot h_b}{2} = \frac{c \cdot h_c}{2}$

Rechtwinkliges Dreieck mit den Katheten a und b: $A = \frac{a \cdot b}{2}$

Volumen eines Prismas: $V = G \cdot h$

Oberfläche eines Prismas: $O = 2 \cdot G + M$

Volumen einer Pyramide: $V = \frac{G \cdot h}{3}$

Oberfläche einer Pyramide: $O = G + M$

Masse eines Körpers = Dichte mal Volumen

SCHULARBEITEN

Key: 162

Sechs Schularbeiten inklusive Lösungen gibt es als **Online-Zusatzangebot**, das wir ebenfalls zur Vertiefung und Festigung dieser Kompetenzen empfehlen. Über den hier abgedruckten **QR Code®** bzw. Key kannst du dir diese Schularbeiten **gratis auf** dein **Handy** oder deinen **Computer** laden.

Jede Schularbeit setzt sich aus **verschiedenen Stoffgebieten** zusammen. Diese Stoffgebiete sind am Beginn der Schularbeit jeweils angeführt.

Richte dir Schreibzeug, Geodreick und mehrere Blätter Papier her, nimm dir genau **50 Minuten** Zeit (genauso wie in der Schule) und lass dich von niemandem stören. Mama, Papa oder ältere Geschwister dürfen selbstverständlich auch nicht um Rat gefragt werden – kannst du in der Schule auch nicht machen. Setz dich in aller Ruhe an einen Platz, wo du ungestört bist, und los geht es! Rechne die Beispiele gewissenhaft und so gut es geht durch. Lasse deine Ergebnisse anschließend mit Hilfe der Lösungen kontrollieren.

Für die Auswertung richte dich nach folgender Punkteverteilung:

Bewertung:	**44 bis 48 Punkte**	→	**Sehr gut**
	38 bis 43 Punkte	→	**Gut**
	31 bis 37 Punkte	→	**Befriedigend**
	24 bis 30 Punkte	→	**Genügend**
	unter 24 Punkte	→	**Nicht genügend**

Pro Fehler ziehst du einen Punkt ab. Der nächste Punkt wird fällig, wenn du wieder einen Fehler gemacht hast usw. Machst du einen Rechenfehler, rechnest aber dann mit dem (falschen) Ergebnis richtig weiter, brauchst du dir nur einmal Punkte abziehen. Mehr Punkte als es pro Beispiel überhaupt zu erzielen gibt, kannst du dir natürlich nicht abziehen.

Gutes Gelingen mit vielen supertollen Noten!

DURCH STARTEN

ZUM ERREICHEN DER MATHEMATIK-BILDUNGSSTANDARDS

MATHEMATIK

7

3. Klasse HS/NMS/AHS

COACHINGBUCH LÖSUNGSHEFT

VERITAS

Gemeinsam besser lernen

DIAGNOSETEST GANZE UND RATIONALE ZAHLEN

1

ganze Zahlen, $\mathbb{Z}$: die Menge der natürlichen Zahlen erweitert um die negativen Zahlen
rationale Zahlen, $\mathbb{Q}$: die Menge aller Brüche mit ganzzahligen Zählern und Nennern

2

$-5 < -3 < -1 < 0 < 1 < 2 < 3$
$\frac{3}{2} > 0{,}3 > -\frac{1}{2} > -1$

3

$|-5| = 5$ $|+6{,}7| = 6{,}7$ $|0| = 0$
Der Betrag ist der Abstand einer ganzen bzw. rationalen Zahl vom Nullpunkt.

4

$\frac{6}{5} = 1{,}2$

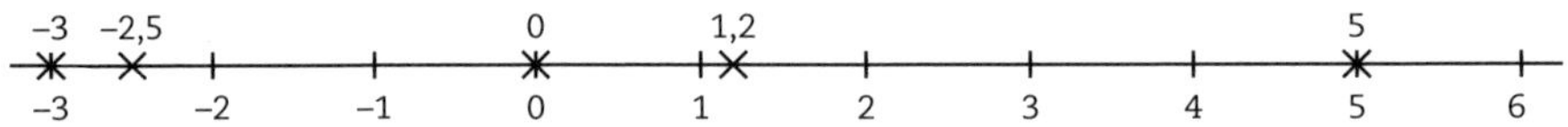

5

Mit –6 kann durch einen nach **links** gerichteten **Pfeil** mit der Länge **6** eine Verkleinerung um 6 beschrieben werden.

6

$(+5) - (-3) + (-8) = 5 + 3 - 8 = 0$
$(-4) \cdot (+3) + (+12) : (-6) = -12 + (-2) = -12 - 2 = -14$

7

A(–3|2), B(4|–1), C(–2|–5)

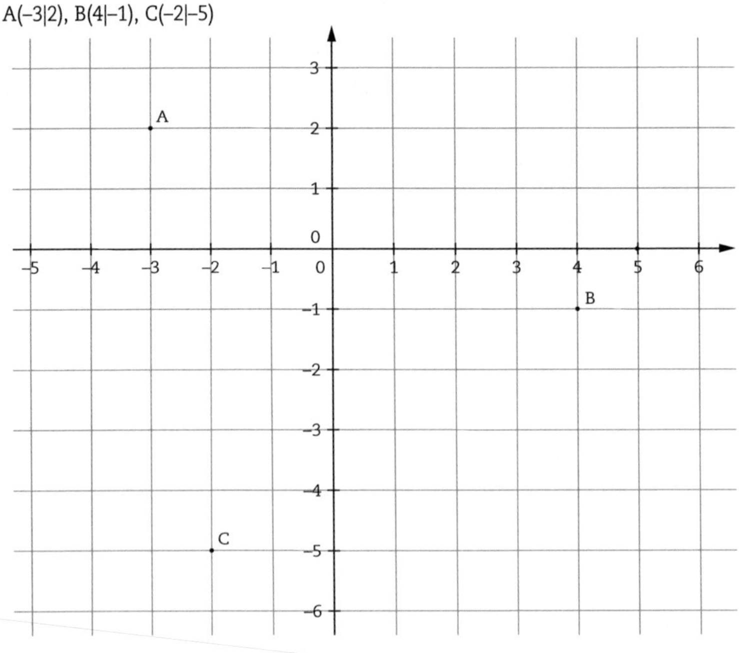

8

$(-4\frac{1}{2}) : \frac{3}{4} + 1{,}5 = -\frac{9}{2} \cdot \frac{4}{3} + \frac{15}{10} = -6 + \frac{3}{2} = -\frac{12}{2} + \frac{3}{2} = -\frac{9}{2} = -4\frac{1}{2}$

GANZE UND RATIONALE ZAHLEN

Beispiel Seite 10

A = –4; B = –1; C = +2 = 2; D = +5 = 5

1

a) A = –3; B = 0; C = 1; D = 6 **b)** A = –100; B = –30; C = 10; D = 80

2

a) –3 < 0 < 1 < 6 **b)** 80 > 10 > –30 > –100

3

a)

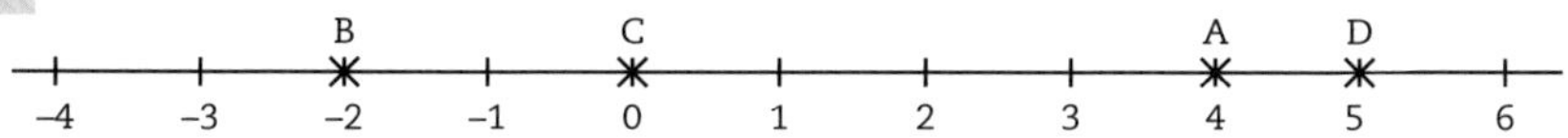

b)

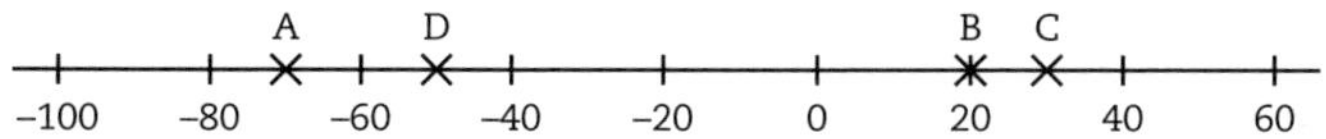

4

a) Die ganze Zahl –11 hat vom Nullpunkt den Abstand 11.
b) Die ganze Zahl 0 hat vom Nullpunkt den Abstand 0.
c) Die ganze Zahl +15 hat vom Nullpunkt den Abstand 15.
d) Die ganzen Zahlen –7 und 7 haben vom Nullpunkt den Abstand 7.
e) Die ganzen Zahlen –13 und 13 haben vom Nullpunkt den Abstand 13.

5

|–11| = 11, |0| = 0, |+15| = 15, |–7| = |+7| = 7, |–13| = |+13| = 13

6

a) –6 **b)** –5 **c)** 0 **d)** +11 **e)** +20

7

a) Die Gegenzahl zu +23 = –(+23) = –23 **b)** Die Gegenzahl zu –17 = –(–17) = 17
c) Die Gegenzahl zu 29 = –29

8

a) –6 +(+5) = –6 + 5 = –1 **b)** 12 +(–14) = 12 – 14 = –2

9

a)

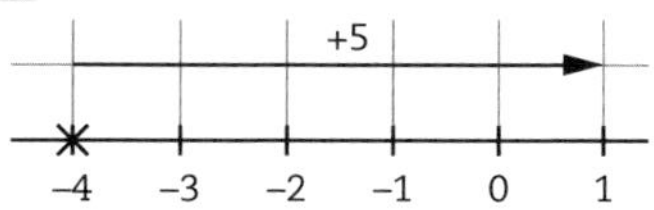

–4 + 5 = 1

b)

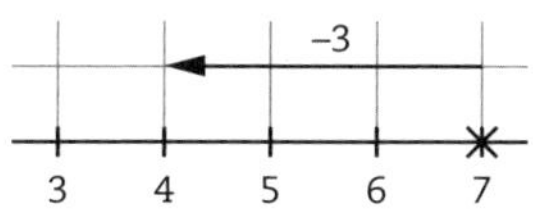

7 – 3 = 4

c)

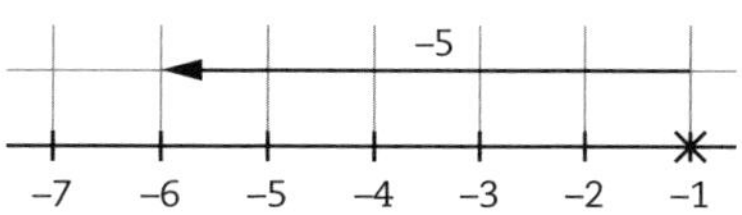

–1 – 5 = –6

d)

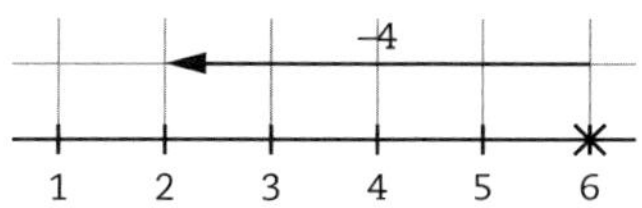

6 – 4 = 2

10

–1; –4; +10; 0

11

a) $(+5) - (+10) = 5 + (-10) = 5 - 10 = -5$

b) $(-3) - (-8) = -3 + (+8) = -3 + 8 = 5$

c) $(-11) - (+10) = -11 + (-10) = -11 - 10 = -21$

d) $(+8) - (-9) = 8 + (+9) = 8 + 9 = 17$

12

a) $(+2) + (+7) + (-11) = 2 + 7 - 11 = -2$

b) $(-3) + (+10) + (-14) = -3 + 10 - 14 = -7$

c) $(-10) + (-10) + (-5) = -10 - 10 - 5 = -25$

13

a)

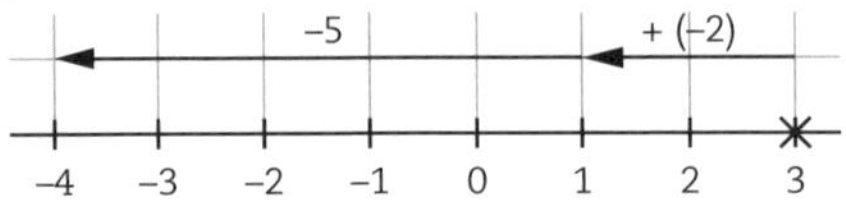

$3 - 2 - 5 = -4$

b)

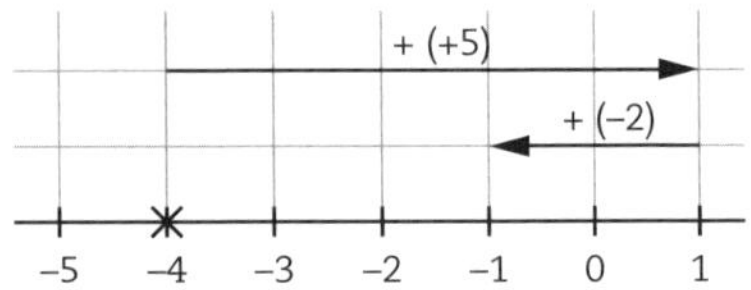

$-4 + 5 - 2 = -1$

c)

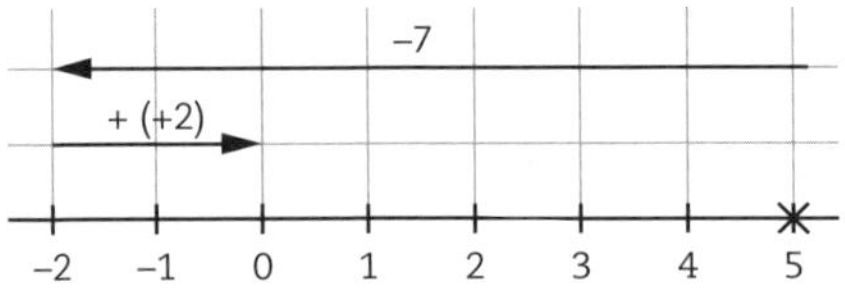

$5 - 7 + 2 = 0$

14

- ☐ (+3) + 5 – 2
- ☒ (+3) + (+5) + 2
- ☐ 3 – (+3) + 2
- ☒ 3 + 5 + 2
- ☐ 3 – 5 + 2

15

a) $(-12) \cdot (+5) = -60$ **b)** $6 \cdot (+11) = 66$ **c)** $(+13) \cdot (-11) = -143$ **d)** $(-20) \cdot (-9) = 180$

16

a) $(+112) : (-2) = -56$ **b)** $270 : (+6) = 45$ **c)** $(-198) : (-18) = 11$ **d)** $(-1\,056) : (+22) = -48$

17

·	+10	–5	0	–1
–9	–90	45	0	9
+12	120	–60	0	–12
+3	30	–15	0	–3

18

:	+105	–210	0	+315
–35	–3	6	0	–9
+5	21	–42	0	63
–3	–35	70	0	–105

19

a) $(-3) \cdot (-10) \cdot (-1) \cdot (+12) = -360$ **b)** $(-12) \cdot 10 \cdot (-3) = 360$ **c)** $5 \cdot 0 \cdot (-4) \cdot (-10) \cdot 2 = 0$

d) $100 : (-2) : (-10) = 5$ **e)** $0 : (-6) : 2 : (+3) = 0$ **f)** $(-270) : 5 : (-2) : (-3) = -9$

20

a) A(3|2) **b)** B(−3| 1) **c)** C(−2|−2) **d)** D(3|−3)

21

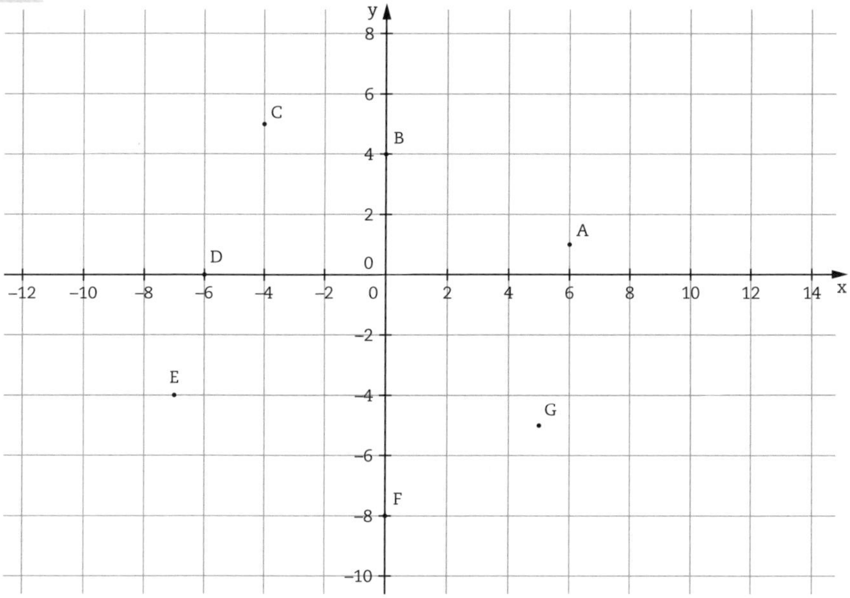

22

A(5|0) B(2|5) C(0|2) D(−3|1) E(−4|0) F(−2|−2) G(0|−2) H(3|−1)

A: x-Achse B: 1. Quadrant C: y-Achse D: 2. Quadrant
E: x-Achse F: 3. Quadrant G: y-Achse H: 4. Quadrant

23

a)

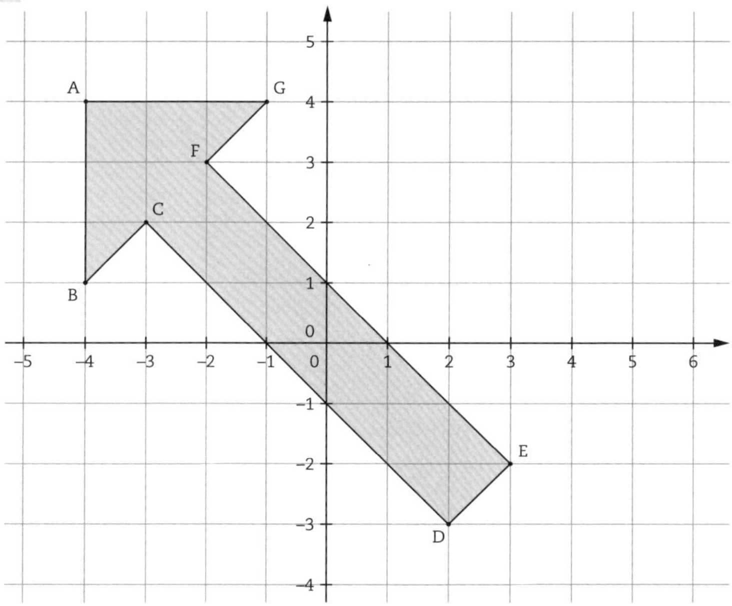

Pfeil

b)

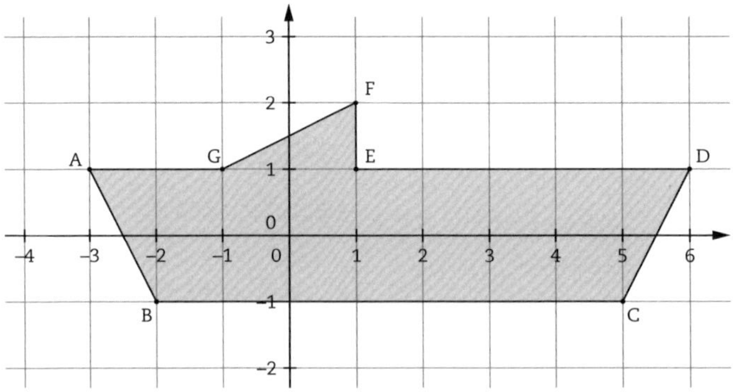

Boot

24

	ℕ	ℤ	ℚ
0	x	x	x
−4		x	x
$\frac{3}{8}$			x
−3,25			x
17	x	x	x
$\frac{30}{6}$	x	x	x

25

A = 2 B = 1,25 C = 0 D = −0,25 E = −0,5 F = −1,75

−1,75 < −0,5 < −0,25 < 0 < 1,25 < 2

26

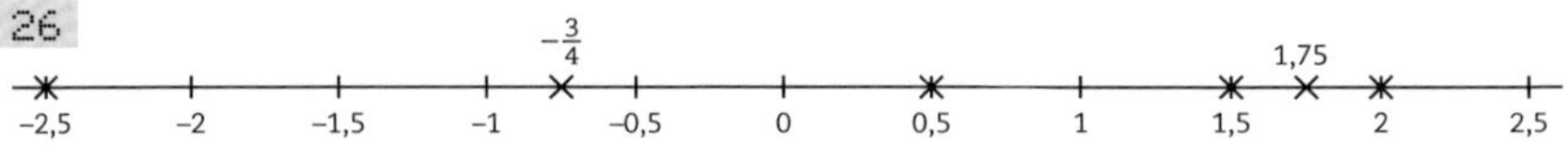

Beispiele Seite 20

$|-2{,}\dot{5}| = 2{,}\dot{5}$ $\left|+1\frac{7}{11}\right| = 1\frac{7}{11}$ $|0| = 0$

Die Gegenzahl zu −15,4 ist 15,4.

Die Gegenzahl zu $7\frac{1}{3}$ ist $-7\frac{1}{3}$.

Die Gegenzahl zu 0 ist 0.

A(0|−3,5) B(4,5|4) C(−0,5|3) D(−4,75|0)

27

a) −4 < 5 **b)** |−1,5| > 0,5 **c)** 16,4 > 1,64 **d)** |+0,5| = |−0,5| **e)** 18 > −19 **f)** −4,5 > −5,4

28

a) $-\frac{3}{2} < -0{,}5$ **b)** |−13,2| = 13,2 **c)** |−1,2| > 0,12 **d)** $\left|-\frac{3}{4}\right| > \left|-\frac{3}{5}\right|$ **e)** $\left|+\frac{5}{6}\right| > -\frac{5}{6}$ **f)** 213 < |−231|

29

a) −340 < −34 < −3,4 < −0,34 < 34

b) −0,456 < |−0,456| < |+4,56| < |−45,6|

30

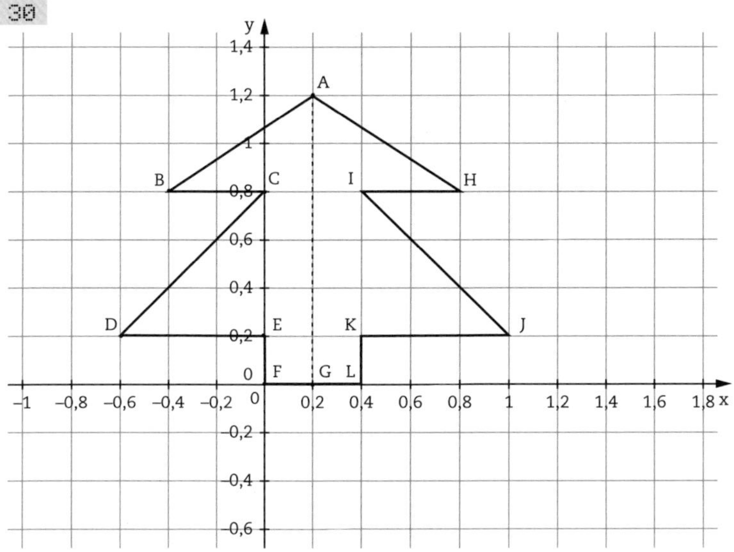

A(0,2|1,2) B(−0,4|0,8) C(0|0,8) D(−0,6|0,2) E(0|0,2) F(0|0) G(0,2|0)
H(0,8|0,8) I(0,4|0,8) J(1|0,2) K(0,4|0,2) L(0,4|0)

Beispiel Seite 22

$(+1{,}5) + \left(-\frac{3}{4}\right) = 1{,}5 - \frac{3}{4} =$ — Vor- und **Rechen**zeichen vereinfachen.

$= \frac{3}{2} - \frac{3}{4} =$ — Dezimalzahl als **Bruch** darstellen.

$= \frac{6}{4} - \frac{3}{4} = \frac{3}{4}$ — **Gleich**namige Brüche subtrahieren.

31

a) $\left(+\frac{3}{4}\right) - \left(+\frac{1}{4}\right) = \frac{3}{4} - \frac{1}{4} = \frac{2}{4} = \frac{1}{2}$

b) $\frac{5}{11} - \left(-\frac{4}{11}\right) = \frac{5}{11} + \frac{4}{11} = \frac{9}{11}$

c) $\left(-\frac{9}{10}\right) - \left(-\frac{7}{10}\right) = -\frac{9}{10} + \frac{7}{10} = -\frac{2}{10} = -\frac{1}{5}$

d) $3\frac{4}{7} + \left(-\frac{5}{7}\right) = \frac{25}{7} - \frac{5}{7} = \frac{20}{7} = 2\frac{6}{7}$

e) $\left(-2\frac{2}{5}\right) - 1\frac{1}{5} = -\frac{12}{5} - \frac{6}{5} = -\frac{18}{5} = -3\frac{3}{5}$

f) $\left(3\frac{4}{9}\right) + \left(-1\frac{7}{9}\right) = \frac{31}{9} - \frac{16}{9} = \frac{15}{9} = \frac{5}{3} = 1\frac{2}{3}$

32

a) $\left(+\frac{3}{8}\right) + \left(+\frac{1}{2}\right) = \frac{3}{8} + \frac{1}{2} = \frac{3}{8} + \frac{4}{8} = \frac{7}{8}$

b) $\left(-3\frac{3}{8}\right) - \left(+3\frac{1}{4}\right) = -\frac{27}{8} - \frac{13}{4} = -\frac{27}{8} - \frac{26}{8} = -\frac{53}{8} = -6\frac{5}{8}$

c) $\left(-\frac{7}{8}\right) - \left(-1\frac{3}{4}\right) = -\frac{7}{8} + \frac{7}{4} = -\frac{7}{8} + \frac{14}{8} = \frac{7}{8}$

d) $\frac{11}{4} - (+2{,}5) = \frac{11}{4} - \frac{25}{10} = \frac{11}{4} - \frac{5}{2} = \frac{11}{4} - \frac{10}{4} = \frac{1}{4}$

e) $-1{,}02 + \left(-\frac{7}{100}\right) = -\frac{102}{100} - \frac{7}{100} = -\frac{109}{100}$

f) $(-16{,}4) - (-12{,}8) = -16{,}4 + 12{,}8 = -3{,}6$

33

a) $14{,}3 - x = 4{,}5 \qquad x = 14{,}3 - 4{,}5 = 9{,}8$

b) $x - 5{,}4 = -2{,}8 \qquad x = -2{,}8 + 5{,}4 = 2{,}6$

c) $x = -\frac{5}{12} - \frac{5}{12} = -\frac{10}{12} = -\frac{5}{6}$

d) $\frac{3}{4} + x = -4{,}25 \qquad x = -4\frac{1}{4} - \frac{3}{4} = -\frac{17}{4} - \frac{3}{4} = -\frac{20}{4} = -5$

e) $x = -1\frac{3}{5} + \left(+1\frac{3}{5}\right) = -1\frac{3}{5} + 1\frac{3}{5} = 0$

34

a) $4{,}5 - (-4) = 4{,}5 + 4 = 8{,}5$

b) $\frac{2}{5} - (-1{,}4) = \frac{2}{5} + \frac{14}{10} = \frac{2}{5} + \frac{7}{5} = \frac{9}{5} = 1\frac{4}{5}$

c) $11{,}3 - 3{,}25 = 8{,}05$

Beispiel Seite 24

$1\frac{2}{9} : \left(-3\frac{1}{3}\right) =$ (+) : (–) = (–) → Vorzeichen des **Quotienten**

$= -\frac{11 \cdot 3}{9 \cdot 10} =$ Mit dem **Kehrwert** multiplizieren.

$= -\frac{11 \cdot \cancel{3}^{1}}{{}_{3}\cancel{9} \cdot 10} = -\frac{11}{30}$ Kürzen!

35

a) $\left(+\frac{3}{8}\right) \cdot \left(-\frac{3}{5}\right) = -\frac{9}{40}$

b) $\left(-\frac{7}{8}\right) \cdot \left(-\frac{2}{7}\right) = \frac{1}{4}$

c) $\frac{4}{5} \cdot \left(+\frac{10}{3}\right) = \frac{8}{3} = 2\frac{2}{3}$

d) $\left(+3\frac{1}{2}\right) \cdot \left(-\frac{5}{7}\right) = -\frac{7}{2} \cdot \frac{5}{7} = -\frac{5}{2} = -2\frac{1}{2}$

e) $\left(-2\frac{3}{5}\right) \cdot \frac{1}{13} = -\frac{13}{5} \cdot \frac{1}{13} = -\frac{1}{5}$

f) $\left(-2\frac{1}{7}\right) \cdot \left(+1\frac{1}{15}\right) = -\frac{15}{7} \cdot \frac{16}{15} = -\frac{16}{7} = -2\frac{2}{7}$

36

a) $\frac{4}{5} : \left(-\frac{2}{3}\right) = -\frac{4}{5} \cdot \frac{3}{2} = -\frac{6}{5} = -1\frac{1}{5}$

b) $\left(-\frac{7}{8}\right) : \left(-\frac{5}{4}\right) = \frac{7}{8} \cdot \frac{4}{5} = \frac{7}{10}$

c) $\left(-\frac{2}{3}\right) : \left(+\frac{4}{9}\right) = -\frac{2}{3} \cdot \frac{9}{4} = -\frac{3}{2} = -1\frac{1}{2}$

d) $\left(-1\frac{2}{3}\right) : \left(-\frac{5}{6}\right) = \frac{5}{3} \cdot \frac{6}{5} = 2$

e) $4\frac{2}{3} : \left(-1\frac{5}{9}\right) = -\frac{14}{3} \cdot \frac{9}{14} = -3$

f) $\left(-\frac{4}{9}\right) : \left(+\frac{5}{6}\right) = -\frac{4}{9} \cdot \frac{6}{5} = -\frac{8}{15}$

37

a) $1{,}75 \cdot \left(-\frac{16}{21}\right) = -\frac{7}{4} \cdot \frac{16}{21} = -\frac{4}{3} = -1\frac{1}{3}$

b) $1\frac{1}{3} \cdot 0{,}75 = \frac{4}{3} \cdot \frac{3}{4} = 1$

c) $(-0{,}5) \cdot \left(-2\frac{2}{5}\right) = \frac{1}{2} \cdot \frac{12}{5} = \frac{6}{5} = 1\frac{1}{5}$

d) $\left(-\frac{7}{8}\right) : (-\,0{,}25) = \frac{7}{8} : \frac{1}{4} = \frac{7}{8} \cdot 4 = \frac{7}{2} = 3\frac{1}{2}$

e) $0{,}6 : \left(-2\frac{1}{10}\right) = -\frac{6}{10} : \frac{21}{10} = -\frac{6}{10} \cdot \frac{10}{21} = -\frac{2}{7}$

f) $\left(-1\frac{1}{7}\right) : (-1{,}4) = \frac{8}{7} : \frac{14}{10} = \frac{8}{7} \cdot \frac{5}{7} = \frac{40}{49}$

38

a) **Richtig**, da sich die Zahlen in den Vorzeichen unterscheiden, die Beträge aber gleich sind.
zB $3 : (-3) = -1$

b) **Falsch**, da das Produkt zweier Zahlen, die sich nur durch das Vorzeichen unterscheiden, nicht immer –1 sein muss; zB $3 \cdot (-3) = -9$

c) **Richtig**, da das Produkt einer positiven und einer negativen Zahl immer negativ ist;
zB $2 \cdot (-2) = -4 < 0$

d) **Falsch**, da der Quotient einer positiven und einer negativen Zahl immer negativ ist;
zB $4 : \left(-\frac{1}{4}\right) = -16 < 0$

39

a) $\frac{3}{4} : \left(-\frac{1}{2}\right) = -\frac{3}{4} \cdot 2 = -\frac{3}{2} = -1\frac{1}{2}$

b) $\frac{2}{3} : \frac{4}{9} = \frac{2}{3} \cdot \frac{9}{4} = \frac{3}{2} = 1\frac{1}{2}$

c) $\frac{9}{5} : \frac{9}{4} = \frac{9}{5} \cdot \frac{4}{9} = \frac{4}{5}$

d) $-\frac{22}{9} : \frac{11}{3} = -\frac{22}{9} \cdot \frac{3}{11} = -\frac{2}{3}$

Beispiele Seite 26

Gemischte Zahlen in **unechte** Brüche umwandeln und die Klammer berechnen.
Mit dem **Kehrwert** des Divisors **multiplizieren**.
Vorzeichen des **Produkts** bestimmen!
Vor dem Multiplizieren **kürzen**.

40

a) $\left(2\frac{7}{8} + 1\frac{1}{16}\right) \cdot \frac{2}{63} = \left(\frac{23}{8} + \frac{17}{16}\right) \cdot \frac{2}{63} = \frac{63}{16} \cdot \frac{2}{63} = \frac{1}{8}$

b) $3\frac{1}{6} + \left(-\frac{5}{8}\right) \cdot \left(-\frac{2}{3}\right) = \frac{19}{6} + \frac{5}{12} = \frac{43}{12} = 3\frac{7}{12}$

c) $\frac{15}{9} : \left(-\frac{5}{3}\right) + \frac{4}{9} : \left(-\frac{2}{3}\right) = -\frac{5}{3} \cdot \frac{3}{5} - \frac{4}{9} \cdot \frac{3}{2} = -1 - \frac{2}{3} = -1\frac{2}{3}$

d) $\left[4 \cdot \left(-\frac{3}{4}\right) + 5\right] : \left[4 \cdot \left(-\frac{3}{4} - 5\right)\right] = [-3 + 5] : [-3 - 20] = 2 : (-23) = -\frac{2}{23}$

41

a) $-5{,}2 - 1{,}2 : (-0{,}75) = -5{,}2 - (-1{,}6) = -5{,}2 + 1{,}6 = -3{,}6$

b) $\left(\frac{7}{12} - \frac{5}{9}\right) : \frac{5}{21} = \frac{1}{36} \cdot \frac{21}{5} = \frac{7}{60}$

c) $\left(\frac{2}{9} + \frac{8}{21}\right) \cdot \frac{63}{19} = \frac{38}{63} \cdot \frac{63}{19} = 2$

TEST GANZE UND RATIONALE ZAHLEN

A = −1,4	B = −1,1	C = −0,1	D = 0,6	E = 1
|−1,4| = 1,4	|−1,1| = 1,1	|−0,1| = 0,1	|0,6| = 0,6	|1| = 1

a) Setzt man ein Minus vor eine ganze Zahl, entsteht die **Gegenzahl**.
b) Der Betrag einer rationalen Zahl ist ihr Abstand vom **Nullpunkt**.
c) Die Beträge einer ganzen Zahl und ihrer **Gegenzahl** sind gleich.
d) Auf der Zahlengeraden weiter rechts liegende rationale Zahlen sind **größer** als weiter links liegende.

a) $|-14| + (-10) - (-21) = 14 - 10 + 21 = 25$

b) $\left(-1\frac{2}{9}\right) \cdot \left|-2\frac{1}{11}\right| = -\frac{11}{9} \cdot \frac{23}{11} = -\frac{23}{9} = -2\frac{5}{9}$

c) $\left(-\frac{9}{5}\right) : (+0{,}48) = -\frac{9}{5} : \frac{48}{100} = -\frac{9}{5} \cdot \frac{100}{48} = -\frac{15}{4} = -3\frac{3}{4}$

$\left(-2\frac{1}{4}\right) \cdot \left[1\frac{1}{3} - \frac{3}{4} : \left(-1\frac{1}{2}\right)\right] = -\frac{9}{4} \cdot \left[\frac{4}{3} + \frac{3}{4} \cdot \frac{2}{3}\right] = -\frac{9}{4} \cdot \frac{11}{6} = -\frac{33}{8} = -4\frac{1}{8}$

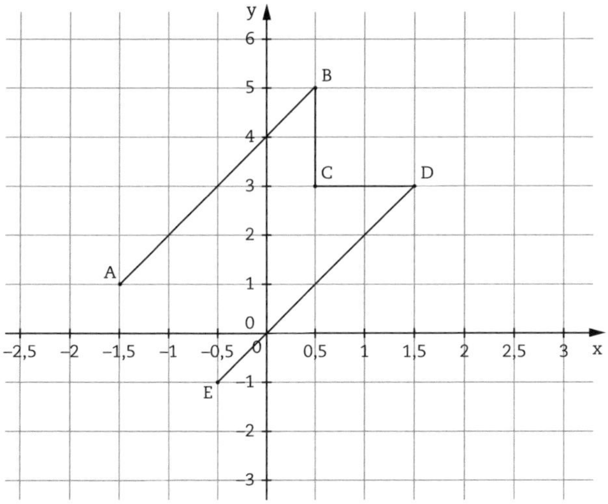

Es entsteht ein M.

	ℕ	ℤ	ℚ
−34	☐	☒	☒
1,3	☐	☐	☒
0	☒	☒	☒
10	☒	☒	☒
$\frac{4}{9}$	☐	☐	☒

DIAGNOSETEST POTENZEN UND TERME

1

$4a = a + a + a + a, \quad a^4 = a \cdot a \cdot a \cdot a$

2

a^n ... Potenz, a ... Basis, n ... Hochzahl (Exponent)

3

$(-3)^2 = (-3) \cdot (-3) = 9, \quad -3^2 = -(3 \cdot 3) = -9$

4

$3^3 : 9 - (2 - 3 \cdot 2)^2 = 27 : 9 - (-4)^2 = 3 - 16 = -13$

5

Schreibe kürzer an: $100\,000 = 10^5$

Schreibe ohne 10^6 an: $4{,}5 \cdot 10^6 = 4\,500\,000$

6

Ein Term ist ein **sinnvoller** mathematischer Ausdruck.

$a \cdot (a^2 - 2a + 3) - (a^3 + 4a^2) = a^3 - 2a^2 + 3a - a^3 - 4a^2 = -6a^2 + 3a$

$(x - 3) \cdot (x + 5) = x^2 - 3x + 5x - 15 = x^2 + 2x - 15$

7

$(2a - 5b)^2 = 4a^2 - 20ab + 25b^2, \quad 4a^2 - 6a = 2a \cdot (2a - 3)$

POTENZEN UND TERME

Beispiele Seite 30

2^3 heißt **Potenz** mit der **Basis** 2 und dem **Exponenten** 3.

2 ist der **Exponent** der **Potenz** x^2 mit der **Basis** x.

42

a) $0{,}2 \cdot 0{,}2 \cdot 0{,}2 = 0{,}2^3$
b) $\frac{2}{7} \cdot \frac{2}{7} \cdot \frac{2}{7} \cdot \frac{2}{7} \cdot \frac{2}{7} = \left(\frac{2}{7}\right)^5$
c) $(-3) \cdot (-3) \cdot (-3) \cdot (-3) = (-3)^4$

43

a) $3^3 = 3 \cdot 3 \cdot 3 = 27$
b) $2^5 = 2 \cdot 2 \cdot 2 \cdot 2 \cdot 2 = 32$
c) $4^2 = 4 \cdot 4 = 16$
d) $15^3 = 15 \cdot 15 \cdot 15 = 3\,375$
e) $1^5 = 1 \cdot 1 \cdot 1 \cdot 1 \cdot 1 = 1$

44

a) $(-3)^4 = (-3) \cdot (-3) \cdot (-3) \cdot (-3) = 81$
b) $(-3)^3 = (-3) \cdot (-3) \cdot (-3) = -27$
c) $(-5)^2 = (-5) \cdot (-5) = 25$
d) $(-5)^5 = (-5) \cdot (-5) \cdot (-5) \cdot (-5) \cdot (-5) = -3\,125$

Wird eine negative Zahl mit einer geraden/~~ungeraden~~ Hochzahl potenziert, hat das Ergebnis ein **positives** Vorzeichen.

Wird eine negative Zahl mit einer ~~geraden~~/ungeraden Hochzahl potenziert, hat das Ergebnis ein **negatives** Vorzeichen.

45

a) $2 \cdot 3 \cdot 2 \cdot 3 \cdot 3 = 2^2 \cdot 3^3$
b) $a \cdot b \cdot b \cdot a \cdot a \cdot a \cdot b = a^4 \cdot b^3$
c) $\frac{2}{3} \cdot \frac{2}{3} \cdot x \cdot \frac{2}{3} \cdot x \cdot x \cdot x = \left(\frac{2}{3}\right)^3 \cdot x^4$

46

a) (1) $4 \cdot 1 = 4$ (2) $1^4 = 1$
b) (1) $4 \cdot 2 = 8$ (2) $2^4 = 16$
c) (1) $4 \cdot 3 = 12$ (2) $3^4 = 81$
d) (1) $4 \cdot 4 = 16$ (2) $4^4 = 256$

47

a) $8\,000 = 8 \cdot 10^3$
b) $720\,000 = 72 \cdot 10^4 = 7{,}2 \cdot 10^5$
c) $89\,000\,000 = 89 \cdot 10^6 = 8{,}9 \cdot 10^7$
d) $198\,000\,000\,000 = 198 \cdot 10^9 = 1{,}98 \cdot 10^{11}$

Beispiele Seite 32

Die Summe von x und y	→	$x + y$
Das Doppelte von a	→	$2a$
Das Produkt von e und f	→	$e \cdot f$
Der Vorgänger von a	→	$a - 1$
Die Differenz von 5 und dem Quotienten von a und b	→	$5 - a : b$

$m = b$	Es gibt genauso viele **Mädchen wie Buben**.
$m = 8$	Es gibt **8 Mädchen**.
$m + 1 = b$	Es gibt um 1 **Mädchen** weniger, als es **Buben** gibt.
$2m = b$	Es gibt halb so viele **Mädchen** wie **Buben**.

48

a) $a : b - 3$ **b)** $x \cdot y \cdot z$ **c)** $(2a + 3b) \cdot c$ **d)** $x : (y - z)$ **e)** $3a + b : 2$

49

a) Es gibt genauso viele Hühner wie Kühe.
b) Es gibt um 10 Kühe mehr als Hühner.
c) Es gibt um 5 Hühner weniger als Kühe.
d) Es gibt halb so viele Hühner wie Kühe.
e) Es gibt dreimal so viele Hühner wie Kühe.

50

a) $m : 2 = b$ oder $m = 2b$
b) $2b = m$ oder $b = m : 2$
c) $m = b$
d) $m - 3 = b$ oder $m = b + 3$
e) $b + 5 = m$ oder $b = m - 5$

51

a) $u = 2(x + y)$ **b)** $A = e \cdot f$ **c)** $u = 4a$
d) $A = h^2$ **e)** $K = x \cdot p$ **f)** $B = e + k$

52

a) $a + b + c = 1 + 2 - 3 = 0$
b) $2a - 3c = 2 + 9 = 11$
c) $(a + b) \cdot c = 3 \cdot (-3) = -9$
d) $(a + \frac{b}{2}) + c = 2 - 3 = -1$

Beispiele Seite 34

$-6x + (-2x) - (-6x) = -6x - 2x + 6x = -2x$
$8a - 2b + b - 3a - 5b = 8a - 3a - 2b + b - 5b = 5a - 6b$
$4a + 6 - 7a + 10a - 4 = 7a + 2$

$3a + 5b + (-7a + b) = 3a + 5b + (-7a) + b = 3a + 5b - 7a + b = -4a + 6b$
$3x + (5 - 2x) + 6y - x + (7x - y) = 3x + 5 - 2x + 6y - x + 7x - y = 7x + 5y + 5$

$5x - (-2x + 8) = 5x - (-2x) - (+8) = 5x + 2x - 8 = 7x - 8$
$(a + 2b - c) - (5a - b + 4c) = a + 2b - c - 5a + b - 4c = -4a + 3b - 5c$

Beispiel Seite 35

$7a + b - [a + 2b - (a + b) + (6a - 2b)] = 7a + b - [a + 2b - a - b + 6a - 2b] =$
$= 7a + b - a - 2b + a + b - 6a + 2b = a + 2b$

53

a) 7 **b)** $3a + b$ **c)** $a + 7b$ **d)** $8a - 4b + 3c$

54

a) $-x - 1$ Probe: -2 **b)** $-2x - 3$ Probe: -5
c) $6y$ Probe: 18 **d)** $2 - 2y$ Probe: -4

55

a) $-a + 7b$ **b)** $a - 7b$ **c)** $-3a + 7b$ **d)** $8a - 4b$

56

a) Es wurden die Vorzahlen und die Variablen extra subtrahiert. $6a - 4a = 2a$
b) Beim Auflösen der zweiten Klammer wurden die Rechenzeichen nicht geändert.
$(a + 2b - 5) - (6a - 2b + 3) = a + 2b - 5 - 6a + 2b - 3 = -5a + 4b - 8$

Beispiele Seite 36

$(-2x) \cdot (+7y) = (-2 \cdot 7) \cdot (x \cdot y) = -14xy$
$(-3x) \cdot (-5y) = 15xy$
$7x \cdot 8x = 56 \cdot x \cdot x = 56x^2$

$5a \cdot 6b - 2a \cdot 7b = 30ab - 14ab = 16ab$
$x \cdot 2x + 4y \cdot 2z - 3x \cdot 6x = 2x^2 + 8yz - 18x^2 = -16x^2 + 8yz$
$(-3x) \cdot 5y + 8x \cdot (-3y) - (-5x) \cdot (-4y) = -15xy + (-24xy) - 20xy = -15xy - 24xy - 20xy = -59xy$

57

a) $36ef$ **b)** $48ab$ **c)** $100xy$ **d)** $28ab$

58

a) $-3xy$ Probe: -18
b) $-12xy$ Probe: -72
c) $49xy$ Probe: 294
d) $-30xy$ Probe: -180

59

a) $34ab$ **b)** $110ab$ **c)** ab **d)** $60abc$

60

a) $11xy$ **b)** $-63xy$ **c)** $-10xyz$ **d)** $57xyz$

61

a) $10a^2 + 16a - 18$ **b)** $-a^2 - 20a + 18$ **c)** $4a^3 - 13a^2 - a$

62

a) $18x^2 - 19y^2$ **b)** $-45x^2$ **c)** $-5x^2$

63

☒ $3x \cdot 2y - 6x \cdot (-2y)$
☐ $6x \cdot x + 12y \cdot y$
☒ $6xy + 12xy$
☐ $6x^2 - 12y^2$
☐ $-3x \cdot (-2y) - (-6x) \cdot (-2y)$

Beispiele Seite 38

$(-3x) \cdot (-5x + 3) = (-3x) \cdot (-5x) + (-3x) \cdot 3 = 15x^2 - 9x$
$(a + 2b) \cdot ab = a \cdot ab + 2b \cdot ab = a^2b + 2ab^2$
$4 \cdot (a + 5b) + 3 \cdot (2a - b) = 4a + 20b + 6a - 3b = 10a + 17b$
$6 \cdot (3a - 2b) - 7 \cdot (-2a + 5b) = 18a - 12b + 14a - 35b = 32a - 47b$

$(4a - 2) \cdot (5a + 4) = 4a \cdot 5a - 2 \cdot 5a + 4a \cdot 4 - 2 \cdot 4 = 20a^2 - 10a + 16a - 8 = 20a^2 + 6a - 8$
$(-3a + 4) \cdot (6a - 2) = -3a \cdot 6a + 4 \cdot 6a + 3a \cdot 2 - 4 \cdot 2 = -18a^2 + 24a + 6a - 8 = -18a^2 + 30a - 8$

64

a) $20rs - 4rt$ **b)** $21ac + 42bc$ **c)** $18ef + 24eg$ **d)** $-uw + vw$

65

a) $2a^2 - ab$ **b)** $-15x^2 + 33x$ **c)** $-80c + 70c^2$ **d)** $-x^2 + 2xy$

66

a) $ab - 3b + 5a - 15$ **b)** $10st + 15t - 8s - 12$ **c)** $6ac - 3bc + 12ad - 6bd$

67

a) $-24x^2 + 34x - 7$ **b)** $49x^2 - 9$ **c)** $63x^2 - 2x - 48$

68

a) $-30x^2 + 35xy - 30x$ **b)** $-2ac - 4bc + 6c^2$ **c)** $-8x^2 - 16xy - 24xz$

69

a) $(x + y) \cdot z = xz + yz$ **b)** $(x + y) \cdot (y + z) = xy + y^2 + xz + yz$

Beispiele Seite 40

$6 \cdot (3 + 4)^2 = 6 \cdot 7^2 = 6 \cdot 49 = 294$
$(12 - 2 \cdot 5)^3 = (12 - 10)^3 = 2^3 = 8$

70

a) 23 **b)** 4 **c)** −44

71

$(22 + 2 \cdot 4)^3 = 1\,728$

72

a) $10a^2 - 13a$ Probe: 14
b) $10a^2 - 5a - 7$ Probe: 23
c) $-12a^2 - 17$ Probe: −65
d) $6a^2$ Probe: 24

73

a) a^6 **b)** b^6 **c)** c^8 **d)** d^7

74

a) $12a^5$ **b)** $-42b^7$ **c)** $-8c^6$ **d)** $36d^7$

75

a) a^3 **b)** b^4 **c)** $4c^2$ **d)** $3d^5$

76

a) $4a^2b$ **b)** $5a^2b^3$ **c)** $9a^3b$

77

a) a^{12} **b)** $4a^6$ **c)** $27a^6b^9$ **d)** $\frac{a^8}{b^{12}}$ **e)** $\frac{27a^3}{b^{12}}$

Beispiele Seite 43

$(2x + 3y^3)^2 = (2x)^2 + 2 \cdot 2x \cdot 3y^3 + (3y^3)^2 = 4x^2 + 12xy^3 + 9y^6$

$(x^2 + 5y)^2 = (x^2)^2 + 2 \cdot x^2 \cdot 5y + (5y)^2 = x^4 + 10x^2y + 25y^2$

78

a) $x^2 + 6x + 9$ **b)** $4 + 4a + a^2$ **c)** $z^2 - 2z + 1$ **d)** $b^2 - 16b + 64$

79

a) $x^2 + 8xy + 16y^2$ **b)** $49a^2 + 14ab + b^2$ **c)** $4x^2 - 12xy + 9y^2$ **d)** $16a^2 - 16ab + 4b^2$

80

a) $x^4 + 2x^2y + y^2$ **b)** $a^2 + 6ab^3 + 9b^6$ **c)** $x^6 - 4x^3y^2 + 4y^4$ **d)** $4a^6 - 4a^3y^4 + y^8$

81

a) $a^2 - 9$ **b)** $16 - b^2$ **c)** $9c^2 - 1$

82

a) $9a^2 - 36b^2$ **b)** $x^2 - 16y^2$ **c)** $0{,}25a^2 - 4b^2$

83

a) $9a^4 - b^2$ **b)** $25x^6 - 4y^4$ **c)** $a^8 - b^2$

84

a) $(2a + 7b)^2 = 4a^2 + 28ab + 49b^2$ **b)** $(3a - 4b)^2 = 9a^2 - 24ab + 16b^2$ **c)** $(3x - 3y) \cdot (3x + 3y) = 9x^2 - 9y^2$

Beispiele Seite 44

$36x^2 + 9x = 9 \cdot 4 \cdot x \cdot x + 9 \cdot x = 9x \cdot \left(\frac{\cancel{9} \cdot 4 \cdot \cancel{x} \cdot x}{\cancel{9x}} + \frac{\cancel{9x}}{\cancel{9x}}\right) = 9x \cdot (4x + 1)$

$3x^2y^4 - 9xy^3 = 3xy^3 \cdot \left(\frac{\cancel{3}x^{\cancel{2}}y^{\cancel{4}}}{\cancel{3xy^3}} - \frac{3 \cdot \cancel{3xy^3}}{\cancel{3xy^3}}\right) = 3xy^3 \cdot (xy - 3)$

85

a) $9(a - b)$ **b)** $10(3a + b)$ **c)** $6(2a - 3b)$ **d)** $4(7a + 5b)$

86

a) $a(a + 1)$ **b)** $a^2(a - 2)$ **c)** $a^3(5a^2 + 1)$ **d)** $a^4(1{,}2 - a)$

87

a) $5x^2(2x - 3)$ **b)** $10x(2 + 3x)$ **c)** $15x^3(1 - 2x)$ **d)** $2x^3(x^2 + 4)$

88

Der Fehler wurde nach dem Herausheben in der Klammer gemacht, denn $7x : 7x$ ist 1 und nicht 0!
$14x^3 + 7x = 7x \cdot (2x^2 + 1)$

89

- ☒ $3x \cdot (4x^2 + 2x - 1)$
- ☐ $12x^3 - 6x^2 + 9x$
- ☒ $12x^3 + 6x^2 - 3x$
- ☐ $3x \cdot (4x^2 + 2x - 3)$
- ☐ $7x^2 + 5x - 4x$

90

a) $a^2b^2(a^2b^3 + 1)$ **b)** $ab(a^2b - 1)$ **c)** $a^4b^3(a^2 + b^2)$ **d)** $ab(b^6 - a^6)$

91

a) $2a^3b^2(5 + ab^3)$ **b)** $6ab(b^2 - 3)$ **c)** $3a^2b^2(7b + 6a)$ **d)** $8ab(3b^2 - 2a^2)$

92

a) $4a^3b^2(6ab - 3b + 2a^2)$ **b)** $3a^3b^2(3a^2b + 4b - 9a)$
c) $9a^2b^3c^3(-4a + 3bc - 5ab)$ **d)** $6a^3b^3c^2(3ab^2 - 7c - 9ab^2c^2)$

Beispiele Seite 46

Der Term ist das ausgerechnete Quadrat des Binoms $(a + b)^2 = a^2 + 2ab + b^2$

$16x^2 = (4x)^2$ $24xy = 2 \cdot 4x \cdot 3y$ $9y^2 = (3y)^2$

$16x^2 + 24xy + 9y^2 = (4x + 3y)^2$

$36x^2 = (6x)^2$ $100y^2 = (10y)^2$

$36x^2 - 100y^2 = (6x + 10y) \cdot (6x - 10y)$

93

a) $(2x + 7y)^2$ **b)** $(3x - 5y)^2$ **c)** $(8x + 10y)^2$
d) $(8x - 7y)(8x + 7y)$ **e)** $(10x - 11y)(10x + 11y)$ **f)** $(9x - 12y)(9x + 12y)$
g) $\left(\frac{1}{2}x + y\right)^2$ **h)** $\left(\frac{2}{5}x - 4y\right)\left(\frac{2}{5}x + 4y\right)$ **i)** $\left(x + \frac{3}{4}y\right)^2$

TEST POTENZEN UND TERME

a) $4 \cdot 10^4$ **b)** $35 \cdot 10^5 = 3{,}5 \cdot 10^6$

a) -32 **b)** 81 **c)** -25

a) $(x \cdot y) : z$ $(20 \cdot 5) : 25 = 4$
b) $\frac{1}{y} \cdot x$ $\frac{1}{5} \cdot 20 = 4$
c) $(x + y) - z = x + y - z$ $(20 + 5) - 25 = 0$

$4a - 3b - 4b - a + b - 10a + 2b = -7a - 4b$ Probe: -26

$34x^2$

a) $15x^2 - 20xy + 35xz$ **b)** $-42x^2 + 62xy - 8y^2$

a) -28 **b)** $\frac{729a^{12}}{b^6}$ **c)** $14a^5b^5$ **d)** $5a^3b^3$

a) $\frac{4}{9}x^2 - 4xy + 9y^2$ **b)** $x^6 + 8x^3y + 16y^2$ **c)** $25x^6 - y^8$

a) $4ab(ab^2 - 1)$ **b)** $(x - 7y)^2$ **c)** $(0{,}5a - 4b) \cdot (0{,}5a + 4b)$

DIAGNOSETEST GLEICHUNGEN

1

4 ist keine Lösung, da nach dem Einsetzen von 4 für die Variable 20 = 17 eine falsche Aussage ist.

2

$$2 \cdot (2x + 5) = (x - 2) - (-x - 16)$$
$$4x + 10 = 2x + 14$$
$$x = 2$$

3

Setzt man für die Variable die erhaltene Lösung ein, muss eine richtige Aussage entstehen.

4

$$(2x + 3)^2 - (2x + 5) \cdot (2x - 5) = 11 \cdot (x - 3)$$
$$4x^2 + 12x + 9 - 4x^2 + 25 = 11x - 33$$
$$12x + 34 = 11x - 33$$
$$x = -67$$

5

$$10 + \frac{3x}{4} = \frac{5x}{2} - 20$$ Mit dem kgV der Nenner multiplizieren!
$$40 + 3x = 10x - 80$$
$$120 = 7x$$
$$\frac{120}{7} = x$$

6

Eine Gleichung kann auch gar keine Lösung bzw. unendlich viele Lösungen haben.

7

$$x + (x + 2) + (x + 4) = 237$$
$$3x + 6 = 237$$
$$x = 77$$ Die Zahl lautet 77.

8

$a = \left(\frac{1}{d} + c\right) : b$ $b = \left(\frac{1}{d} + c\right) : a$ $c = ab - \frac{1}{d}$ $d = \frac{1}{a \cdot b - c}$

GLEICHUNGEN

Beispiel Seite 50

3 ist **keine Lösung** von $2 \cdot (x + 3) = 3x - 11$, da $2 \cdot (3 + 3) = 3 \cdot 3 - 11$
$12 = -2$

Das ist eine **falsche** Aussage.

94

Für x wird 3 eingesetzt. $4 \cdot (9 - 1) + 5 = 27 + 10$
$37 = 37$

Es entsteht eine richtige Aussage. Daher ist 3 die Lösung der Gleichung.

95

- ☐ $4x + 11 = 31$
- ☐ $x + 3 = (2x + 6) : 2$
- ☐ $(x - 3) \cdot 2 = 20 : x$
- ☒ $5x - 3 = x + 15$
- ☐ $3x - 4 = 2x + 1$

96

- ☐ $4x - 7 = 2x + 5$
- ☐ $4x + 2 = 8x - 14$
- ☐ $6x + 7 = 25$
- ☐ $2x = 0$
- ☒ $2 \cdot (x - 4) + 5 = 1$

97

a) $x = 9{,}2$ **b)** $x = -19$ **c)** $x = 3$ **d)** $x = -7$ **e)** $x = 2$ **f)** $x = 12$

98

a) $x = (33 - 27) \cdot 2 = 12$ **b)** $x = (15 + 3) \cdot (-5) = -90$ **c)** $x = \left(\frac{1}{4} + 5\right) : \frac{3}{7} = \frac{49}{4}$

99

a) $x = b + a$ **b)** $a - b = x$ **c)** $x = 5b + 3a$
d) $6a + 7b = x$ **e)** $x = b - a$ **f)** $x = 3b$

100

☐ $x = 5a + 8b$ ☐ $x = 5a - 8b$ ☒ $x = 8b - 5a$ ☐ $x = 5a - 8b$

Beispiele Seite 52

$$\begin{aligned}
5 \cdot (x + 5) - 2 \cdot (x - 3) &= x + 7 - (-x + 4) \\
5x + 25 - 2x + 6 &= x + 7 + x - 4 \\
3x + 31 &= 2x + 3 && | -2x \\
1x + 31 &= 3 && | -31 \\
x &= -28
\end{aligned}$$

$$\begin{aligned}
(2x + 3)^2 + (2x - 5)^2 &= (2x - 1) \cdot (4x + 1) - 1 \\
4x^2 + 12x + 9 + 4x^2 - 20x + 25 &= 8x^2 - 4x + 2x - 1 - 1 \\
8x^2 - 8x + 34 &= 8x^2 - 2x - 2 && | -8x^2 \\
-8x + 34 &= -2x - 2 && | +8x \\
34 &= 6x - 2 && | +2 \\
36 &= 6x && | :6 \\
6 &= x
\end{aligned}$$

101

a) $x = 8$ Probe: 86 **b)** $x = -14$ Probe: −66
c) $x = 11$ Probe: −48 **d)** $x = -4$ Probe: 0

102

a) $x = 2$ Probe: 0 **b)** $x = -7$ Probe: 299
c) $x = 3$ Probe: 117 **d)** $x = -4$ Probe: 0

103

a) $x = -1$ Probe: 16 **b)** $x = 2$ Probe: 73

c) $x = -1$ Probe: 41 **d)** $x = 1$ Probe: 4

104

a) $x = 3$ Probe: $\frac{5}{6}$ **b)** $x = 6$ Probe: $\frac{19}{24}$

c) $x = 3$ Probe: 3 **d)** $x = 12$ Probe: -12

105

a) $x^2 + 6x - 1 = x^2 + 6x - 1$ **b)** $-2 = -2$ **c)** $0 = 0$ **d)** $4 - 4x = 4 - 4x$

106

a) $16 = 20$ **b)** $-49 = 4$ **c)** $17 = 10$ **d)** $-9 = 9$

107

☐ $6x = 12$

☒ $3x - 5 = 4 + 3x$

☐ $6x - 3 = 3$

☐ $4x - 12 = 3x + 12$

108

☐ $4x - x + 5 = 2x + 6$

☒ $3 \cdot (x - 1) + 2 = 3x - 1$

☐ $-x + 3 = -(-x - 3)$

☐ $4x - 3 = 2x + 3$

☒ $2x - 10 = -2 \cdot (-x + 5)$

109

Eine Gleichung hat unendlich viele Lösungen, wenn auf beiden Seiten des Gleichheitszeichens **dieselben Terme stehen**.

Erhält man nach der Vereinfachung der Terme einer Gleichung eine falsche Aussage, gibt es **keine** Lösung.

Beispiel Seite 56

$2x - 3 = 25 \quad | + 3$

$2x = 28 \quad | : 3$

$x = 14$

110

a) $x + (x + 1) + (x + 2) + (x + 3) + (x + 4) = 70$, $x = 12$

☐ 10 ☒ 12 ☐ 14 ☐ 16 ☐ 18

b) Jetzt hat Tom x €. $3x = x + 28$, $x = 14$

☐ 10 € ☐ 12 € ☒ 14 € ☐ 16 € ☐ 18 €

c) x ... Anzahl der Bonbons, die Tom Tina gibt. $20 - x = 14 + x$, $x = 3$

☐ 2 ☒ 3 ☐ 4 ☐ 5 ☐ 6

111

a) Die gesuchte Zahl ist x. $x + x - 7 = 5$, $x = 6$

b) x ist der Wert, um den 30 und 20 geändert werden. $30 - x = 20 + x$, $x = 5$

c) x ist die Länge der Quadratseite. $4x = 216$, $x = 54$ cm

d) Die gesuchte Zahl ist x. $8x + 5 = 5x + 2$, $x = -1$

112

a) Die gesuchte Zahl ist x. $5x + 8 = 7x$, $x = 4$
b) Die gesuchte Zahl ist x. $2x - 3 = 41$, $x = 22$
c) Die gesuchte Zahl ist x. $x + 10 = 2x - 17$, $x = 27$
d) Die gesuchte Zahl ist x. $3x - 15 = 15$, $x = 10$

Beispiele Seite 58

$u = 2 \cdot (a + b) \quad |:2$

$\frac{u}{2} = a + b \quad |-b$

$\frac{u}{2} - b = a$

$a = b + \frac{c}{2} \quad |-b$

$a - b = \frac{c}{2} \quad |\cdot 2$

$(a - b) \cdot 2 = c$

113

a) $a = \frac{u}{4}$
b) $s = v \cdot t$, $t = \frac{s}{v}$
c) $F_s = \frac{W}{s}$, $s = \frac{W}{F_s}$
d) $W = P \cdot t$, $t = \frac{W}{P}$

114

a) $a = \frac{c}{b}$; $b = \frac{c}{a}$
b) $a = c - b$; $b = c - a$
c) $a = c \cdot b$; $b = \frac{a}{c}$
d) $a = \frac{2 - c}{b}$; $b = \frac{2 - c}{a}$; $c = 2 - a \cdot b$

115

a) $P = G + k \cdot x$ $\quad G = P - k \cdot x$ $\quad k = \frac{P - G}{x}$ $\quad x = \frac{P - G}{k}$
b) $E = F + P$ $\quad F = E - P$ $\quad P = E - F$

116

a) $A = \frac{x \cdot y}{2}$; $x = \frac{2A}{y}$; $y = \frac{2A}{x}$
b) $A = \frac{(x + y) \cdot z}{2}$; $z = \frac{2A}{x + y}$; $x = \frac{2A}{z} - y$; $y = \frac{2A}{z} - x$

TEST GLEICHUNGEN

- ☐ $4x + 10 = 22$
- ☐ $2 \cdot (x + 4) = 5x - 1$
- ☒ $2x - (x + 3) = 5$
- ☐ $(x + 1) \cdot (x - 2) = x + 1$
- ☐ $3x = x^2$

---

a) $x = 1$
b) $x = -4$

☐ $x = 5b - 9a$ ☐ $x = 9a + 5b$ ☐ $x = -9a - 6b$ ☒ $x = 9a - 5b$

$x = 2$ Probe: 4

$x = 6$ Probe: $\frac{2}{3}$

- ☐ $x : 3 + 5 = 11$
- ☐ $2x - 7 = 3 - 4 \cdot (x + 1)$
- ☒ $-x + 3 = 6 - x$
- ☐ $5 - 6x = 4x + 5$

- ☐ $3x - 5 = 7 - 3x$
- ☒ $2x + 16 = 2 \cdot (x + 8)$
- ☐ $x + 2x - 3 = 2x + 4$
- ☐ $18 = 6x$
- ☒ $3 \cdot (x + 4) - 1 = 3x + 11$

$10x - 20 = 5x, \quad x = 4$

$A = \frac{x \cdot z}{2} + y \cdot z \qquad x = \frac{2A - 2 \cdot y \cdot z}{z}$

Gleichung: $2x = x + 20$
$x = 20$

☐ 10 € ☐ 15 € ☒ 20 € ☐ 25 € ☐ 30 €

DIAGNOSETEST EBENE FIGUREN

1

Flächeninhalt des Rechtecks mit den Seitenlängen a und b: $A = a \cdot b$, $b = A : a$

2

$\sqrt{0,64} = 0,8$

3

Die Seiten, die den rechten Winkel bilden, heißen Katheten, die dem rechten Winkel gegenüberliegende Seite ist die Hypotenuse. Satz von Pythagoras: Die Summe der Quadrate der Kathetenlängen ist gleich groß wie das Quadrat der Hypotenusenlänge.

4

Hypotenuse = 17, Kathete = 15, fehlende Kathete = $\sqrt{17^2 - 15^2} = 8$, $u = 40$, $A = 60$

5

$d = \sqrt{45^2 + 28^2} = 53$

6

$A = \frac{a \cdot h_a}{2} = 8,75 \text{ cm}^2$

7

$A = b \cdot h_b = 20,4 \text{ cm}^2$

8

$A = \frac{e \cdot f}{2}$, e und f sind die Diagonallängen des Deltoids.

9

$A = \frac{(a + c) \cdot h}{2}$

EBENE FIGUREN

Beispiel Seite 64

$u = 4 \cdot (a - c)$

$A = (a - c) \cdot (a - c) = (a - c)^2$

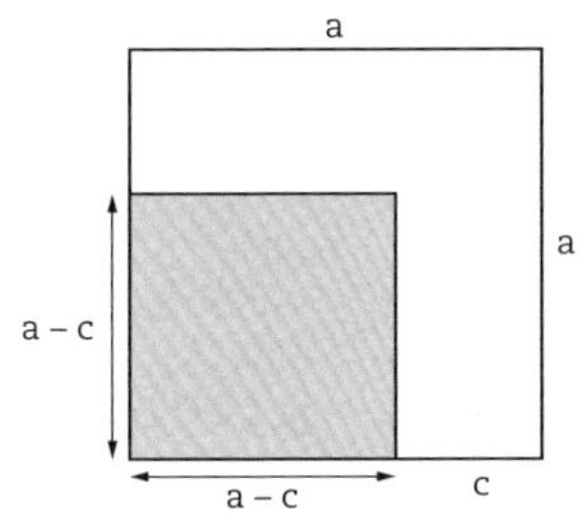

117

- ☐ $x + 2y$
- ☒ $2x + 2y$
- ☐ $2x + y$
- ☒ $2 \cdot (x + y)$

118

- ☐ $2x$
- ☐ $x + x$
- ☒ $x \cdot x$
- ☒ x^2

119

a) $u = 2 \cdot (c - d) + 2 \cdot (a + b)$, $A = (a + b) \cdot (c - d)$
b) $u = a + 2 \cdot b + 4 \cdot c + (a - 2 \cdot c) = 2 \cdot a + 2 \cdot b + 2 \cdot c$, $A = a \cdot b - (a - 2c) \cdot c = a \cdot b - a \cdot c + 2 \cdot c^2$

120

Zeichne Rechtecke mit den angegebenen Maßen:
a) 3,8 cm x 4,5 cm; $A = 17{,}1\ m^2$
b) 6 cm x 8 cm; $A = 1\,200\ m^2$
c) 5 cm x 4 cm; $A = 8\,000\ cm^2$
d) 4 cm x 3,6 cm; $A = 36\,000\ m^2$

121

a) $b = 5{,}6$ **b)** $x = 7{,}8$ **c)** $s = 26$ **d)** $a = 10$

Beispiele Seite 66

$\sqrt{49} = 7$, weil $7^2 = 49$
$\sqrt{121} = 11$, weil $11^2 = 121$
$\sqrt{1{,}44} = 1{,}2$, weil $1{,}2^2 = 1{,}44$

$\sqrt{9} \cdot \sqrt{25} = 3 \cdot 5 = 15$
$\frac{\sqrt{81}}{\sqrt{25}} = \frac{9}{5}$

122

$1^2 = 1$	$2^2 = 4$	$3^2 = 9$	16	25	**36**	**49**	**64**	81	**100**
121	**144**	**169**	196	225	**256**	**289**	324	**361**	400

123

a) 6 **b)** 12 **c)** 5,5 **d)** 6,8 **e)** 21

124

a) 4 ist die Quadratwurzel aus 16, weil $4^2 = 16$.
b) 1,3 ist die Quadratwurzel aus 1,69, weil $1{,}3^2 = 1{,}69$.
c) 0,8 ist die Quadratwurzel aus 0,64, weil $0{,}8^2 = 0{,}64$.
d) $\frac{2}{3}$ ist die Quadratwurzel aus $\frac{4}{9}$, weil $\left(\frac{2}{3}\right)^2 = \frac{4}{9}$.

125

a) $a = \sqrt{64} = 8$ cm **b)** $a = \sqrt{225} = 15$ cm

126

a) $\sqrt{16 \cdot 36} = 4 \cdot 6 = 24$ **b)** $\sqrt{49 \cdot 25} = 7 \cdot 5 = 35$
c) $\sqrt{\frac{64}{100}} = \frac{8}{10} = \frac{4}{5}$ **d)** $\sqrt{\frac{4}{121}} = \frac{2}{11}$

Beispiele Seite 68

$g^2 + f^2 = e^2$ $b^2 + c^2 = a^2$ $i^2 + j^2 = k^2$

127
Errichtet man über den **Katheten** und der **Hypotenuse** eines rechtwinkligen Dreiecks Quadrate, gilt: Die **Summe** der Flächeninhalte der Quadrate über den beiden **Katheten** ist gleich dem Flächeninhalt des **Quadrats** über der **Hypotenuse**.
$16 + 9 = 25$

128
a) $21^2 + 20^2 = 29^2$; rechtwinkliges Dreieck
b) $36^2 + 12^2 \neq 37^2$; kein rechtwinkliges Dreieck
c) $4{,}5^2 + 2{,}8^2 = 5{,}3^2$; rechtwinkliges Dreieck
d) $5{,}5^2 + 4{,}8^2 = 7{,}3^2$; rechtwinkliges Dreieck

129
a) $c = \sqrt{a^2 + b^2}$; $a = \sqrt{c^2 - b^2}$; $b = \sqrt{c^2 - a^2}$
b) $g = \sqrt{e^2 + f^2}$; $e = \sqrt{g^2 - f^2}$; $f = \sqrt{g^2 - e^2}$
c) $w = \sqrt{u^2 + v^2}$; $u = \sqrt{w^2 - v^2}$; $v = \sqrt{w^2 - u^2}$
d) $u = \sqrt{s^2 + t^2}$; $s = \sqrt{u^2 - t^2}$; $t = \sqrt{u^2 - s^2}$

Beispiel Seite 70
$a^2 + b^2 = c^2 \quad \rightarrow \quad b = \sqrt{c^2 - a^2} = \sqrt{65^2 - 33^2} = \sqrt{3\,136} = 56$ mm
$A = \frac{a \cdot b}{2} = \frac{33 \cdot 56}{2} = 924$ mm²
$u = a + b + c = 33 + 56 + 65 = 154$ mm

130
a) $c = 101$ mm, $u = 220$ mm **b)** $c = 74$ mm, $u = 168$ mm **c)** $c = 130$ mm, $u = 312$ mm

131
a) $b = 3{,}9$ cm, $A = 15{,}6$ cm² **b)** $a = 76$ mm, $A = 2\,166$ mm² **c)** $b = 8{,}8$ cm, $A = 29{,}04$ cm²

132
a) $x = \sqrt{10{,}8^2 + 8{,}1^2} = 13{,}5$ cm; $u = 32{,}4$ cm
b) $x = \sqrt{12{,}5^2 - 10^2} = 7{,}5$ cm; $u = 30$ cm
c) $x = \sqrt{14{,}5^2 - 8{,}7^2} = 11{,}6$ cm; $u = 34{,}8$ cm

133
a) $b = 2A : a = 45$ mm, $c = \sqrt{a^2 + b^2} = 51$ mm
b) $a = 2A : b = 55$ mm, $c = 73$ mm
c) $b = 88$ mm, $c = 110$ mm
d) $a = 36$ mm, $c = 85$ mm

134
a) $w = \sqrt{s^2 - h^2} = 1\,292$ m
b) $w = 2\,400$ m
c) $w = 1\,232$ m
d) $w = 2\,880$ m

135
a) $A = \frac{2a \cdot b}{2} = 2 \cdot \frac{a \cdot b}{2}$ Der Flächeninhalt verdoppelt sich.
b) $A = \frac{2a \cdot 2b}{2} = 4 \cdot \frac{a \cdot b}{2}$ Der Flächeninhalt wird viermal so groß.
c) $A = \frac{\frac{1}{2}a \cdot \frac{1}{2}b}{2} = \frac{1}{4} \cdot \frac{a \cdot b}{2}$ Der Flächeninhalt wird geviertelt.

Beispiele Seite 72

$d = \sqrt{a^2 + b^2} = \sqrt{24^2 + 10^2} = \sqrt{676} = 26$ cm
$r = \frac{d}{2} = 13$ cm

$A = a^2 \quad a^2 = 289 \quad \rightarrow \quad a = \sqrt{289} = 17$
$d = a \cdot \sqrt{2} = 17 \cdot \sqrt{2} \approx 24{,}04$ cm

136
a) $d = 37$ cm **b)** $d = 9$ cm **c)** $d = 105$ cm

137
a) $r = 8{,}5$ cm **b)** $r = 40$ cm

138
a) $b = 40$ cm, $A = 1\,680\ cm^2$, $u = 164$ cm **b)** $b = 56$ cm, $A = 2\,352\ cm^2$, $u = 196$ cm
c) $b = 144$ cm, $A = 6\,048\ cm^2$, $u = 372$ cm **d)** $b = 440$ cm, $A = 18\,480\ cm^2$, $u = 964$ cm

139
a) $b = 6{,}4$ cm, $d = 13{,}6$ cm, $r = 6{,}8$ cm **b)** $b = 8{,}4$ cm, $d = 11{,}6$ cm, $r = 5{,}8$ cm
c) $b = 5{,}6$ cm, $d = 10{,}6$ cm, $r = 5{,}3$ cm

140
a) $a = 11{,}2$ cm, $d \approx 15{,}8$ cm **b)** $a = 9{,}9$ cm, $d \approx 14{,}0$ cm
c) $a = 14{,}4$ cm, $d \approx 20{,}4$ cm **d)** $a = 22$ cm, $d \approx 31{,}1$ cm

141
a) $a = \frac{d}{\sqrt{2}} \approx 7{,}1$ cm **b)** $a \approx 12{,}7$ cm **c)** $a \approx 16{,}6$ cm **d)** $a \approx 22{,}2$ cm

142
a) $d = 2a \cdot \sqrt{2}$ Die Länge von d wird verdoppelt.
b) $d = \frac{1}{2}a \cdot \sqrt{2}$ Die Länge von d wird halbiert.

Beispiele Seite 74

$$A = \frac{c \cdot h_c}{2} \quad | \cdot 2 \qquad\qquad A = \frac{c \cdot h_c}{2} \quad | \cdot 2$$
$$2A = c \cdot h_c \quad | : h_c \qquad\qquad 2A = c \cdot h_c \quad | : c$$
$$\frac{2A}{h_c} = c \qquad\qquad \frac{2A}{c} = h_c$$

$$A = \frac{a \cdot h_a}{2} \qquad a = \frac{2A}{h_a}$$

143
a) $A = 54\ cm^2$ **b)** $A = 127{,}6\ cm^2$ **c)** $A = 440\ cm^2$

144
a) $A = 7{,}5\ m^2$ **b)** $A = 6{,}615\ m^2$

145
$c = 8$ cm, $h_c = 6$ cm, $A = 24\ cm^2$

146
a) $h_a = 18$ cm **b)** $h_b = 18$ cm **c)** $h_c = 12$ cm

147
$150\,000 : \frac{80 \cdot 50}{2} = 75$ €

Beispiel Seite 76
$h_c = \sqrt{25^2 - 15^2} = 20$ cm
Flächeninhalt des Dreiecks: $A = \frac{c \cdot h_c}{2} = 300\ cm^2$

148
a) $h = 13{,}6$ cm, $A = 130{,}72\ cm^2$ **b)** $h = 18$ cm, $A = 201{,}6\ cm^2$
c) $h = 86{,}4$ cm, $A = 881{,}28\ cm^2$ **d)** $h = 16{,}5$ cm, $A = 363\ cm^2$

149

a) $c = 2 \cdot \sqrt{a^2 - h_c^2} = 44$ cm **b)** $c = 66$ cm **c)** $c = 22$ cm **d)** $c = 88$ cm

150

a) $h_c = 33$ cm **b)** $c = 32{,}8$ cm

151

a) $h \approx 29{,}44$ cm, $A \approx 500{,}56$ cm² **b)** $h \approx 51{,}96$ cm, $A \approx 1\,558{,}85$ cm²
c) $h \approx 9{,}70$ cm, $A \approx 54{,}32$ cm² **d)** $h \approx 37{,}67$ cm, $A \approx 819{,}37$ cm²

152

a) $a \approx 17{,}78$ cm **b)** $a \approx 54{,}27$ cm **c)** $a \approx 28{,}02$ cm **d)** $a \approx 48{,}06$ cm

Beispiele Seite 78

$a = 5{,}6$ cm $h_a = 3{,}5$ cm
$A = a \cdot h_a = 5{,}6 \cdot 3{,}5 = 19{,}6$ cm²

$b = 3{,}7$ cm $h_b = 8{,}5$ cm
$A = 3{,}7 \cdot 8{,}5 = 31{,}45$ cm²

153

a) $A = 26{,}4$ cm² **b)** $A = 140{,}8$ dm² **c)** $A = 0{,}024$ m² **d)** $A = 0{,}56$ dm²

154

a) $a = A : h_a$ $h_a = A : a$ **b)** $b = A : h_b$ $h_b = A : b$ **c)** $a = u : 2 - b$ $b = u : 2 - a$

155

a) $A = 412 \cdot 679 = 279\,748$ m² **b)** $A = 700 \cdot 500 = 350\,000$ m²

156

a) D(−4|3), $A = 24$ cm² **b)** C(6|3), $A = 20$ cm² **c)** B(3|0), $A = 10$ cm²

157

a) $h_a = 8$ cm **b)** $h_a = 8{,}7$ cm **c)** $h_b = 5{,}6$ m **d)** $h_b = 14$ m

158

	a)	b)	c)	d)
A	315 cm²	1 098,88 cm²	**48,4 cm²**	664,3 cm²
b	21 cm	**40,4 cm**	8,8 cm	51,1 cm°
h_b	**15 cm**	27,2 cm	5,5 cm	**13 cm**

Beispiele Seite 80

$e = 6{,}4$ cm $f = 4{,}8$ cm $A = \frac{e \cdot f}{2} = 15{,}36$ cm²

Quadrat: $d = 12$ cm $A = 72$ cm²

159

a) $A = 35$ cm² **b)** $A = 37{,}95$ cm² **c)** $A = 23{,}5$ cm²

160

a) $A = 84{,}5$ cm² **b)** $A = 1\,512{,}5$ mm² **c)** $A = 3{,}92$ cm² **d)** $A = 0{,}245$ dm²

161

a) $e = \frac{2 \cdot A}{f}$; $f = \frac{2 \cdot A}{e}$ **b)** $d = \sqrt{2 \cdot A}$

162

Deltoid	a)	b)	c)	d)
A	**49,2 cm²**	26,1 cm²	50,02 cm²	116,44 cm²
e	11 cm	**8,7 cm**	12,2 cm	**16,4 cm**
f	9 cm	6 cm	**8,2 cm**	14,2 cm

163

Die Diagonalen des Rhombus bilden einen rechten Winkel. Der Rhombus (wie auch das Quadrat) kann als Spezialfall eines Deltoids angesehen werden. Daher gilt die Flächenformel für das Deltoid auch für den Rhombus.

164

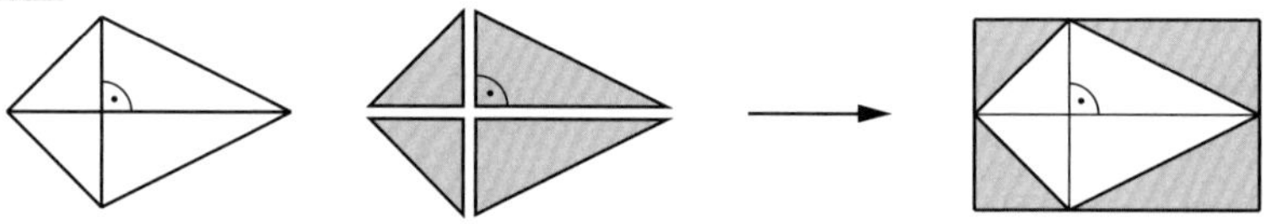

Jedes Viereck, dessen Diagonalen einen rechten Winkel bilden, kann auf ein Rechteck ergänzt werden. Die Seitenlängen des Rechtecks sind e und f. Das Rechteck hat einen doppelt so großen Flächeninhalt wie das Viereck.
Daher gilt für den Flächeninhalt des Vierecks: $A = \frac{e \cdot f}{2}$

Beispiele Seite 82

a) $A = \frac{1}{2} \cdot (70 + 80) \cdot 55 = \frac{1}{2} \cdot 150 \cdot 55 = 4\,125\ mm^2$ **b)** $A = 750\ m^2$

165

a) $A = 3\,810\ mm^2$ **b)** $A = 43{,}25\ cm^2$

166

$A = 900\ mm^2$
Die Summe der Längen der Parallelseiten und die Länge der Höhe sind jeweils gleich groß. Daher haben die Trapeze denselben Flächeninhalt.

167

a)

$$A = \frac{1}{2} \cdot (a + c) \cdot h \quad | \cdot 2$$
$$2A = (a + c) \cdot h \quad | : (a + c)$$
$$\frac{2A}{a + c} = h$$

b) + c)

$$2A = (a + c) \cdot h \quad | : h$$
$$\frac{2A}{h} = a + c \quad | - c \text{ bzw. } - a$$
$$\frac{2A}{h} - c = a \quad \text{bzw.} \quad \frac{2A}{h} - a = c$$

168

a) $h = 5$ cm **b)** $a = 12{,}5$ cm **c)** $c = 13{,}7$ cm

169

a) $A = 909{,}5\ m^2$ **b)** $A = 552{,}5\ m^2$

TEST EBENE FIGUREN

$A = (a - 2c) \cdot (b - d)$ $u = 2 \cdot (a - 2c) + 2 \cdot (b - d)$

a) $b = 36{,}2$ cm, $A = 1\,962{,}04$ cm²
b) $a = 12$ cm, $u = 48$ cm

a) 14 ist die Quadratwurzel von 196, weil $14^2 = 196$.
b) 22 ist die Seitenlänge eines Quadrats mit dem Flächeninhalt 484, weil $22^2 = 484$.

a) $10 \cdot 4 = 40$ **b)** $\frac{9}{13}$

$45^2 + 54{,}4^2 = 70{,}6^2$
$4\,984{,}36 = 4\,984{,}36$ ... rechtwinklig, da der Satz von Pythagoras gilt.

$b = 65$ m, $c = 79{,}4$ m, $u = 190$ m

$a = A : b = 37$ dm $d = 96{,}2$ dm

$h_b = 35$ m

$h_c = 12$ cm, $A = 420$ cm²

$h_b = 35$ m

a) 1 800 m² **b)** 3 850 m²

DIAGNOSETEST VERHÄLTNISSE UND PROPORTIONEN

1
Unter dem Verhältnis von 5 cm und 2,5 cm versteht man den Quotienten 5 : 2,5.

2
$2{,}7 : 3{,}6 = 27 : 36 = 3 : 4$

3
Eine Proportion ist eine Gleichung mit zwei Verhältnissen, zB $a : b = c : d$

4
$x = 4{,}5 \cdot 5 : 3 = 7{,}5$

5
Ein Verhältnis von mehreren Größen ist ein fortlaufendes Verhältnis, zB $a : b : c : d : \ldots$ usw.

6
Eine direkte Proportionalität ist, wenn das n-fache der einen Größe das n-fache der anderen Größe ist. Eine indirekte Proportionalität ist, wenn das n-fache der einen Größe der n-te Teil der anderen Größe ist.

7
Der Vorrat reicht $20 \cdot 120 : 15 = 160$ Tage.

8
15 Personen kommen mit 150 Litern Wasser $\frac{12}{15} \cdot \frac{150}{168} \cdot 7 = 5$ Tage aus.

VERHÄLTNISSE UND PROPORTIONEN

Beispiel Seite 88

8 : 10 → gekürzt durch 10
4 : 5 → nochmal gekürzt durch 2

170

a) 5 : 3 **b)** 1 : 5 **c)** 6 : 1 **d)** 7 : 1 **e)** 5 : 1 **f)** 2 : 3

171

a) 1 : 2 : 3 **b)** 4 : 3 : 5 **c)** 5 : 10 : 7 **d)** 3 : 4 : 2 : 5

172

a) 10 : 17 **b)** 4 : 1 **c)** 1 : 5 **d)** 3 : 5 **e)** 2 : 1 **f)** 5 : 1

173

a) 24 : 17 **b)** 21 : 50 **c)** 40 : 3 **d)** 1 : 50 **e)** 3 : 5 **f)** 5 : 2

174

a) Zum Beispiel: 3 cm, 3 cm : 12 cm = 1 : 4
b) Zum Beispiel: 1,4 cm, 5,6 cm : 7 cm = 4 : 5
c) Zum Beispiel: 2 cm, 16 cm : 6 cm = 8 : 3
d) Zum Beispiel: 5 cm, 45 cm : 10 cm = 9 : 2

Beispiele Seite 90

7,7 : 5,6 = 39 : 28
7,7 · 28 = 5,6 · 39
215,6 = 218,4
~~richtige~~/falsche Aussage
d.h., die Proportion ~~stimmt~~/stimmt nicht

17,5 : 2 = x

175

a) stimmt **b)** stimmt **c)** stimmt nicht **d)** stimmt

176

a) x = 0,8 **b)** y = 3,75 **c)** z = 5,6 **d)** a = 75

177

a) $a = \frac{1}{6}$ **b)** $b = \frac{9}{5}$ **c)** $c = \frac{3}{10}$ **d)** $d = \frac{105}{16}$

178

a) $x = \frac{11}{3}$ **b)** $x = -\frac{3}{5}$ **c)** $x = \frac{19}{8}$ **d)** $x = \frac{6}{5}$

179

a) 1 : 7 = 0,05 : x, x = 0,35 Liter Wasser
b) 2 : 5 = x : 12, x = 4,8 Liter gelbe Farbe
c) 1 : 50 000 = 20 : x, x = 1 000 000 cm = 10 km in Wirklichkeit
d) x : (35 – x) = 2 : 3, x = 14 cm ... 1. Teilstrecke, 21 cm ... 2. Teilstrecke

180

a) t = 19 €, 57 € : 76 € : 38 €
b) t = 15 €, 15 € : 30 € : 105 €
c) t = 5 cm, 300 cm : 100 cm : 100 cm
d) t = 60 cm, 60 cm : 120 cm : 180 cm : 240 cm

181

Je mehr km/h (d.h. je schneller) man fährt, desto **weniger** Minuten braucht man.
Die Größen „km/h" und „Minuten" sind **indirekt** proportional.
Bei einer indirekten Proportionalität zeigen die Pfeile in **entgegengesetzte** Richtungen.

90 : 100 = x : 30
x = (90 · 30) : 100 = 27

Fährt man mit durchschnittlich 100 km/h, braucht man **27** Minuten.

182

a) 24 Arbeiter ... 18 Tage			
18 Arbeiter ... x Tage	indirekt proportional	24 : 18 = x : 18	x = 24 Tage
b) 15 dag ... 1,40 €			
20 dag ... x €	direkt proportional	15 : 20 = 1,4 : x	x ≈ 1,87 €
c) 1,5 h ... 135 km			
2 h ... x	direkt proportional	1,5 : 2 = 135 : x	x = 180 km
d) 14,4, km/h ... 6 min			
32,4 km/h ... x min	indirekt proportional	14,4 : 32,4 = x : 6	x ≈ 2,7 min
e) 300 km ... 24,6 Liter			
x ... 41 Liter	direkt proportional	300 : x = 24,6 : 41	x = 500 km
f) 70 km/h ... 3,25 h			
91 km/h ... x	indirekt proportional	70 : 91 = x : 3,25	x = 2,5 h

183

a) 7 Esel ... 21 Säcke ... 3 Tage		
5 Esel ... 25 Säcke ... x Tage	$\frac{x}{3} = \frac{25}{21} \cdot \frac{7}{5}$	x = 5 Tage
b) 3 Arbeiter ... 225 m² ... 5 Stunden		
1 Arbeiter ... 90 m² ... x Stunden	$\frac{x}{5} = \frac{90}{225} \cdot \frac{3}{1}$	x = 6 Stunden
c) 36 m³ ... 1 LKW ... 3 Stunden		
72 m³ ... 3 LKW ... x Stunden	$\frac{x}{3} = \frac{1}{3} \cdot \frac{72}{36}$	x = 2 Stunden
d) 100 Stück ... 15 Arbeiter ... 30 Tage		
180 Stück ... x Arbeiter ... 45 Tage	$\frac{x}{15} = \frac{180}{100} \cdot \frac{30}{45}$	x = 18 Arbeiter
e) 48 Angestellte ... 7 Stunden ... 6 000 Briefe		
x Angestellte ... 8 Stunden ... 5 000 Briefe	$\frac{x}{48} = \frac{7}{8} \cdot \frac{5\,000}{6\,000}$	x = 35 Angestellte
f) 10 Züge ... 12 Waggons ... 2 880 Tonnen		
5 Züge ... x Waggons ... 960 Tonnen	$\frac{x}{12} = \frac{10}{5} \cdot \frac{960}{2\,880}$	x = 8 Waggons
g) 3 Arbeiter ... 360 m ... 36 Stunden		
2 Arbeiter ... 400 m ... x Stunden	$\frac{x}{36} = \frac{400}{360} \cdot \frac{3}{2}$	x = 60 Stunden
h) x Tischler ... 480 m² ... 4 Tage		
2 Tischler ... 144 m² ... 3 Tage	$\frac{x}{2} = \frac{480}{144} \cdot \frac{3}{4}$	x = 5 Tischler
i) 13 Angestellte ... 5 Tage ... 10 400 €		
9 Angestellte ... 3 Tage ... x €	$\frac{x}{10\,400} = \frac{3}{5} \cdot \frac{9}{13}$	x = 4 320 €
j) 8 Maschinen ... 13 800 Bleche ... 15 Tage		
11 Maschinen ... 25 300 Bleche ... x Tage	$\frac{x}{15} = \frac{25\,300}{13\,800} \cdot \frac{8}{11}$	x = 20 Tage
k) 4 500 € ... 9 Monate ... 135 € Zinsen		
5 300 € ... 7 Monate ... x € Zinsen	$\frac{x}{135} = \frac{7}{9} \cdot \frac{5\,300}{4\,500}$	x ≈ 123,67 €
l) 10 LKW ... 6 m³ ... 12 Tage		
12 LKW ... 4 m³ ... x Tage	$\frac{x}{12} = \frac{6}{4} \cdot \frac{10}{12}$	x = 15 Tage

TEST VERHÄLTNISSE UND PROPORTIONEN

a) 230 mm : 575 mm = 2 : 5
b) 5 800 Cent : 10 150 Cent = 4 : 7

1 120 000 cm : 2 800 000 cm : 4 480 000 cm = 2 : 5 : 8

a) Zum Beispiel: $(6 \cdot 3\text{ cm}) : (5 \cdot 3\text{ cm}) = 18\text{ cm} : 15\text{ cm}$
b) Zum Beispiel: $(4 \cdot 5\text{ m}) : (2 \cdot 5\text{ m}) : (3 \cdot 5\text{ m}) = 20\text{ m} : 10\text{ m} : 15\text{ m}$

a) $393{,}4 : 505{,}8 = 7 : 9$
$393{,}4 \cdot 9 = 505{,}8 \cdot 7$
$3\,540{,}6 = 3\,540{,}6$ ✓ Die Proportion ist richtig.

b) $4 : 5 = 92{,}2 : 115{,}5$
$4 \cdot 115{,}5 = 5 \cdot 92{,}2$
$462 = 461$ Die Proportion ist nicht richtig.

a) $x = 153$ **b)** $d = \frac{48}{7}$

$x = \frac{17}{6}$

$3 : 2 = x : 15$, $x = 22{,}5$ Liter rote Farbe

Ein Gewinn von 120 000 € soll auf 4 Gewinner im Verhältnis 3 : 2 : 4 : 1 aufgeteilt werden.
$3t + 2t + 4t + t = 120\,000$
$10t = 120\,000$
$t = 12\,000$ 36 000 € : 24 000 € : 48 000 € : 12 000 €

$3 : 5 = x : 11{,}5$ $x = 6{,}9$ Minuten

3 LKW ... 12t ... 16 Fahrten
4 LKW ... 12t ... x Fahrten $\frac{x}{16} = \frac{12}{12} \cdot \frac{3}{4}$ x = 12 Fahrten

3 LKW ... 12t ... 16 Fahrten
6 LKW ... 8t ... x Fahrten $\frac{x}{16} = \frac{12}{8} \cdot \frac{3}{6}$ x = 12 Fahrten

DIAGNOSETEST ÄHNLICHKEIT

1
- Gleiche Gestalt, aber unterschiedliche Größe.
- Entsprechende Längen stehen im selben Verhältnis.
- Entsprechende Winkel sind gleich groß.

2
Kongruente Figuren haben gleiche Gestalt und gleiche Größe.

3
Die Umfänge verhalten sich wie entsprechende Längen.

4
Die Flächeninhalte verhalten sich wie die Quadrate entsprechender Längen.

5
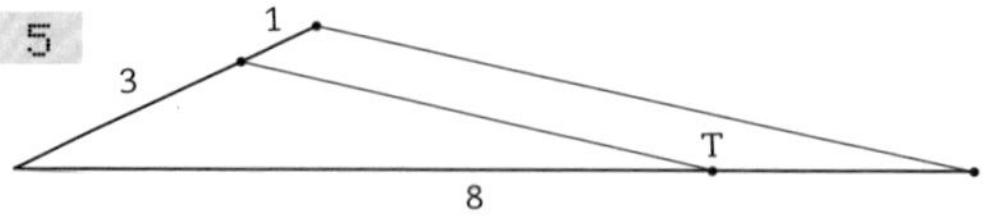

Teilstrecken: 6 cm, 2 cm

6
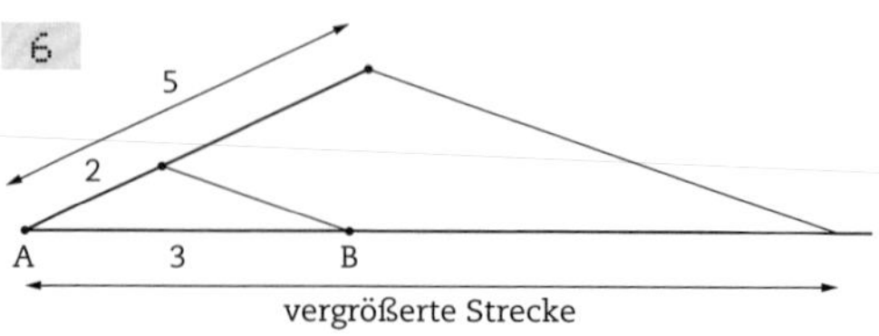

Vergrößerte Strecke: 7,5 cm

7

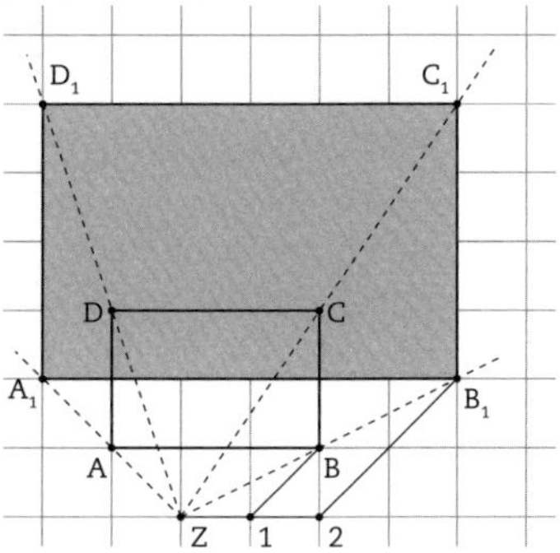

Seitenlängen des vergrößerten Rechtecks:
6 cm, 4 cm

8

- Die Längen von zwei Strecken auf einem Strahl verhalten sich wie die entsprechenden Längen auf dem anderen Strahl.
- Die Längen auf den Parallelen verhalten sich wie die entsprechenden vom Anfangspunkt S ausgehenden Strahlen.

184

a) ähnlich, ABCD ~ EFGH, da die Seitenverhältnisse jeweils 1 : 2 sind.
b) kongruent, ABCD ≃ EFGH, da die Figuren gleiche Gestalt und Größe haben.
c) nicht ähnlich, da die Seitenverhältnisse nicht gleich sind, 1 : 2 bzw. 2 : 3.
d) ähnlich, ABCD ~ EFGH, da die Seitenverhältnisse jeweils 2 : 5 sind.

185

a) ähnlich, da $a : b : c = a_1 : b_1 : c_1$
b) nicht ähnlich, da zB $5 : 6 \neq 6 : 7{,}5$
c) ähnlich, da $a : b : c = a_1 : b_1 : c_1$

186

$8 : 5 : 6 = a_1 : 3 : c_1$

$8 : 5 = a_1 : 3$
$24 = 5a_1$
$a_1 = 4{,}8$ cm

$5 : 6 = 3 : c_1$
$5c_1 = 18$
$c_1 = 3{,}6$ cm

187

$85 : 119 = 80 : c_1$
$c_1 = 112$ mm

$85 : 68 = 80 : b_1$
$b_1 = 64$ mm

$u_1 = 80 + 64 + 112 = 256$ mm

Beispiele Seite 102

Es gilt $u : u_1 = a : a_1 = b : b_1 = c : c_1$
Umfang des Dreiecks ABC: $u = a + b + c = 11 + 11 + 8 = 30$ cm
Verhältnis berechnen: $u : u_1 = 30 : 78 = 5 : 13$

Seiten von $A_1B_1C_1$: $a : a_1 = 5 : 13$
$11 : a_1 = 5 : 13$ $\quad a_1 = 28{,}6 \text{ cm} = b_1$

$c : c_1 = 5 : 13$
$8 : c_1 = 5 : 13$ $\quad c_1 = 20{,}8$ cm

Es gilt $A : A_1 = a^2 : a_1^2 = b^2 : b_1^2$
Flächeninhalt des Rechtecks ABCD: $A = a \cdot b = 4 \cdot 5 = 20 \text{ cm}^2$
Verhältnis berechnen: $A : A_1 = 20 : 125 = 4 : 25$

Seiten von $A_1B_1C_1D_1$: $a^2 : a_1^2 = 4 : 25$

$16 : a_1^2 = 4 : 25$ $\quad a_1 = 10$ cm

$b^2 : b_1^2 = 4 : 25$

$25 : b_1^2 = 4 : 25$ $\quad b_1 = 12{,}5$ cm

188

a) $a_1 = 6{,}75$ cm; $b_1 = 11{,}79$ cm; $c_1 = 9{,}27$ cm **b)** $a_1 = 11{,}25$ cm; $b_1 = 19{,}65$ cm; $c_1 = 15{,}45$ cm
c) $a_1 = 18{,}75$ cm; $b_1 = 32{,}75$ cm; $c_1 = 25{,}75$ cm

189

a) $a_1 = 1{,}6$ dm; $b_1 = 1$ dm $c_1 = 0{,}7$ dm $d_1 = 1{,}3$ dm
b) $a_1 = 8$ dm $b_1 = 5$ dm $c_1 = 3{,}5$ dm $d_1 = 6{,}5$ dm
c) $a_1 = 28$ dm $b_1 = 17{,}5$ dm $c_1 = 12{,}25$ dm $d_1 = 22{,}75$ dm

190

a) $b_1 = 27$ dm; $c_1 = 22{,}5$ dm **b)** $u = 45$ dm; $u_1 = 67{,}5$ dm; $u : u_1 = 2 : 3$

191

a) $a_1 = 9$ cm; $b_1 = 16{,}5$ cm **b)** $a_1 = 3$ cm; $b_1 = 5{,}5$ cm **c)** $a_1 = 15$ cm; $b_1 = 27{,}5$ cm

192

a) $a_1 = 4{,}5$ dm **b)** $b_1 = 4$ cm **c)** $h_{a_1} = 6{,}5$ cm

193

a) $A_1 = 92{,}16$ cm² **b)** $A_1 = 817{,}96$ dm²

194

a) $a_1 = 5$ cm **b)** $a_1 = 8$ cm **c)** $a_1 = 3{,}2$ cm

Beispiel Seite 104

$5{,}75 \cdot x = 2{,}38 \cdot 4{,}88$
$x \approx 2{,}02$

195

a) $x : 2{,}46 = 4{,}25 : 2{,}63$; $x \approx 3{,}98$ **b)** $2 : x = 2{,}14 : 3{,}2$; $x \approx 2{,}99$

196

a) $1{,}25 : 3 = 1{,}63 : y$ $\quad y = 3{,}912 \approx 3{,}91$ $\quad 1{,}25 : 0{,}9 = (1{,}25 + 3) : x$ $\quad x = 3{,}06$
b) $y : 5{,}53 = 1{,}75 : 4$ $\quad y \approx 2{,}42$ $\quad 1{,}75 : x = (1{,}75 + 4) : 3{,}83$ $\quad x \approx 1{,}17$

197

a) $x : 3{,}6 = 3 : 5{,}4$ $\quad x = 2$ **b)** $x : 2{,}33 = 4{,}47 : 4{,}67$ $\quad x \approx 2{,}23$

Beispiele Seite 106

$5 \text{ cm} : 3 \approx 1{,}67$ cm

$(65 : 7) \cdot 3 \approx 27{,}86$ mm

198

a) 2 : 3 **b)** 1 : 4 **c)** 5 : 2 **d)** 3 : 4

199

Die Längen der Teilstrecken sind
a) 2,8 cm **b)** 1,7 cm **c)** 1,4 cm **d)** 1,1 cm

200

a) $\overline{AT} \approx 8{,}1$ cm **b)** $\overline{AT} \approx 20$ mm **c)** $\overline{AT} \approx 1{,}2$ cm

201

a) 3 cm; 4,5 cm; 7,5 cm **b)** 1 cm; 5 cm; 4 cm **c)** 1,5 cm; 4,5 cm; 6 cm

202

Zeichne die Strecke AT und von A aus einen Strahl s. Trage auf s die Verhältniszahlen auf und verbinde T mit C. Verschiebe die Strecke TC parallel bis zum Punkt D. Du erhältst die Strecke AB.

a) $\overline{AB} = 9$ cm **b)** $\overline{AB} = 8$ cm

203

a) $\overline{AB_1} \approx 8{,}8$ cm **b)** $\overline{AB_1} \approx 88$ mm **c)** $\overline{AB_1} = 7$ cm

204

a) $\overline{AB_1} = 4{,}5$ cm **b)** $\overline{AB_1} = 38$ mm **c)** $\overline{AB_1} \approx 6{,}7$ cm

205

a) $a_1 = 6$ cm; $b_1 = 8$ cm; $c_1 = 5$ cm **b)** $a_1 \approx 6{,}8$ cm; $b_1 \approx 3{,}8$ cm **c)** $a_1 \approx 2{,}9$ cm

TEST ÄHNLICHKEIT

a) Nicht ähnlich, weil sich entsprechende Seitenlängen wie 3 : 1 bzw. 4 : 1 verhalten.
b) Nicht ähnlich, weil sich entsprechende Seitenlängen wie 4 : 1 bzw. 2 : 1 verhalten.
c) Ähnlich, weil sich entsprechende Seitenlängen wie 2 : 3 verhalten.
d) Kongruent, weil die Figuren gleiche Gestalt und gleiche Größen haben.

$a_1 = 6$ cm $c_1 = 4{,}8$ cm

$a_1 = 2{,}8$ cm $b_1 = 5{,}2$ cm $c_1 = 4$ cm

$a_1 = 28$ cm $b_1 = 49$ cm

$\overline{AT} \approx 6{,}7$ cm

$a_1 \approx 8{,}3$ cm $b_1 = 5$ cm

a) $x \approx 3{,}73$
b) $y \approx 7{,}24$

DIAGNOSETEST ZINSRECHNUNG

1

Prozentwert $W = G \cdot \frac{p}{100}$, Grundwert $G = \frac{W \cdot 100}{p}$, Prozentsatz $p = \frac{W \cdot 100}{G}$

2

Zinsen $Z = 5\,000 \cdot 0{,}02 = 100$ €

3

3 500 € werden zu 1,5 % pro Jahr verzinst. In 7 Monaten bekomme ich 30,625 € Zinsen, in 200 Tagen sind es 29,17 € Zinsen.

4

Zum Jahreszinssatz 2 % lautet er 1,02.

5

Zinseszinsen sind Zinsen, die auf die Zinsen eines bereits verzinsten Kapitals anfallen.
Ein Kapital von 3 000 € wächst bei einem Jahreszinssatz von 1,75 % in 5 Jahren auf 3 271,85 € an.

6

Die Kapitalertragsteuer (KESt) ist der Betrag, der von jedem Zinsertrag ans Finanzamt bezahlt werden muss. Die KESt macht 25 % von jedem Zinsertrag aus.

7

Der effektive Zinssatz ist der Zinssatz nach Abzug der KESt. Zum Jahreszinssatz 1,5 % ist der effektive Zinssatz 1,125 %.

8

2 300 € werden zu einem Jahreszinssatz von 3 % angelegt. Die effektiven Jahreszinsen sind 51,75 €.

9

Borgt man sich Geld von einer Bank, wird das als einen Kredit aufnehmen bezeichnet. Das ausgeborgte Geld zahlt man in kleinen Beträgen, den Raten, zurück. Für Kredite muss man an die Bank Zinsen zahlen.

ZINSRECHNUNG

Beispiele Seite 114

40 % (**Prozentsatz**) von 25 Schülerinnen und Schülern (**Grundwert**) einer Klasse lieben Mathematik. Das sind 10 Schülerinnen und Schüler (**Prozentwert**).

40 € ist der **Grundwert**, 15 % der **Prozentsatz**.
Gesucht ist der **Prozentwert**.

$W = 40 \cdot \frac{15}{100} = 40 \cdot 0{,}15 = 6$ €

206

a) 50 € = Grundwert 30 € = Prozentwert
Gesucht ist der Prozentsatz. $p = \frac{30}{50} \cdot 100 = 60$

b)
3 = Prozentwert 75 % = Prozentsatz
Gesucht ist der Grundwert. $G = \frac{3}{75} \cdot 100 = 4$

207

☐ 8,5 ☒ 0,85 ☐ $\frac{85}{10}$ ☒ $\frac{85}{100}$ ☐ 0,085

208

a) $W = 990 \cdot 0{,}2 = 198$ € **b)** $G = \frac{150}{30} \cdot 100 = 500$ € **c)** $p = \frac{2{,}5}{6} \cdot 100 \approx 41{,}67$

d) $G = \frac{645}{30} \cdot 100 = 2\,150\ m^2$ **e)** $W = 200 \cdot 0{,}19 = 38$ €

209

a) $1\,200 \cdot 0{,}2 = 240$ € $1\,200 - 240 = 960$ €
2. Art: $1\,200 \cdot 0{,}8 = 960$ € (Es sind nur mehr 80 % des ursprünglichen Preises zu zahlen!)

b) $1\,200 \cdot 0{,}1 = 120$ € $1\,200 + 120 = 1\,320$ €
2. Art: $1\,200 \cdot 1{,}10 = 1\,320$ € (Es sind jetzt 110 % des ursprünglichen Preises zu zahlen!)

210

a) $G = \frac{52{,}2}{90} \cdot 100 = 58$ € (52,2 € entsprechen 100 % – 10 % = 90 %)

b) $G = \frac{156}{130} \cdot 100 = 120$ € (156 € entsprechen 100 % + 30 % = 130 %)

c) $G = \frac{132}{120} \cdot 100 = 110$ € (132 € entsprechen 100 % + 20 % = 120 %)

Beispiel Seite 116

$Z = 290 \cdot \frac{2}{100} = 290 \cdot 0{,}02 = 5{,}80$ €

211

a) 85 € **b)** 127,50 € **c)** 170 € **d)** 212,50 €

212

a) 48,13 € **b)** 80,21 € **c)** 128,33 € **d)** 176,46 €

213

a) 30 € **b)** 67,50 € **c)** 21,25 € **d)** 80 €

214

a) 400 € **b)** 1 450 € **c)** 4 400 € **d)** 7 260 €

215

a) 1,2 % **b)** 2,5 % **c)** 2,75 % **d)** 3,5 %

216

a) 500 € **b)** 1 700 € **c)** 8 450 € **d)** 11 111 €

Beispiel Seite 118

$400 \cdot (1 + 0{,}0125)^3 \approx 415{,}19$ €

217

a) 572,64 € **b)** 363,56 € **c)** 2 035,06 € **d)** 1 039,98 €

218

a) 211,00 € **b)** 215,38 € **c)** 216,96 € **d)** 218,55 €

219

a) $100 \cdot 1{,}03^4 + 100 \cdot 1{,}03^2 \approx 218{,}64$ € **b)** $100 \cdot 1{,}03^6 + 100 \cdot 1{,}03^4 \approx 231{,}96$ €

c) $100 \cdot 1{,}03^8 + 100 \cdot 1{,}03^6 \approx 246{,}08$ €

220

a) $3\,000 \cdot 1{,}025^5 - 1\,000 \cdot 1{,}025^2 \approx 2\,343{,}60$ € **b)** $3\,000 \cdot 1{,}025^7 - 1\,000 \cdot 1{,}025^4 \approx 2\,462{,}24$ €
c) $3\,000 \cdot 1{,}025^{10} - 1\,000 \cdot 1{,}025^7 \approx 2\,651{,}57$ €

Beispiele Seite 120

Berechne zuerst den effektiven Zinssatz $p_{eff} = 2{,}4 \cdot 0{,}75 = 1{,}8$

Effektive Zinsen $Z_{eff} = 450 \cdot \frac{1{,}8}{100} = 450 \cdot 0{,}018 = 8{,}10$ €

$p_{eff} = 3 \cdot 0{,}75 = 2{,}25$
$K_5 = 1\,200 \cdot (1 + 0{,}0225)^5 \approx 1\,341{,}21$ €

221

a) $p_{eff} = 1{,}65$; $Z_{eff} = 23{,}1$ €; 2 423,10 € **b)** $p_{eff} = 1{,}125$; $Z_{eff} = 3{,}125$ €; 503,125 €
c) $p_{eff} = 2{,}625$; $Z_{eff} = 105$ €; 12 105 € **d)** $p_{eff} = 3$; $Z_{eff} = 930$ €; 31 930 €

222

a) $K_2 \approx 1\,262{,}50$ €; $Z_{eff} \approx 32{,}50$ € **b)** $K_5 \approx 4\,847{,}78$ €; $Z_{eff} \approx 347{,}78$ €
c) $K_7 \approx 12\,191{,}30$ €; $Z_{eff} \approx 1\,891{,}30$ € **d)** $K_{10} \approx 34\,090{,}42$ €; $Z_{eff} \approx 9\,090{,}42$ €

223

a) 550 € **b)** 790 € **c)** 7 850 € **d)** 12 340 €

224

a) 5 000 € **b)** 880 € **c)** 17 400 €

Beispiele Seite 122

Kreditzinsen: $9\,000 \cdot \frac{11}{100} = 9\,000 \cdot 0{,}11 = 990$ €

Sparzinsen: $9\,000 \cdot \frac{3}{100} = 9\,000 \cdot 0{,}03 = 270$ €

Kreditsteuer: $9\,000 \cdot \frac{0{,}8}{100} = 9\,000 \cdot 0{,}008 = 72$ €

1,5 % Bearbeitungsgebühr: $9\,000 \cdot \frac{1{,}5}{100} = 9\,000 \cdot 0{,}015 = 135$ €

225

a) 7,50 € **b)** 37,50 € **c)** 7,92 €

226

a) 10 280 € **b)** 25 575 € **c)** 45 810 €

227

a) 36 000 € **b)** 20 000 € **c)** 55 000 € **d)** 18 000 €

228

	Jahresanfang Schuld plus Zinsen	Jahresende Rate	Jahresende Restschuld
1. Jahr	15 000 + 1 350 = 16 350	5 000	11 350
2. Jahr	11 350 + 1 021,50 = 12 371,50	5 000	7 371,50
3. Jahr	7 371,50 + 663,44 = 8 034,94	5 000	3 034,94
4. Jahr	3 034,94 + 273,14 = 3 308,08	3 308,08	0

229

a)

	Jahresanfang Schuld plus Zinsen	Jahresende Rate	Jahresende Restschuld
1. Jahr	10 000 + 1 000 = 11 000	2 000	9 000
2. Jahr	9 000 + 900 = 9 900	2 000	7 900
3. Jahr	7 900 + 790 = 8 690	2 000	6 690
4. Jahr	6 690 + 669 = 7 359	2 000	5 359
5. Jahr	5 359 + 535,90 = 5 894,90	2 000	3 894,90
6. Jahr	3 894,90 + 389,49 = 4 284,39	2 000	2 284,39
7. Jahr	2 284,39 + 228,44 = 2 512,83	2 000	512,83
8. Jahr	512,83 + 51,28 = 564,11	564,11	0

Insgesamt werden 14 564,11 € zurückbezahlt.

b)

	Jahresanfang Schuld plus Zinsen	Jahresende Rate	Jahresende Restschuld
1. Jahr	25 000 + 2 750 = 27 750	6 000	21 750
2. Jahr	21 750 + 2 392,50 = 24 142,50	6 000	18 142,50
3. Jahr	18 142,50 + 1 995,68 = 20 138,18	6 000	14 138,18
4. Jahr	14 138,18 + 1 555,20 = 15 693,37	6 000	9 693,37
5. Jahr	9 693,37 + 1 066,27 = 10 759,65	6 000	4 759,65
6. Jahr	4 759,65 + 523,56 = 5 283,21	5 283,21	0

Insgesamt werden 35 283,21 € zurückbezahlt.

TEST ZINSRECHNUNG

Tom hat bereits 480 € (Prozentwert) für seinen neuen Laptop gespart. Das sind 40 % (Prozentsatz) des Kaupreises von 1 200 € (Grundwert).

☐ 0,013 ☒ $\frac{13}{100}$ ☐ 1,03 ☒ 0,13 ☐ $\frac{13}{10}$

a) 1,20 € **b)** 55 % **c)** 25 €

183,33 €

16 000 €

3 654,60 €

a) 26,78 € **b)** 10,38 €

Kreditsteuer: 136 € Bearbeitungsgebühr: 238 € Spesen insgesamt: 374 €

	Jahresanfang Schuld plus Zinsen	Jahresende Rate	Jahresende Restschuld
1. Jahr	20 000 + 1 900 = 21 900	5 000	16 900
2. Jahr	16 900 + 1605,50 = 18 505,50	5 000	13 505,50
3. Jahr	13 505,50 + 1 283,02 = 14 788,52	5 000	9 788,52
4. Jahr	9 788,52 + 929,91 = 10 718,43	5 000	5 718,43
5. Jahr	5 718,43 + 543,25 = 6 261,68	5 000	1 261,68
6. Jahr	1 261,68 + 119,86 = 1 381,54	1 381,54	0

Insgesamt wurden 26 381,54 € zurückbezahlt.

DIAGNOSETEST STATISTIK UND ARBEITEN MIT MODELLEN

1

Summe der Einzelwerte dividiert durch die Anzahl der Werte. Der Mittelwert der Daten 11,2; 15; 17,3; 18; 20 lautet 16,3.

2

Die Spannweite ist die Differenz von Maximum und Minimum einer Datenreihe. Die Spannweite der Daten aus **1** lautet 8,8.

3

Der Modalwert ist der in einer Datenreihe am häufigsten vorkommende Wert. Es muss keinen Modalwert geben! Es kann auch mehrere Modalwerte geben. Der Median steht genau in der Mitte einer geordneten Datenreihe, zB: 1,10 m; 1,15 m; 1,15 m; 1,20 m; 1,22 m; 1,25 m. Der Modalwert lautet 1,15 m, der Median ist 1,175 m.

4

Ein Stängel-Blatt-Diagramm dient zum geordneten Anschreiben von Daten.

5

Eine Klasseneinteilung fasst die einzelnen Werte einer größeren Datenmenge in Klassen (Bereiche) zusammen.

6

Durch ein Histogramm kann eine Klasseneinteilung grafisch dargestellt werden. Die Flächeninhalte der direkt nebeneinanderliegenden Rechtecke entsprechen den absoluten Häufigkeiten der in den Klassen vorkommenden Werte.

7

Mit Liniendiagrammen veranschaulicht man zeitliche Entwicklungen.

8

Wird eine Größe in gleich langen (Zeit-)Abschnitten immer um den gleichen absoluten Wert größer bzw. kleiner, spricht man von linearen Wachstums- bzw. Abnahmeprozessen.

9

Die grafische Darstellung ist immer einer Gerade.

STATISTIK UND ARBEITEN MIT MODELLEN

Beispiel Seite 128

Mittelwert: (17,4 + 17,6 + 17,9 + 18,0 + 18,3 + 18,3 + 18,4 + 18,6) : 8 = 18,0625 g
Spannweite: 18,6 – 17,4 = 1,2 g
Modalwert: 18,3 g
Median: (18,0 + 18,3) : 2 = 18,15 g

230

a) 10,2 l **b)** 1,7 l **c)** Es gibt keinen Modalwert. Median: (10,2 + 10,5) : 2 = 10,35 l

231

a) $\bar{x} \approx$ 16,43 Euro; Median = (15 + 16) : 2 = 15,5 Euro **b)** $\bar{x}$ = 20 Euro; Median = 20 Euro

232

a) $\bar{x}$ = 155,25 cm **b)** x_{min} = 148 cm; x_{max} = 164 cm; r = 16 cm
c) Median = (154 + 155) : 2 = 154,5 cm

233

Der Mittelwert einer Datenreihe wird berechnet, indem man die **Summe** der einzelnen Werte durch die **Anzahl** der Werte dividiert. Der Mittelwert wird auch als **arithmetisches Mittel** bezeichnet.
Der **Median** (auch Zentralwert genannt) steht in einer geordneten Datenreihe genau in der **Mitte**.
Bei einer **geraden** Anzahl von Werten wird der Mittelwert der beiden in der Mitte stehenden Werte gebildet.
Die **Spannweite** ist die Differenz von Maximum und Minimum.
Der am häufigsten in einer Datenreihe vorkommende Wert wird als **Modus** oder **Modalwert** bezeichnet. Es kann auch **mehrere** Modalwerte geben. Treten alle Werte nur **einmal** auf, gibt es keinen Modalwert.

234

a) 14 | 8
15 | 2 2 2 5 5 5 6 7 9 9 9
16 | 0 0 1 2 2 2 5 5 7 9
17 | 2

b) Anzahl der Klassen $\approx \sqrt{23} \approx 5$; Klassenbreite ≈ (172 – 148) : 5 ≈ 5

Klasse (cm)	absolute Häufigkeit	Klassenmitte	Häufigkeit mal Klassenmitte
147,5–152,5	4	150	600
152,5–157,5	5	155	775
157,5–162,5	9	160	1 440
162,5–167,5	3	165	495
167,5–172,5	2	170	340
Summe	23		3 650

$\bar{x} = \frac{3\,650}{23} \approx 158{,}70$ cm

c)

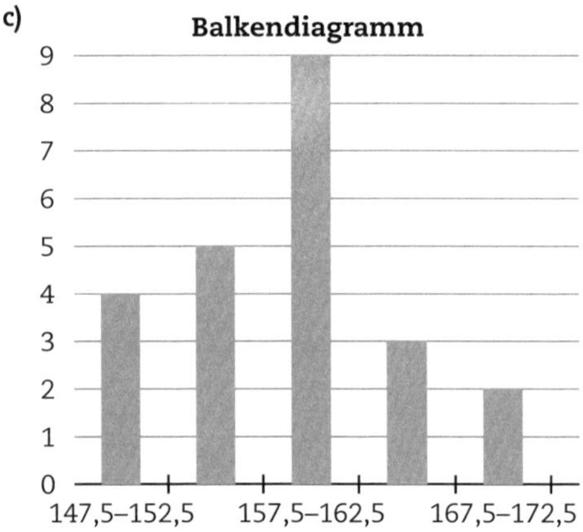

d) Höhe der Balken: 4 : 5 = 0,8; 5 : 5 = 1; 9 : 5 = 1,8; 3 : 5 = 0,6; 2 : 5 = 0,4

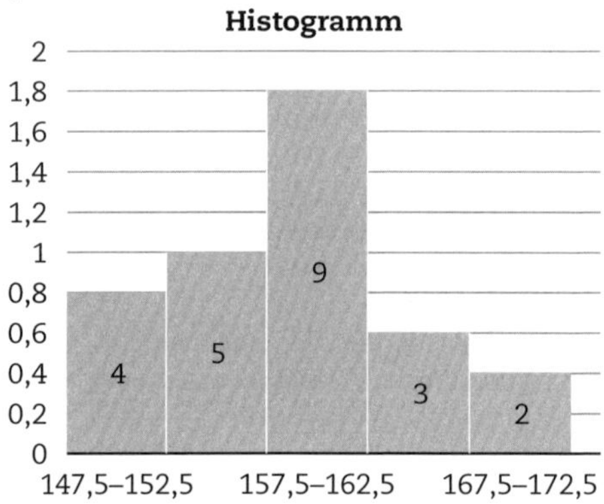

235

a) 1 | 4 4 5 5 6 6 6 7 9
2 | 0 1 5 5 7 8
3 | 0 2 3

b) Anzahl der Klassen ≈ $\sqrt{18}$ ≈ 4;   Klassenbreite ≈ (33 – 14) : 4 ≈ 5

Klasse (g)	absolute Häufigkeit	Klassenmitte	Häufigkeit mal Klassenmitte
13,5–18,5	8	16	128
18,5–23,5	3	21	63
23,5–28,5	4	26	104
28,5–33,5	3	31	93
Summe	18		388

$\bar{x} = \frac{388}{18} \approx 21{,}56$ g

c)

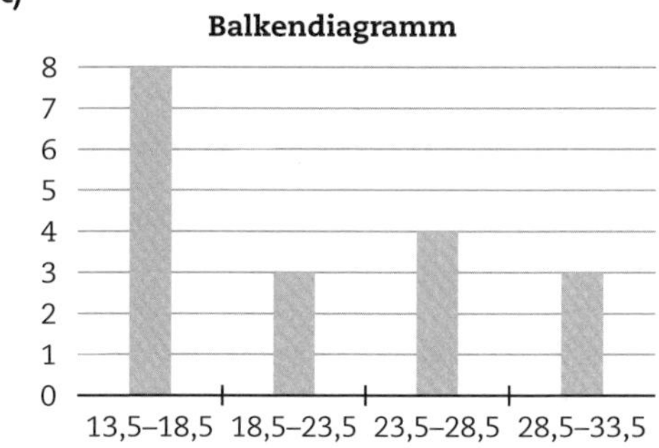

d) Höhe der Balken: 8 : 5 = 1,6; 3 : 5 = 0,6; 4 : 5 = 0,8; 3 : 5 = 0,6

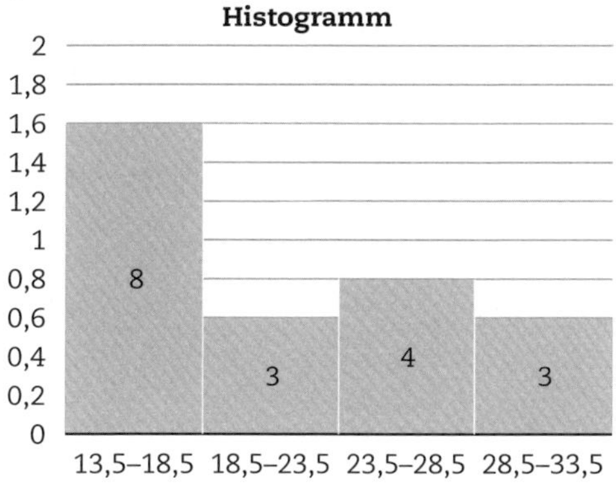

236

a) 2004 ... 35 €, 2008 ... 45 €, 2012 ... 50 €

b) 15 €

c) Im Diagramm 2 wird der Eindruck einer größeren Preissteigerung erzielt. Die senkrechte Achse beginnt nicht bei 0. Die Schrittweite auf der senkrechten Achse ist kleiner als im Diagramm 1.

237

a) 2009 ... 36 Unfälle, 2012 ... 12 Unfälle

b) Das Diagramm zeigt eine fallende Tendenz der Unfallzahlen.

c) Zum Beispiel durch bauliche Veränderungen der Straße, Geschwindigkeitsbeschränkung, verstärkte Kontrollen der Polizei

238

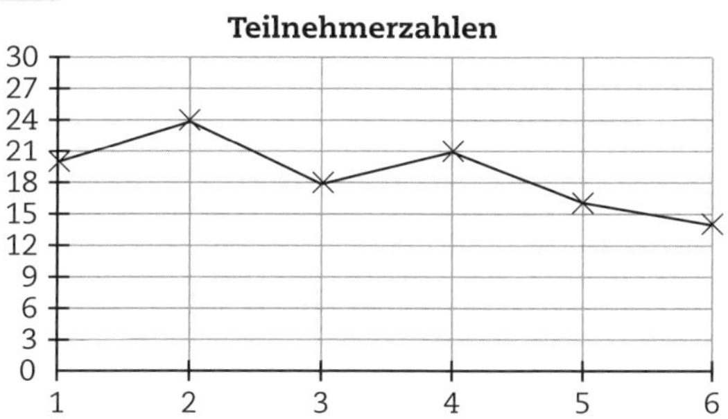

Die Tendenz der Teilnehmerzahl ist fallend.

239

km	0	100	200	300
Liter	50	43,5	37	30,5

Der Tankinhalt wird gleichmäßig um **6,5 Liter weniger**, wenn sich die gefahrenen Kilometer jeweils gleichmäßig um **100 km** erhöhen. Es wird ein **linearer Abnahmeprozess** beschrieben.

Der durchschnittliche Verbrauch auf 100 km ist 6,5 Liter.

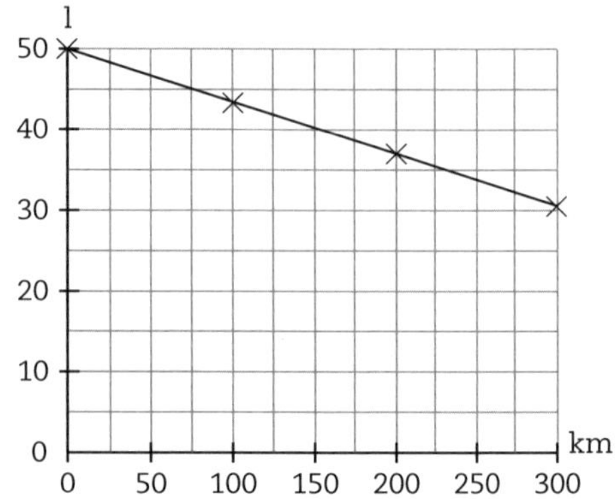

240

a) Linearer Wachstumsprozess. Die Zeit nimmt jeweils um 3 Stunden zu, der Weg jeweils um 210 km.

b) Kein linearer Prozess, da die Bevölkerungsabnahme bei gleichen Jahresintervallen nicht immer gleich groß ist.

c) Linearer Wachstumsprozess. Die Zeit nimmt jeweils um 4 Tage zu, der verdunstete Schweiß jeweils um 2 Liter.

TEST STATISTIK UND ARBEITEN MIT MODELLEN

Geordnete Listen:

Burschen	Mädchen
59	50
66	50
67	54
68	54
68	55
69	55
70	58
70	59
71	59
74	60
75	62
75	62
84	62
	64

a) Burschen: $\overline{x} \approx 70{,}46$ kg
Mädchen: $\overline{x} \approx 57{,}43$ kg

b) Burschen: $x_{min} = 59$ kg, $x_{max} = 84$ kg, $r = 25$ kg
Mädchen: $x_{min} = 50$ kg, $x_{max} = 64$ kg, $r = 14$ kg

c) Burschen: Modalwerte ... 68, 70, 75 kg Median ... 70 kg
Mädchen: Modalwert ... 62 kg Median ... 58,5 kg

---

a) 7 | 0 2 3 3 4 6 9
8 | 2 3 4 4 4 6 7 8
9 | 0 2 2 3 3

b) Es gilt die Faustregel $\sqrt{20} \approx 4$. Daher ist eine Einteilung in 4 Klassen sinnvoll.

c)

Klasse (Liter)	absolute Häufigkeit	Klassenmitte	Häufigkeit mal Klassenmitte
6,95–7,55	5	7,25	36,25
7,55–8,15	2	7,85	15,7
8,15–8,75	7	8,45	59,15
8,75–9,35	6	9,05	54,3
Summe	20		165,4

(Klassenmitte = Summe der Klassengrenzen : 2)

$\bar{x} = \frac{165{,}4}{20} \approx 8{,}27$ Liter

d) Höhe der Balken: $5 : 0{,}6 = 8{,}\dot{3}$; $2 : 0{,}6 = 3{,}\dot{3}$; $7 : 0{,}6 = 11{,}\dot{6}$; $6 : 0{,}6 = 10$

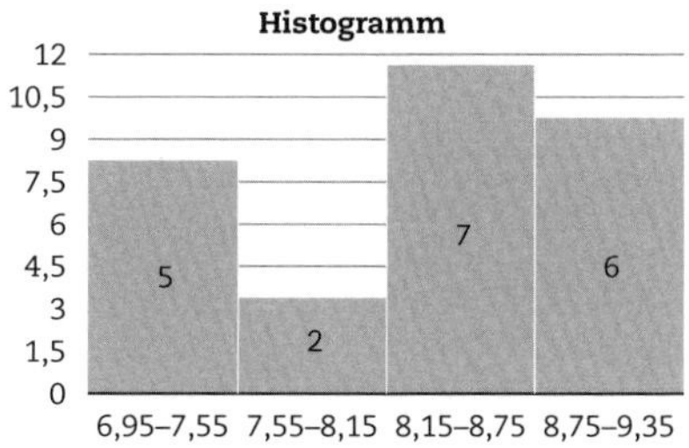

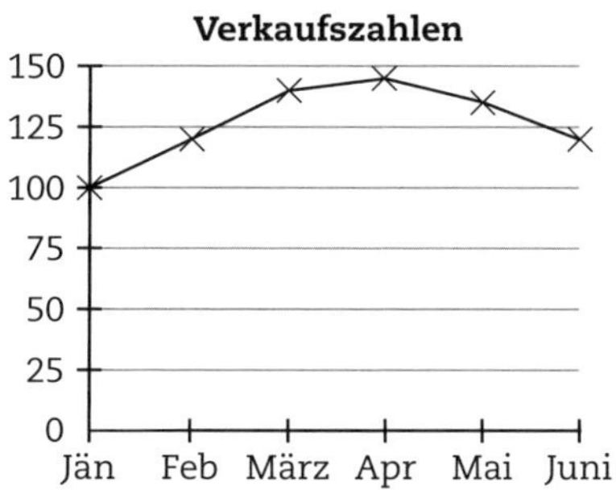

Bei Produkt A war die Preisabnahme größer als bei Produkt B.
Bei A um 1,5 €, bei B um 1 €.

Die Zeit ändert sich jeweils um 5 Minuten.
Die Menge im Behälter wird jeweils um 32,5 Liter weniger.
Es liegt daher ein linearer Abnahmeprozess vor.

DIAGNOSETEST KÖRPER

1

Ein Prisma ist ein Körper mit mindestens zwei parallelen kongruenten Begrenzungsflächen, die Grund- und Deckfläche genannt werden. Alle zu diesen Begrenzungsflächen parallelen Querschnittsflächen sind deckungsgleich zur Grund- und Deckfläche.

2

Bei geraden Prismen stehen die Seitenkanten senkrecht auf Grund- und Deckfläche und sind gleich lang.

3

Die Höhe eines Prismas ist der Normalabstand zwischen Grund- und Deckfläche.

4

α ist der Verzerrungswinkel,
v ist das Verzerrungsverhältnis.

b = 2 cm
Verzerrte Länge b: $2 \cdot \frac{1}{2} = 1$ cm

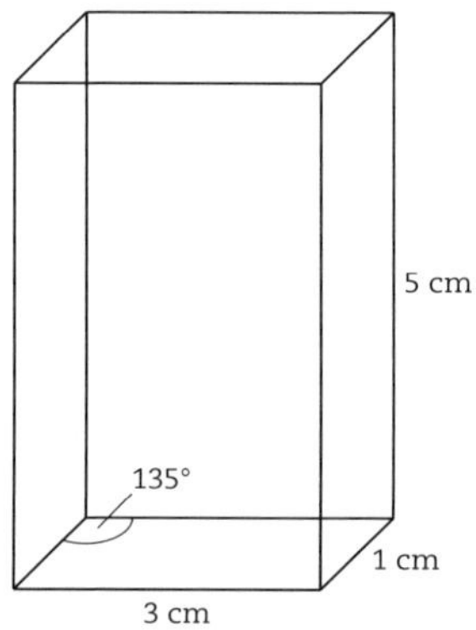

5

$d_1 = \sqrt{3^2 + 4^2} = 5$ cm $\qquad d_2 = \sqrt{3^2 + 5^2} \approx 5{,}83$ cm $\qquad d_3 = \sqrt{4^2 + 5^2} \approx 6{,}40$ cm

6

$O = 2G + M \qquad V = G \cdot h$

7

Die Masse eines Eichenholzwürfels (Eichenholz $\rho = 860$ kg/m³) mit der Kantenlänge 7,5 cm ist 0,36 kg.

8

Die Grundfläche einer regelmäßigen Pyramide ist ein regelmäßiges Vieleck. Der Fußpunkt der Höhe ist gleichzeitig der Umkreismittelpunkt des Vielecks.

9

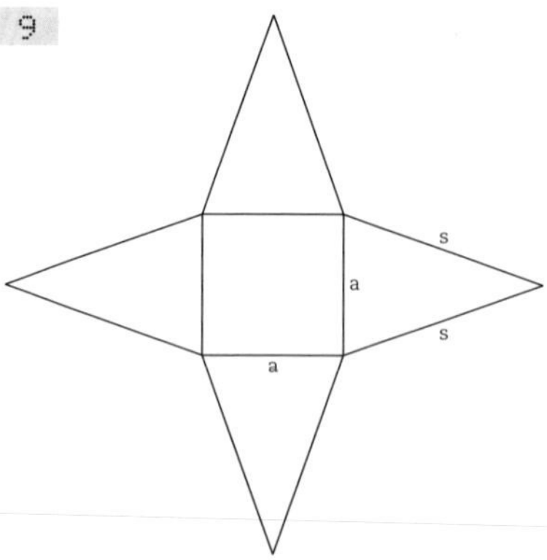

10

$O = G + M$ $\qquad$ $V = \frac{1}{3} \cdot G \cdot h$

KÖRPER

Beispiel Seite 140

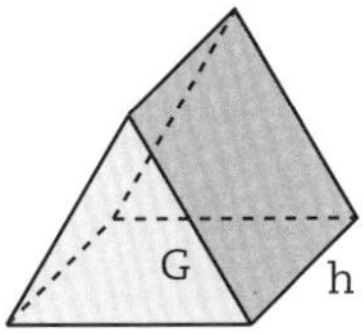

A

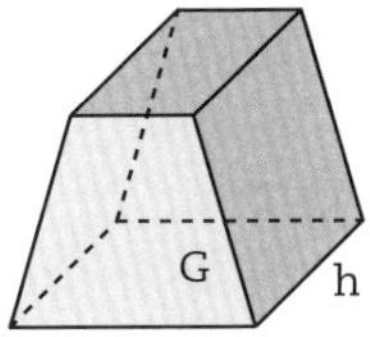

B

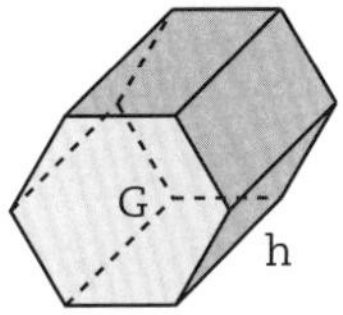

C

A: dreiseitiges Prisma $\qquad$ B: vierseitiges Prisma $\qquad$ C: sechsseitiges Prisma

241

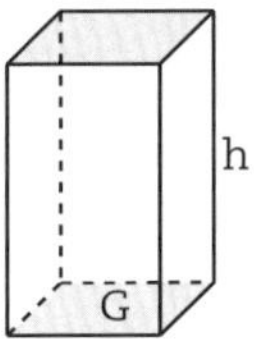

A

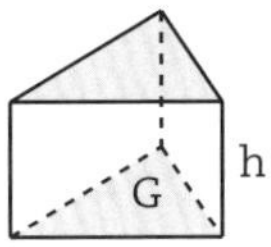

B

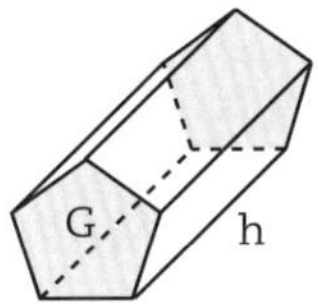

C

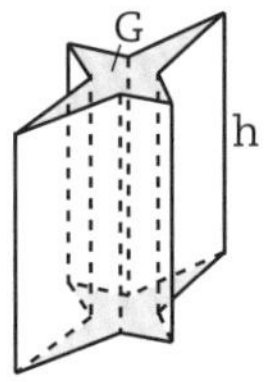

D

A: vierseitiges Prisma $\qquad$ B: dreiseitiges Prisma $\qquad$ C: fünfseitiges Prisma $\qquad$ D: achtseitiges Prisma

242

a) verzerrte Höhe $h = 2{,}5$ cm $\qquad$ **b)** verzerrte Höhe $h = 3{,}5$ cm $\qquad$ **c)** verzerrte Höhe $h = 2$ cm

Beispiel Seite 142

$d_1 = \sqrt{a^2 + b^2} \approx 3{,}81$ cm

$d_2 = \sqrt{a^2 + h^2} \approx 6{,}10$ cm

$d_3 = \sqrt{b^2 + h^2} \approx 5{,}22$ cm

243

a) 5,66 cm $\qquad$ **b)** 7,92 cm $\qquad$ **c)** 63,64 mm $\qquad$ **d)** 144,25 mm

244

a) $d_1 \approx 7{,}81$ cm; $d_2 \approx 8{,}60$ mm; $d_3 \approx 9{,}22$ mm $\qquad$ **b)** $d_1 \approx 14{,}31$ cm; $d_2 \approx 11{,}96$ mm; $d_3 \approx 9{,}84$ mm

245

$a = \frac{d_1}{\sqrt{2}}$

a) $a \approx 7{,}07$ cm $\qquad$ **b)** $a \approx 16{,}62$ cm $\qquad$ **c)** $a \approx 0{,}32$ dm $\qquad$ **d)** $a \approx 0{,}71$ m

246

a) $a = \sqrt{289} = 17$ cm; $d_1 \approx 24{,}04$ cm $\qquad$ **b)** $a = 21$ cm; $d_1 \approx 29{,}70$ cm

c) $a = 11{,}7$ cm; $d_1 \approx 16{,}55$ cm $\qquad$ **d)** $a = 22{,}2$ cm; $d_1 \approx 31{,}40$ cm

247
Ein Quader hat **6** rechtwinkelige Begrenzungsflächen. Die Kanten stehen **senkrecht** aufeinander. Je zwei gegenüberliegende Flächen sind **parallel**. Je vier Kanten sind **gleich** lang und **parallel**. Hat ein Quader drei unterschiedlich lange Kanten, gibt es drei unterschiedlich lange **Flächendiagonalen**.

248
a) $b = \sqrt{d_1^2 - a^2} = 12$ cm $d_2 \approx 61{,}03$ cm $d_3 \approx 51{,}42$ cm

b) $a = \sqrt{d_1^2 - b^2} = 3{,}6$ cm $d_2 \approx 8{,}32$ cm $d_3 \approx 8{,}90$ cm

c) $h = \sqrt{d_2^2 - a^2} = 4{,}8$ cm $d_1 \approx 6{,}63$ cm $d_3 \approx 6{,}06$ cm

d) $h = \sqrt{d_3^2 - b^2} = 4{,}8$ cm $d_1 \approx 22{,}80$ cm $d_2 \approx 18{,}63$ cm

Beispiel Seite 144
$G = \frac{a \cdot b}{2} = \frac{48 \cdot 55}{2} = 1\,320 \text{ cm}^2$

$M = (a + b + c) \cdot h = (48 + 55 + 73) \cdot 80 = 14\,080 \text{ cm}^2$

$O = 2 \cdot G + M = 2 \cdot 1\,320 + 14\,080 = 16\,720 \text{ cm}^2$

Beispiel Seite 145
$V = 1\,320 \cdot 80 = 105\,600 \text{ cm}^3$

249
a) $O = 2 \cdot \frac{4 \cdot 2}{2} + (2{,}8 + 2{,}8 + 4) \cdot 5 = 56 \text{ cm}^2$ **b)** $O = 2 \cdot 30 \cdot 10 + (14 \cdot 2 + 30 \cdot 2) \cdot 24 = 2\,712 \text{ cm}^2$

250
a) $V = \frac{(2 + 4) \cdot 2}{2} \cdot 9 = 54 \text{ cm}^3$ **b)** $V = \frac{20 \cdot 30}{2} \cdot 45 = 13\,500 \text{ cm}^3$

251
a) $O = 2 \cdot \frac{4{,}3^2 \cdot \sqrt{3}}{4} + 3 \cdot 4{,}3 \cdot 9{,}6 \approx 139{,}85 \text{ cm}^2$ $V = \frac{4{,}3^2 \cdot \sqrt{3}}{4} \cdot 9{,}6 \approx 76{,}86 \text{ cm}^3$

b) Hypotenuse $c = \sqrt{13{,}5^2 + 32{,}4^2} = 35{,}1$ cm

$O = 2 \cdot \frac{13{,}5 \cdot 32{,}4}{2} + (13{,}5 + 32{,}4 + 35{,}1) \cdot 51 = 4\,568{,}4 \text{ cm}^2$ $V = \frac{13{,}5 \cdot 32{,}4}{2} \cdot 51 = 11\,153{,}7 \text{ cm}^3$

c) $O = 2 \cdot 0{,}34 \cdot 1{,}15 + 2 \cdot (0{,}34 + 1{,}15) \cdot 0{,}5 = 2{,}272 \text{ dm}^2$ $V = 0{,}34 \cdot 1{,}15 \cdot 0{,}5 = 0{,}1955 \text{ dm}^3$

Beispiel Seite 146
$V = a^3 = 5^3 = 125 \text{ cm}^3$

$m = 7{,}9 \cdot 125 = 987{,}5$ g

252
a) m = 6 253,1 kg **b)** m = 1 891,4 kg **c)** m = 641,9 kg **d)** m = 812 kg

253
90 cm = 0,9 m

a) $m = 8 \cdot 8 \cdot 0{,}9 \cdot 150 = 8\,640$ kg **b)** m = 8 977,5 kg **c)** m = 10 395 kg **d)** m = 45 900 kg

254
a) m = 810 g **b)** m = 378 000 g = 378 kg

255
a) $V = 5{,}76 \cdot 70 = 403{,}2 \text{ cm}^3$; $m = 1{,}38 \cdot 403{,}2 = 556{,}416$ g

b) $V = 13{,}5 \cdot 70 = 945 \text{ cm}^3$; $m = 1{,}38 \cdot 945 = 1\,304{,}1$ g

256

a) (regelmäßige vierseitige) quadratische Pyramide
b) rechteckige Pyramide
c) regelmäßige sechsseitige Pyramide
d) regelmäßige dreiseitige Pyramide
e) regelmäßige fünfseitige Pyramide

257

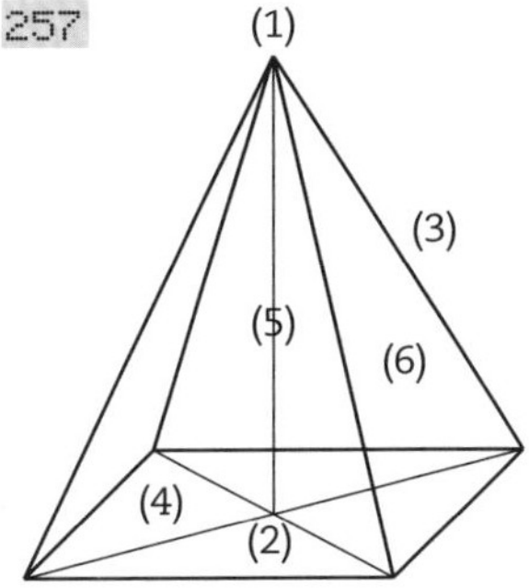

258

Konstruktionsgang siehe Beispiel Seite 148.

Beispiel Seite 150

$G = a^2 = 4\ cm^2$

$M = 4 \cdot \frac{a \cdot h_a}{2} = 2 \cdot a \cdot h_a = 15{,}6\ cm^2$

$O = G + M = 4 + 15{,}6 = 19{,}6\ cm^2$

259

a) $O = a^2 + 2 \cdot a \cdot h_a = 39\ cm^2$
b) $O = 64{,}24\ cm^2$
c) $O = 140{,}49\ cm^2$

260

a) $O = 22{,}4\ cm^2$
b) $O = 2\,136\ cm^2$

261

$h_a = \sqrt{\left(\frac{a}{2}\right)^2 + h^2}$

a) $h_a = 6{,}5$ cm; $O = 129{,}36\ cm^2$
b) $h_a = 75$ cm; $O = 21\,600\ cm^2$
c) $h_a = 8{,}5$ cm; $O = 200\ cm^2$
d) $h_a = 9{,}5$ cm; $O = 346{,}56\ cm^2$

262

Konstruktionsgang siehe Beispiel Seite 150.

Beispiele Seite 152

$G = a \cdot b = 11{,}2 \cdot 8{,}4 = 94{,}08\ cm^2$

$V = \frac{1}{3} \cdot G \cdot h = \frac{1}{3} \cdot 94{,}08 \cdot 20 = 627{,}2\ cm^3$

$V = \frac{1}{3} \cdot G \cdot h \quad | \cdot 3$

$3 \cdot V = G \cdot h \quad | : G$

$\frac{3 \cdot V}{G} = h$

$G = \frac{3 \cdot V}{h} = \frac{3 \cdot 636{,}66}{24{,}3} = 78{,}6\ dm^2$

263

a) V = 893,04 cm^3 **b)** V = 1 155 cm^3 **c)** V = 79,8 cm^3

264

a) m ≈ 250,06 g **b)** m = 6 328 g **c)** m = 126 000 g = 126 kg

265

	a)	b)	c)	d)
a	4,5 cm	11 cm	0,12 dm	**0,8 dm**
b	2,3 cm	6 cm	**0,4 dm**	0,7 dm
h	7,2 cm	**9 cm**	1 dm	0,9 dm
V	**24,84 cm^3**	198 cm^3	0,016 dm^3	0,168 dm^3

TEST – KÖRPER

Konstruktionsgang
1. Grundfläche zeichnen
2. Verzerrungswinkel einzeichnen und an den Ecken der Grundfläche die verkürzen Längen der Höhe einzeichnen.

a) d_1 ≈ 16,32 cm d_2 = 14,3 cm d_3 ≈ 11,06 cm O = 504,24 cm^2 V = 696,96 cm^3
b) d_1 ≈ 49,50 dm O = 7 350 dm^2 V = 42 875 dm^3

a ≈ 28,99 dm

V = 116 100 cm^3 m = 313 702,2 g ≈ 314 kg

Hypotenuse c = 65 cm O = 5 328 cm^2

Konstruktionsgang:
1. Zeichne die (verzerrt dargestellte) Grundfläche.
2. Der Schnittpunkt der Diagonalen ist der Fußpunkt F der Höhe.
3. Zeichne von F aus senkrecht die Höhe h ein.
4. Verbinde die Spitze S mit den Eckpunkten der Grundfläche.

Konstruktionsgang:
1. Zeichne die Grundfläche.
2. Hänge die Seitenflächen sternförmig an die Seiten der Grundfläche.

Hypotenuse $\sqrt{13}$ O ≈ 18,94 cm^2

a) h = 12 cm
b) m = 1 504,656 g ≈ 1,5 kg

1. Auflage 2014

ISBN 978-3-7058-9271-2

STICHWORTVERZEICHNIS

A

Abnahmeprozess, linearer 134
Addition ganzer Zahlen 12
Addition rationaler Zahlen 22
Addition von Potenzen 40
Äquivalenzumformung 50
Aufzinsungsfaktor 119

B

Balkendiagramm 131
Basis 30
Betrag 10, 20
Binom 32
Binomische Formeln 42, 43

D

Deltoid 80
Deltoid, Flächeninhalt 80
Dichte 146
Division ganzer Zahlen 14
Division rationaler Zahlen 24
Division von Potenzen 40, 41
Dreieck, Flächeninhalt 74
Dreieck, gleichschenkliges 76
Dreieck, gleichseitiges 76

E

Exponent 30

F

Faktorisieren 44
Figuren, ähnliche 100
Figuren, kongruente 100
Formeln umstellen 58

G

ganze Zahlen 10
Gegenzahl 11, 20
Gleichung 50
Gleitkommadarstellung 31
Grundwert 114

H

Herausheben 44
Histogramm 131
Hochzahl 30
Hypotenuse 68

J

Jahreszinsen 116

K

Kapital 116
Kapitalertragssteuer 120
Kathete 68
Klassenbreite 130
Klasseneinteilung 130
Koordinatensystem 16
Kredit 122
Kreditsteuer 122

L

Liniendiagramm 132
Lösung einer Gleichung 50
Lösungsfälle bei Gleichungen 54

M

Mantelfläche 144
Masse 146
Median 128
Mittelwert 128
Modalwert 128
Modus 128
Monatszinsen 116
Monom 32
Multiplikation ganzer Zahlen 14
Multiplikation rationaler Zahlen 24
Multiplikation von Potenzen 40, 41
Multiplikation von Variablen 36

N

Netz 144, 150

P

Parallelogramm 78
Parallelogramm, Flächeninhalt 78
Polynom 32
positive Zahlen 10
Potenz 30

Prisma 140
Prisma, Oberfläche 144
Prisma, Volumen 145
Proportion 90
Proportionalität, direkte 92
Proportionalität, indirekte 92
Prozent 114
Prozentsatz 114
Prozentwert 114
Pyramide 148
Pyramide, Oberfläche 150
Pyramide, Volumen 152

Q

Quader 142
Quadrat, Flächeninhalt 64, 80
Quadrat, Umfang 64
Quadratwurzel 66

R

Radikand 66
Rate 122
rationale Zahlen 18
Raute 78
Rechnen mit Potenzen 40
Rechteck, Flächeninhalt 64
Rechteck, Umfang 64
Rechtwinkliges Dreieck, Flächeninhalt 70
Rechtwinkliges Dreieck, Umfang 70
Rhombus 78

S

Satz von Pythagoras 68, 72, 76
Schlussrechnung 92
Schlussrechnung, zusammengesetzte 94
Schrägriss 141, 148
Spannweite 128
Stängel-Blatt-Diagramm 130
Strahlensatz 104
Subtraktion ganzer Zahlen 12
Subtraktion rationaler Zahlen 22
Subtraktion von Potenzen 40

T

Tageszinsen 116
Teilen von Strecken 106
Term 32
Textgleichungen 56
Tilgungsplan 123
Trapez 82
Trapez, Flächeninhalt 82

U

Ursprung 16

V

Verbindung der Grundrechnungsarten 26
Vereinfachung von Termen 34
Vergrößern von Figuren 109
Vergrößern von Strecken 108
Verhältnis 88
Verhältnis, fortlaufendes 82
Verhältnisgleichung 90
Verkleinern von Figuren 109
Verkleinern von Strecken 108
verschachtelte Klammern 35
Verzerrungsverhältnis 141
Verzerrungswinkel 141
Vorzeichen 10

W

Wachstumsprozess, linearer 134
Wert der Potenz 30
Würfel 142

Z

Zehnerpotenz 30
Zentralwert 128
Zinsen 116
Zinsen, effektive 120
Zinseszinsen 118
Zinssatz 116
Zinssatz, effektiver 120